# 基礎微分積分学 改訂版

基礎数学研究会 編

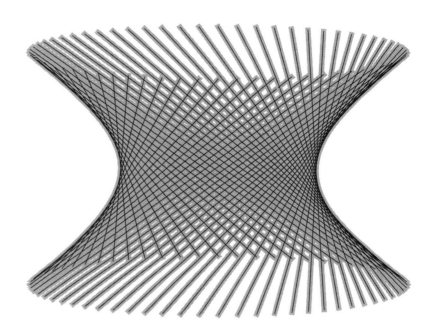

東海大学出版部

**Basic calculus revised edition**
edited by Toyohiro Akamatsu, Masataka Izumisawa, Katsumi Ujiie,
Mahoro Shimura, Takae Tsuji, Makoto Doi, Takashi Narazaki,
Yasuo Furuya and Kuniaki Horie
Tokai University Press, 2015
ISBN978-4-486-02059-2

# まえがき

　微積分は，物体の運動を解明するために，ニュートンとライプニッツによって創始された．力学への応用に成功した後，その体系の整備，拡張が進み，現在では理工学はもちろん社会科学や人文科学の分野でも広く用いられ，時間や位置などに応じて連続的に変化する量を扱う場合に必要不可欠の手段になっている．

　本書は微積分の基本事項を解説し，理工系の学生諸君が専門科目を学ぶ際に必要とされる計算技法について述べたものである．微積分は高等学校である程度修得しているわけであるが，本書では扱う分野を広げ，記述をより体系的にするように努めた．

　微積分は授業時間に比べて修得すべき内容が多く，学生諸君の自学自習にまかされるところもある．したがって，本書では重要な定理や公式についてはていねいに説明するとともに，その後に例題を設け詳しい解答を与えている．よく読んだ上で，その後の類似問題を解いて理解を深めてほしい．現在では，コンピュータで数式処理を行えば微積分の多くの計算が可能であるが，その結果を正しく評価するためには定理や公式の意味を深く理解していなければならない．証明の中には微積分の貴重なアイデアが多く含まれるので，意欲のある読者はそこを精読すれば得るところがあると思う．

　実数，極限，連続性，長さ，面積，体積などの基礎概念の確立に伴って，微積分は厳密な体系を整えている．そこに到るまでには多くの数学者の努力の積み重ねがあった．本書では上述した概念は直観的に明らかなものとして微積分を記述した．したがって，論理的飛躍や論理的順序の逆転が見受けられる個所もあるが，その部分は必ず厳密な論理によって補完されうるものである．

ここで，本書を読むにあたっての注意を述べておく．

(1) 本書は，微積分を最初から学ぶ読者にも理解できるように書かれている．ただし，数列や初等的な関数についての基本的知識は備わっているものとしている．これらについては，第0章に要点を記述してある．

(2) 高等学校で微積分を十分学んでいる読者は，第2章，3章，4章の前半部分は読み飛ばしてもよい．

(3) 最大値・最小値の存在定理，定積分の存在定理，級数の収束性などの，極限や連続性に深くかかわる事項の説明は省いた．これらについては，より進んだ解析学の本を読んでほしい．

最後に本書の執筆にあたり貴重なご助言をいただいた，東海大学理学部数学科と情報数理学科の先生方に謝意を表します．

2015年2月20日

著者一同

# 目次

**第 0 章 準備** ———————————————————— 1
   0.1 実数，区間 ……………………………………… 1
   0.2 数列 ……………………………………………… 2
   0.3 有理関数，無理関数 …………………………… 9
   0.4 指数関数，対数関数 …………………………… 12
   0.5 三角関数 ………………………………………… 14

**第 1 章 関数** ———————————————————— 19
   1.1 関数の定義，合成関数，逆関数 ……………… 19
   1.2 逆三角関数 ……………………………………… 25
   1.3 関数の極限 ……………………………………… 28
   1.4 連続関数 ………………………………………… 37

**第 2 章 微分** ———————————————————— 41
   2.1 微分係数 ………………………………………… 41
   2.2 導関数 …………………………………………… 44
   2.3 和，差，積，商の微分 ………………………… 46
   2.4 合成関数の微分 ………………………………… 48
   2.5 逆関数の微分 …………………………………… 52
   2.6 曲線のパラメータ表示 ………………………… 55
   2.7 高階導関数 ……………………………………… 59

**第 3 章 微分の応用** ———————————————— 67
   3.1 平均値の定理 …………………………………… 67

| | 3.2 | 関数の増減，極値，凹凸 ……………………………………… 71 |
|---|---|---|
| | 3.3 | 不定形の極限値 …………………………………………………… 79 |
| | 3.4 | テイラーの定理 …………………………………………………… 82 |
| | 3.5 | テイラー展開 ……………………………………………………… 90 |

## 第4章 積分 — 99

| | 4.1 | 不定積分 …………………………………………………………… 99 |
|---|---|---|
| | 4.2 | 部分積分 …………………………………………………………… 105 |
| | 4.3 | 置換積分 …………………………………………………………… 109 |
| | 4.4 | 初等関数の不定積分 ……………………………………………… 113 |
| | 4.5 | 定積分 ……………………………………………………………… 119 |
| | 4.6 | 広義積分 …………………………………………………………… 129 |

## 第5章 積分の応用 — 139

| | 5.1 | 面積 ………………………………………………………………… 139 |
|---|---|---|
| | 5.2 | 体積 ………………………………………………………………… 141 |
| | 5.3 | 曲線の長さ ………………………………………………………… 144 |
| | 5.4 | 回転面の表面積 …………………………………………………… 147 |
| | 5.5 | 速度，加速度と距離 ……………………………………………… 150 |

## 第6章 偏微分 — 155

| | 6.1 | 2変数関数 ………………………………………………………… 155 |
|---|---|---|
| | 6.2 | 偏導関数 …………………………………………………………… 158 |
| | 6.3 | 高階偏導関数 ……………………………………………………… 161 |
| | 6.4 | 全微分と接平面 …………………………………………………… 163 |
| | 6.5 | 合成関数の偏微分 ………………………………………………… 167 |
| | 6.6 | 極値問題 …………………………………………………………… 170 |
| | 6.7 | 陰関数 ……………………………………………………………… 175 |
| | 6.8 | 条件つき最大・最小問題 ………………………………………… 180 |

## 第7章 重積分 — 189

| | 7.1 | 2重積分の定義と基本性質 ……………………………………… 189 |
|---|---|---|
| | 7.2 | 2重積分と体積，質量 …………………………………………… 193 |
| | 7.3 | 逐次積分 …………………………………………………………… 195 |
| | 7.4 | 積分順序の変更 …………………………………………………… 201 |

7.5 置換積分 …………………………………… 203
7.6 3重積分 …………………………………… 211
**問題の略解** ──────────────────221
**事項索引** ──────────────────241

# 第0章
# 準備

この章では，後の章で必要とされる基本的事項と用語について解説する．内容は高等学校での既習事項が多い，知識の整理に役立ててほしい．

## 0.1 実数，区間

実数は有限あるいは無限小数として表され，数直線上の点と同一視される（図0.1参照）．

2つの整数 $p$, $q$（ただし，$p \neq 0$）の比 $\dfrac{q}{p}$ で表される実数を**有理数**といい，有理数でない実数を**無理数**という．小数で表現すると，有理数は有限小数または循環小数であり，無理数は循環しない無限小数である．

実数 $a$, $b$（ただし，$a < b$）に対して以下の集合を**区間**という．

$$(a, b) = \{x \mid a < x < b\}, \qquad [a, b] = \{x \mid a \leqq x \leqq b\}$$

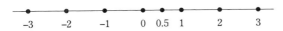

図 0.1　数直線

$$[a, b) = \{x \mid a \leq x < b\}, \qquad (a, b] = \{x \mid a < x \leq b\}$$
$$(-\infty, b) = \{x \mid x < b\}, \qquad (a, \infty) = \{x \mid a < x\}$$
$$(-\infty, b] = \{x \mid x \leq b\}, \qquad [a, \infty) = \{x \mid a \leq x\}$$
$$(-\infty, \infty) = 実数全体$$

$(a, b)$ を**開区間**，$[a, b]$ を**閉区間**といい，$a$, $b$ を区間の**端点**という．

## 0.2 数列

● **数列の収束，発散**

無限個の実数の列 $a_1, a_2, \cdots, a_n, \cdots$ を**数列**といい，$\{a_n\}_{n=1,2,3,\cdots}$ あるいは $\{a_n\}$ と表す．$a_n$ を**第 $n$ 項**あるいは**一般項**という．

$n$ が限りなく大きくなるとき，$a_n$ が限りなく一定の数 $\alpha$ に近づくならば，数列 $\{a_n\}$ は $\alpha$ に**収束**するという．このとき $\alpha$ を数列 $\{a_n\}$ の**極限値**といい，

$$\lim_{n \to \infty} a_n = \alpha$$

$$a_n \to \alpha \quad (n \to \infty)$$

$$n \to \infty \quad のとき \quad a_n \to \alpha$$

などと表す．数列が収束しないとき，**発散**するという．

$n$ が限りなく大きくなるとき，$a_n$ が限りなく大きくなるならば，数列 $\{a_n\}$ は**無限大（正の無限大）に発散**するといい，

$$\lim_{n \to \infty} a_n = \infty$$

$$a_n \to \infty \quad (n \to \infty)$$

$$n \to \infty \quad のとき \quad a_n \to \infty$$

などと表す．同様に $n$ が限りなく大きくなるとき，$a_n < 0$ で $|a_n|$ が限りなく大きくなるならば，数列 $\{a_n\}$ は**負の無限大に発散**するといい，

$$\lim_{n \to \infty} a_n = -\infty$$

$$a_n \to -\infty \quad (n \to \infty)$$

$$n \to \infty \quad のとき \quad a_n \to -\infty$$

などと表す．

発散する数列が，無限大にも負の無限大にも発散しないとき，**振動**するという．

**【例 0.1】 等比数列** 初項が $a\,(a \neq 0)$,公比が $r$ の等比数列 $a,\ ar,\ ar^2,\ \cdots,\ ar^{n-1},\ ar^n,\ \cdots$ の第 $n$ 項は $ar^{n-1}$ であり,

$$\lim_{n \to \infty} ar^{n-1} = \begin{cases} 0 & (|r| < 1 \text{ のとき}) \\ a & (r = 1 \text{ のとき}) \\ \text{発散} & (r \leq -1 \text{ あるいは } r > 1 \text{ のとき}) \end{cases}$$ ∎

**【例 0.2】 等比級数** 初項が $a\,(a \neq 0)$,公比が $r$ の等比数列の,初項から第 $n$ 項までの和を $S_n$ とすると,

$$S_n = \begin{cases} \dfrac{a(1-r^n)}{1-r} & (r \neq 1 \text{ のとき}) \\ an & (r = 1 \text{ のとき}) \end{cases}$$

したがって

$$\lim_{n \to \infty} S_n = \begin{cases} \dfrac{a}{1-r} & (|r| < 1 \text{ のとき}) \\ \text{発散} & (|r| \geq 1 \text{ のとき}) \end{cases}$$ ∎

● **数列の収束に関する基本定理**

**【定理 0.1】** 数列 $\{a_n\}$, $\{b_n\}$ が収束して,$\lim_{n\to\infty} a_n = \alpha$,$\lim_{n\to\infty} b_n = \beta$ のとき

(1) $\lim_{n\to\infty} (a_n \pm b_n) = \alpha \pm \beta$     (2) $\lim_{n\to\infty} k a_n = k\alpha$  ($k$ は定数)

(3) $\lim_{n\to\infty} a_n \cdot b_n = \alpha \cdot \beta$     (4) $\lim_{n\to\infty} \dfrac{a_n}{b_n} = \dfrac{\alpha}{\beta}$  (ただし $b_n \neq 0$,$\beta \neq 0$)

**【定理 0.2】** 数列 $\{a_n\}$, $\{b_n\}$ がある.十分大きい $n$ について,$a_n \leq b_n$ であるとする.

(1) $\{a_n\}$, $\{b_n\}$ が収束するならば,$\lim_{n\to\infty} a_n \leq \lim_{n\to\infty} b_n$

(2) $\lim_{n\to\infty} a_n = \infty$ ならば,$\lim_{n\to\infty} b_n = \infty$

(3) $\lim_{n\to\infty} b_n = -\infty$ ならば,$\lim_{n\to\infty} a_n = -\infty$

**【定理 0.3】 はさみうちの原理**

数列 $\{a_n\}$, $\{b_n\}$, $\{c_n\}$ がある．

十分大きい $n$ について $a_n \leqq c_n \leqq b_n$ であるとする．

$\{a_n\}$, $\{b_n\}$ が収束し，$\lim_{n\to\infty} a_n = \lim_{n\to\infty} b_n$

ならば，
$$\lim_{n\to\infty} c_n = \lim_{n\to\infty} a_n = \lim_{n\to\infty} b_n$$

次の事実(A)〜(D)は，よく用いられる．

(A) $|a_n| \to 0\ (n\to\infty)$ ならば，$a_n \to 0\ (n\to\infty)$

(B) $|a_n| \to \infty\ (n\to\infty)$ ならば，$\dfrac{1}{a_n} \to 0\ (n\to\infty)$

(C) $a_n > 0$ かつ $a_n \to 0\ (n\to\infty)$ ならば，$\dfrac{1}{a_n} \to \infty\ (n\to\infty)$

(D) $a_n < 0$ かつ $a_n \to 0\ (n\to\infty)$ ならば，$\dfrac{1}{a_n} \to -\infty\ (n\to\infty)$

**【例題 0.1】** 次の数列の極限値を求めよ．

(1) $\dfrac{n}{2n+1}$ 　　(2) $\dfrac{n^2-3n+2}{3n^2+n-10}$

(3) $\dfrac{5^n-3^{n+1}}{5^n+4^n}$ 　　(4) $\sqrt{n^2+3n}-n$

(5) $\dfrac{\sqrt{2n+1}-\sqrt{2n-1}}{\sqrt{n+1}-\sqrt{n-1}}$ 　　(6) $\dfrac{n\sin n}{n^2+1}$

[解]

(1) $\lim_{n\to\infty} \dfrac{n}{2n+1} = \lim_{n\to\infty} \dfrac{1}{2+\dfrac{1}{n}} = \dfrac{1}{2}$

(2) $\lim_{n\to\infty} \dfrac{n^2-3n+2}{3n^2+n-10} = \lim_{n\to\infty} \dfrac{1-\dfrac{3}{n}+\dfrac{2}{n^2}}{3+\dfrac{1}{n}-\dfrac{10}{n^2}} = \dfrac{1}{3}$

(3) $\displaystyle\lim_{n\to\infty}\frac{5^n-3^{n+1}}{5^n+4^n}=\lim_{n\to\infty}\frac{1-3\cdot\left(\frac{3}{5}\right)^n}{1+\left(\frac{4}{5}\right)^n}=1$

(4) $\sqrt{n^2+3n}-n=\dfrac{(\sqrt{n^2+3n}-n)(\sqrt{n^2+3n}+n)}{\sqrt{n^2+3n}+n}$

$\qquad\qquad\qquad=\dfrac{3n}{\sqrt{n^2+3n}+n}=\dfrac{3n}{n\left(\sqrt{1+\dfrac{3}{n}}+1\right)}$

$\qquad\qquad\qquad=\dfrac{3}{\sqrt{1+\dfrac{3}{n}}+1}$

ゆえに,$\displaystyle\lim_{n\to\infty}(\sqrt{n^2+3n}-n)=\lim_{n\to\infty}\dfrac{3}{\sqrt{1+\dfrac{3}{n}}+1}=\dfrac{3}{2}$

(5) 分母,分子に $(\sqrt{2n+1}+\sqrt{2n-1})(\sqrt{n+1}+\sqrt{n-1})$ をかけて

$\dfrac{\sqrt{2n+1}-\sqrt{2n-1}}{\sqrt{n+1}-\sqrt{n-1}}=\dfrac{\sqrt{n+1}+\sqrt{n-1}}{\sqrt{2n+1}+\sqrt{2n-1}}$

$\qquad\qquad=\dfrac{\sqrt{n}\left(\sqrt{1+\dfrac{1}{n}}+\sqrt{1-\dfrac{1}{n}}\right)}{\sqrt{n}\left(\sqrt{2+\dfrac{1}{n}}+\sqrt{2-\dfrac{1}{n}}\right)}=\dfrac{\sqrt{1+\dfrac{1}{n}}+\sqrt{1-\dfrac{1}{n}}}{\sqrt{2+\dfrac{1}{n}}+\sqrt{2-\dfrac{1}{n}}}$

ゆえに,

$\displaystyle\lim_{n\to\infty}\dfrac{\sqrt{2n+1}-\sqrt{2n-1}}{\sqrt{n+1}-\sqrt{n-1}}=\lim_{n\to\infty}\dfrac{\sqrt{1+\dfrac{1}{n}}+\sqrt{1-\dfrac{1}{n}}}{\sqrt{2+\dfrac{1}{n}}+\sqrt{2-\dfrac{1}{n}}}=\dfrac{\sqrt{2}}{2}$

(6) $-1\leqq\sin n\leqq 1$ だから

$-\dfrac{n}{n^2+1}\leqq\dfrac{n\sin n}{n^2+1}\leqq\dfrac{n}{n^2+1}$

である.

$\displaystyle\lim_{n\to\infty}\dfrac{\pm n}{n^2+1}=\lim_{n\to\infty}\dfrac{\pm 1}{n+\dfrac{1}{n}}=0$

と,はさみうちの原理より

$\displaystyle\lim_{n\to\infty}\dfrac{n\sin n}{n^2+1}=0$ ∎

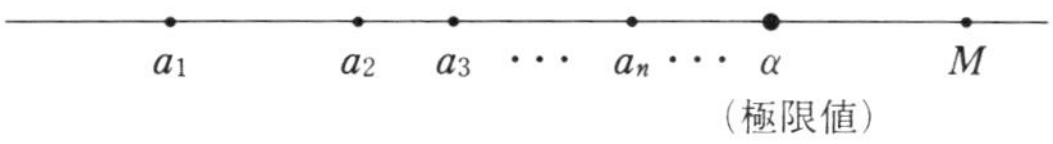

$$a_1 \quad a_2 \quad a_3 \cdots a_n \cdots \underset{(\text{極限値})}{\alpha} \quad M$$

**図 0.2** 有界単調増加数列の収束

**問 0.1** 次の数列 $\{a_n\}$ の極限値を求めよ．

(1) $a_n = \dfrac{n^3 - 10n^2}{3n^3 + 2n + 1}$  (2) $a_n = \sqrt{n^2 + n + 1} - \sqrt{n^2 - n - 1}$

(3) $a_n = \dfrac{4^{n+1} - 2^n}{4^n + 3^n}$

● **単調数列，有界数列**

数列 $\{a_n\}$ について

$$a_1 < a_2 < a_3 < \cdots < a_n < \cdots$$

が成立するとき，$\{a_n\}$ を**単調増加数列**といい，

$$a_1 > a_2 > a_3 > \cdots > a_n > \cdots$$

が成立するとき，$\{a_n\}$ を**単調減少数列**という．両者を総称して**単調数列**という．

$n$ に無関係な定数 $M$ が存在して $a_n \leqq M$ $(n = 1, 2, 3, \cdots)$ が成立するとき，数列 $\{a_n\}$ は**上に有界**であるという．

$n$ に無関係な定数 $L$ が存在して $a_n \geqq L$ $(n = 1, 2, 3, \cdots)$ が成立するとき，数列 $\{a_n\}$ は**下に有界**であるという．上にも下にも有界な数列を**有界数列**という．

次の命題は実数の基本原理であり，微分や積分の理論の基礎である（図 0.2 参照）．

> **実数の連続性：上に有界な単調増加数列は収束する．**

$\{a_n\}$ を単調数列とすると，「実数の連続性」より，以下の(1), (2), (3) の内のいずれかが成立する．

(1) 数列 $\{a_n\}$ が収束する

(2) $\lim_{n \to \infty} a_n = \infty$

(3) $\lim_{n \to \infty} a_n = -\infty$

● **ネイピアの数**

正の整数 $n$ に対して $n!$ ($n$ の**階乗**) を

$$n! = 1 \times 2 \times \cdots \times n$$

で定める．また，$0! = 1$ と約束する．

---

**【定理 0.4】 2項定理** 正の整数 $n$ について次の式が成立する．

$$\begin{aligned}(a+b)^n &= \sum_{k=0}^{n} {}_nC_k\, a^{n-k}b^k \\ &= a^n + na^{n-1}b + \cdots + \frac{n!}{(n-k)!\,k!}a^{n-k}b^k + \cdots \\ &\quad + nab^{n-1} + b^n\end{aligned}$$

ここで ${}_nC_k = \dfrac{n!}{(n-k)!\,k!}$ を **2項係数** といい，$\binom{n}{k}$ とも表す．

---

**【定理 0.5】** 数列 $\left\{\left(1+\dfrac{1}{n}\right)^n\right\}$ は収束する．

---

[証明] $a_n = \left(1+\dfrac{1}{n}\right)^n$ とおく．2項定理において，$a=1$, $b=\dfrac{1}{n}$ とすると

$$\begin{aligned}a_n &= \sum_{k=0}^{n} {}_nC_k \left(\frac{1}{n}\right)^k \\ &= 1 + 1 + \sum_{k=2}^{n} \frac{n\cdot(n-1)\cdots(n-k+1)}{n^k \cdot k!} \\ &= 1 + 1 + \sum_{k=2}^{n} \frac{1\cdot\left(1-\frac{1}{n}\right)\cdots\left(1-\frac{k-1}{n}\right)}{k!} \quad (0.1) \\ &\leqq 1 + 1 + \sum_{k=2}^{n} \frac{1\cdot\left(1-\frac{1}{n+1}\right)\cdots\left(1-\frac{k-1}{n+1}\right)}{k!} \\ &< 1 + 1 + \sum_{k=2}^{n+1} \frac{1\cdot\left(1-\frac{1}{n+1}\right)\cdots\left(1-\frac{k-1}{n+1}\right)}{k!}\end{aligned}$$

ここで最後の式は，式 (0.1) で $n$ のかわりに $n+1$ としたものであるから，$a_{n+1}$ に等しい．したがって，$a_n < a_{n+1}$ となり，$\{a_n\}$ は単調増加数列である．

次に，式 (0.1) より

$$a_n = 1 + 1 + \frac{1}{2!}\left(1 - \frac{1}{n}\right) + \frac{1}{3!}\left(1 - \frac{1}{n}\right)\left(1 - \frac{2}{n}\right) + \cdots$$
$$+ \frac{1}{n!}\left(1 - \frac{1}{n}\right)\left(1 - \frac{2}{n}\right)\cdots\left(1 - \frac{n-1}{n}\right)$$
$$< 1 + 1 + \frac{1}{2!} + \frac{1}{3!} + \cdots + \frac{1}{n!} \leq 1 + 1 + \frac{1}{2} + \frac{1}{2^2} + \cdots + \frac{1}{2^{n-1}}$$
$$< 1 + 1 + \frac{1}{2} + \frac{1}{2^2} + \cdots + \frac{1}{2^n} + \cdots = 3$$

であるから，数列 $\{a_n\}$ は上に有界である．数列 $\{a_n\}$ は，単調増加かつ上に有界であるから，「実数の連続性」により収束する． ∎

$$e = \lim_{n \to \infty}\left(1 + \frac{1}{n}\right)^n = 2.71828182845\cdots \text{ を}\textbf{ネイピアの数}\text{という．}$$

**【例題 0.2】** $\lim_{n \to \infty}\left(1 - \frac{1}{n}\right)^{-n} = e$ を示せ．

[解] 次のように変形する．
$$\left(1 - \frac{1}{n}\right)^{-n} = \left(\frac{n-1}{n}\right)^{-n} = \left(\frac{n}{n-1}\right)^n = \left(1 + \frac{1}{n-1}\right)^{n-1}\left(1 + \frac{1}{n-1}\right)$$

$m = n - 1$ とおく．$n \to \infty$ のとき $m \to \infty$ であるから
$$\lim_{n \to \infty}\left(1 + \frac{1}{n-1}\right)^{n-1} = \lim_{m \to \infty}\left(1 + \frac{1}{m}\right)^m = e$$

となることに注意して
$$\lim_{n \to \infty}\left(1 - \frac{1}{n}\right)^{-n} = \lim_{n \to \infty}\left(1 + \frac{1}{n-1}\right)^{n-1} \times \lim_{n \to \infty}\left(1 + \frac{1}{n-1}\right)$$
$$= e \times 1 = e$$
∎

数列の極限値の最後に次の定理をあげておく．これは，第 3 章の「テイラー展開」で用いられる．

**【定理 0.6】** $M$ を $n$ に無関係な定数とする．
$$\lim_{n \to \infty}\frac{M^n}{n!} = 0$$

[証明]　$M=0$ の場合は明らかである．$M \neq 0$ の場合に証明する．

正の整数 $N$ を大きくとると，
$$\frac{|M|}{N+1} \leq \frac{1}{2}$$
したがって，$n \geq N+1$ のとき
$$\frac{|M|}{n} \leq \frac{|M|}{N+1} \leq \frac{1}{2}$$
であり，
$$0 \leq \left|\frac{M^n}{n!}\right| = \left|\frac{M}{1} \cdot \frac{M}{2} \cdots \frac{M}{N} \cdot \frac{M}{N+1} \cdots \frac{M}{n}\right| \leq \left|\frac{M}{1} \cdot \frac{M}{2} \cdots \frac{M}{N}\right| \underbrace{\frac{1}{2} \cdots \frac{1}{2}}_{n-N \text{個}}$$
ここで，
$$\lim_{n \to \infty} \left|\frac{M}{1} \cdot \frac{M}{2} \cdots \frac{M}{N}\right| \left(\frac{1}{2}\right)^{n-N} = 0$$
であるから，はさみうちの原理より
$$\lim_{n \to \infty} \left|\frac{M^n}{n!}\right| = 0$$
ゆえに，
$$\lim_{n \to \infty} \frac{M^n}{n!} = 0$$
■

**問 0.2**　次の数列 $\{a_n\}$ の極限値を求めよ．

(1)　$a_n = \left(1 - \frac{1}{n}\right)^n$

## 0.3　有理関数，無理関数

● **多項式関数**

変数 $x$ の多項式で表される関数
$$y = a_n x^n + a_{n-1} x^{n-1} + \cdots + a_0 \quad (a_n,\ a_{n-1},\ \cdots,\ a_0 : \text{定数})$$
を**多項式関数**といい，$a_n \neq 0$ のとき **$n$ 次関数**という．

(1) 1次関数の一般形は $y = ax + b$ （$a \neq 0$，$b$ は定数）である．そのグラフは，傾きが $a$ であり，$y$ 切片が $b$ の直線である．

(2) 2次関数の一般形は $y = ax^2 + bx + c$ （$a \neq 0$，$b$，$c$ は定数）である．そのグラフは頂点が $\left(-\dfrac{b}{2a}, -\dfrac{b^2 - 4ac}{4a}\right)$ であり，軸が $x = -\dfrac{b}{2a}$ の放物線である．

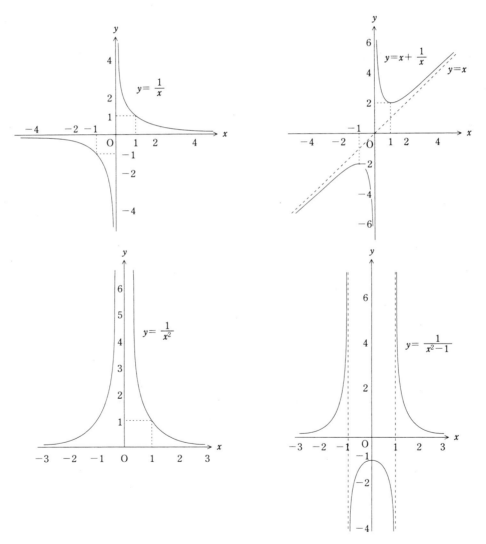

図 0.3　有理関数のグラフの例

● **有理関数**

変数 $x$ の多項式 $P(x)$, $Q(x)$ の商で表される関数 $y = \dfrac{Q(x)}{P(x)}$ を**有理関数**という．特に $P(x) = 1$ の場合は $Q(x) = \dfrac{Q(x)}{P(x)}$ であるから，多項式関数は有理関数である．有理関数のグラフの例を示す（図 0.3 参照）．

● **無理関数**

$n \geq 2$ を整数とするとき，$n$ 乗して $a$ になる実数を $a$ の **$n$ 乗根**という．$n$ が奇数の場合には，$a$ の $n$ 乗根はただ一つ存在し，$\sqrt[n]{a}$ と表す．$n$ が偶数の場合には，負の数 $a$ の $n$ 乗根は存在しない．正の数 $a$ の $n$ 乗根は正，負それぞれ 1 つずつあり，そのうち正の数を $\sqrt[n]{a}$ と表す．$0$ の $n$ 乗根は $0$ であり，$\sqrt[n]{0} = 0$ と表す．$\sqrt[2]{a}$ を，特に $\sqrt{a}$ と表す．

変数 $x$ と定数に，加減乗除と $n$ 乗根 $\sqrt[n]{\phantom{a}}$ を求める操作を行って得られる関数を，**無理関数**という．無理関数のグラフの例を示す（図 0.4 参照）．

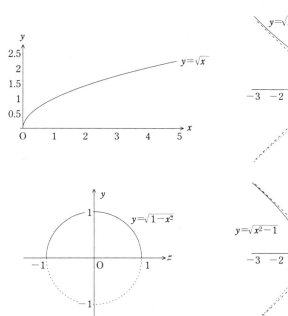
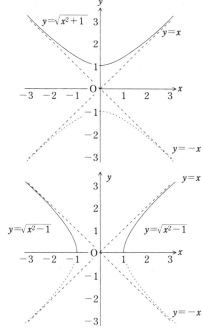

図 0.4 無理関数のグラフの例

## 0.4 指数関数，対数関数

● **指数関数**

正の整数 $n$ と実数 $a$ に対して，$a$ の整数べきを次のように定める．

$$a^n = \overbrace{a \times \cdots \times a}^{n}$$

$$a^{-n} = \frac{1}{a^n} \quad (\text{ただし } a \neq 0)$$

$$a^0 = 1 \quad (\text{ただし } a \neq 0)$$

$a > 0$ の場合，有理数 $p = \dfrac{m}{n}$ ($m$：整数，$n$：正整数) に対して

$$a^p = a^{m/n} = \sqrt[n]{a^m}$$

と定め，$p$ が無理数のときには，$p$ に収束する単調増加数列 $\{p_n\}$ ($p_n$ は有理数) を用いて，

$$a^p = \lim_{n \to \infty} a^{p_n}$$

と定める．

---

**【公式 0.1】 指数法則** $a > 0$，$b > 0$，$p$，$q$ を実数とするとき，次の等式が成立する．

(1) $a^{p+q} = a^p a^q$    (2) $a^{p-q} = \dfrac{a^p}{a^q}$    (3) $(a^p)^q = a^{pq}$

(4) $(ab)^p = a^p b^p$    (5) $\left(\dfrac{a}{b}\right)^p = \dfrac{a^p}{b^p}$

---

$a$ (ただし $a > 0$，$a \neq 1$) を定数とするとき，関数 $y = a^x$ を，$a$ を**底**とする**指数関数**という (図 0.5 参照)．ネイピアの数 $e$ を底とする指数関数 $y = e^x$ は微分積分学で重要である．

● **対数関数**

$a$ (ただし $a > 0$，$a \neq 1$) を定数とする．$x > 0$ に対して $x = a^y$ をみたす実数 $y$ がただ一つ定まる．このとき $y = \log_a x$ と表し，$a$ を底とする**対数関数**という (図 0.6 参照)．ネイピアの数 $e$ を底とする対数関数を，底の $e$ を省略して $y = \log x$ と表し，**自然対数**という．

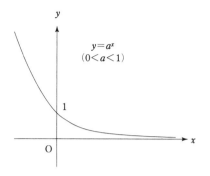 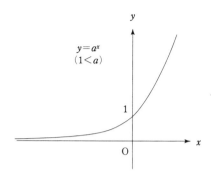

**図 0.5**　$a$ を底とする指数関数のグラフ

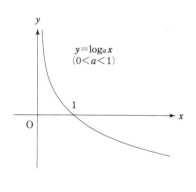 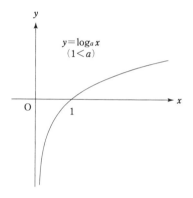

**図 0.6**　$a$ を底とする対数関数のグラフ

---

**【公式 0.2】 対数関数**　$0 < a(\neq 1),\ 0 < b(\neq 1),\ x > 0,\ x_1 > 0,\ x_2 > 0$ とするとき

(1)　$\log_a 1 = 0, \qquad \log_a a = 1, \qquad \log_a\left(\dfrac{1}{x}\right) = -\log_a x$

(2)　$\log_a(x_1 x_2) = \log_a x_1 + \log_a x_2, \qquad \log_a\left(\dfrac{x_1}{x_2}\right) = \log_a x_1 - \log_a x_2$

(3)　$\log_a x^\alpha = \alpha \log_a x, \qquad \log_a x = \dfrac{\log_b x}{\log_b a}$

**問 0.3** 次の式を簡単にせよ．

(1) $\log_2 40 + \log_2 3 - \log_2 15$ (2) $\log_{81} 27$ (3) $2\log\sqrt{2} + \log\dfrac{1}{4}$

(4) $\log\sqrt[4]{9} - \log\sqrt[3]{3}$

**問 0.4** 次の式を示せ．ただし，$a, b > 0$，$a \neq 1$，$b \neq 1$ とする

(1) $a = e^{\log a}$ (2) $\log_a b = \dfrac{1}{\log_b a}$

## 0.5　三角関数

●**弧度法**

点 P が半径 $r$ の円周上を回転するとき，P の動く距離 $L$ は P の回転角 $a°$ に比例し，$L = \dfrac{\pi}{180}ar$ である．$L = r$ のとき $a = \dfrac{180}{\pi}$ であり，この角の大きさを 1 **ラジアン**という．ラジアンを単位として角の大きさを表す方法を**弧度法**という（図 0.7 参照）．

$$1\,\text{ラジアン} = \dfrac{180°}{\pi}, \qquad 1° = \dfrac{\pi}{180}\,\text{ラジアン}$$

微分積分学での角の単位はラジアンを採用する．角の単位ラジアンは普通省略される．

点 P が，円周上を反時計回りに $n\,(n \geq 0)$ 回転し，さらに反時計回りに $\alpha$ ラジアン回転したとき，その回転角を $2n\pi + \alpha$ と表す．点 P が，円周上を時計回りに $n\,(n \geq 0)$ 回転し，さらに時計回りに $\alpha$ ラジアン回転したとき，その回転角を $-2n\pi - \alpha$ と表す．このような角の表し方を**一般角**という．

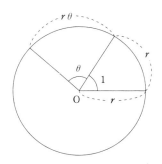

図 0.7　弧度法

● **三角関数**

座標平面において，原点 O を中心，半径 $r$ の円周上の点 P$(a, b)$ をとる．OP の，$x$ 軸の正の部分からの角を $\theta$ とする．$\sin\theta$, $\cos\theta$, $\tan\theta$ を次のように定める（図 0.8 参照）．

$$\sin\theta = \frac{b}{r}, \qquad \cos\theta = \frac{a}{r}, \qquad \tan\theta = \frac{b}{a} = \frac{\sin\theta}{\cos\theta}$$

$\theta$ を変数 $x$ で置き換えた関数 $\sin x$, $\cos x$, $\tan x$ を**三角関数**という．三角関数のグラフについては，図 0.9 を参照せよ．

次のように定められた関数も三角関数といい，それぞれコセカント $x$，セカント

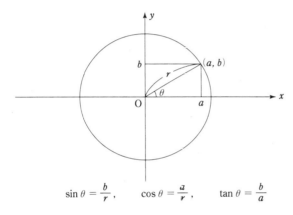

$$\sin\theta = \frac{b}{r}, \qquad \cos\theta = \frac{a}{r}, \qquad \tan\theta = \frac{b}{a}$$

**図 0.8** 三角関数の定義

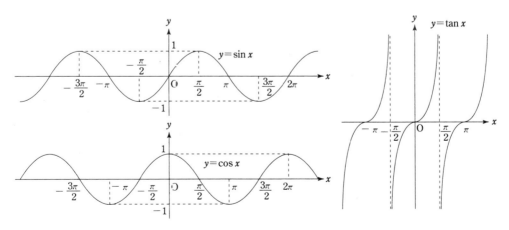

**図 0.9** $y = \sin x$, $y = \cos x$, $y = \tan x$ のグラフ

$x$,コタンジェント $x$ と読む.

$$\text{cosec}\, x = \frac{1}{\sin x}, \qquad \sec x = \frac{1}{\cos x}, \qquad \cot x = \frac{1}{\tan x} = \frac{\cos x}{\sin x}$$

次の公式が成立する.そのうち,(1)〜(4)が基本である.

---

**【公式 0.3】 三角関数** $n$ は整数とする.

(1) $\sin^2 x + \cos^2 x = 1$

(2) $\sin(-x) = -\sin x, \qquad \cos(-x) = \cos x, \qquad \tan(-x) = -\tan x$

(3) $\sin(x + 2n\pi) = \sin x, \qquad \cos(x + 2n\pi) = \cos x$
 $\tan(x + n\pi) = \tan x$

(4) (加法定理)
 $\sin(x \pm y) = \sin x \cos y \pm \cos x \sin y$
 $\cos(x \pm y) = \cos x \cos y \mp \sin x \sin y$

(5) (倍角の公式)
 $\sin 2x = 2\sin x \cos x, \qquad \cos 2x = \cos^2 x - \sin^2 x$

(6) (半角の公式)
 $\sin^2 \frac{x}{2} = \frac{1 - \cos x}{2}, \qquad \cos^2 \frac{x}{2} = \frac{1 + \cos x}{2}$

(7) (積和の公式)
 $\sin x \sin y = \frac{1}{2}\{\cos(x - y) - \cos(x + y)\}$
 $\cos x \cos y = \frac{1}{2}\{\cos(x - y) + \cos(x + y)\}$
 $\sin x \cos y = \frac{1}{2}\{\sin(x + y) + \sin(x - y)\}$

(8) (和積の公式)
 $\sin x \pm \sin y = 2\sin\frac{x \pm y}{2}\cos\frac{x \mp y}{2}$
 $\cos x + \cos y = 2\cos\frac{x + y}{2}\cos\frac{x - y}{2}$
 $\cos x - \cos y = -2\sin\frac{x + y}{2}\sin\frac{x - y}{2}$

(9) （三角関数の合成）

$$a\sin x + b\cos x = \sqrt{a^2 - b^2}\sin(x+\alpha)$$

ここで， $\cos\alpha = \dfrac{a}{\sqrt{a^2+b^2}}$, $\sin\alpha = \dfrac{b}{\sqrt{a^2+b^2}}$

**問 0.5** 三角関数の公式を用いて $\sin 75°$, $\cos 75°$, $\sin\dfrac{\pi}{12}$, $\cos\dfrac{\pi}{12}$ の値を求めよ．

**問 0.6** $\cos\alpha = \dfrac{1}{3}$, $\sin\beta = \dfrac{1}{4}$ $\left(0 < \alpha < \dfrac{\pi}{2} < \beta < \pi\right)$ のとき，次の値を求めよ．

(1) $\cos(\alpha+\beta)$ (2) $\sin(\alpha-\beta)$ (3) $\sin(2\alpha+\beta)$

**問 0.7** $3\cos\theta + 4\sin\theta = r\sin(\theta+\alpha)$ と表したとき，$r$, $\sin\alpha$, $\cos\alpha$ を求めよ．

**問 0.8** 次の式を示せ．ただし，$-\dfrac{\pi}{2} < x < \dfrac{\pi}{2}$ とする．

(1) $1 + \tan^2 x = \dfrac{1}{\cos^2 x}$ (2) $1 + \cot^2 x = \dfrac{1}{\sin^2 x}$

(3) $\tan(x \pm y) = \dfrac{\tan x \pm \tan y}{1 \mp \tan x \cdot \tan y}$ (4) $\tan 2x = \dfrac{2\tan x}{1 - \tan^2 x}$

## 章末問題

**問1** 次の数列 $\{a_n\}$ の極限値を求めよ．

(1) $a_n = \dfrac{1}{1\cdot 2} + \dfrac{1}{2\cdot 3} + \cdots + \dfrac{1}{n\cdot(n+1)}$

(2) $a_n = \dfrac{n^2}{1+2+\cdots+n}$

**問2** 次の式を示せ．ただし，$-\dfrac{\pi}{2} < x < \dfrac{\pi}{2}$ とする．

(1) $\sin 2x = \dfrac{2\tan x}{1+\tan^2 x}$

(2) $\cos 2x = \dfrac{1-\tan^2 x}{1+\tan^2 x}$

# 第1章
# 関数

関数とその極限について説明する．逆三角関数は新しく現れる関数である．この章の内容は極限，連続性など微積分の基礎となる部分であるが，理論的取り扱いは難しい．最初はあまり深く立ち入らずに次の第2章に進み，必要に応じてあとで読み返せばよい．

## 1.1 関数の定義，合成関数，逆関数

### ● 関数の定義

変数 $x$ のとる値に応じて，変数 $y$ のとる値がただ一つ定まるとき，$y$ を $x$ の**関数**という．たとえば，半径 $x$ の円の面積を $y$ とすると $y = \pi x^2$ となり，$y$ は $x$ の値に応じてただ一つ定まるので，$y$ は $x$ の関数である．

変数 $x$ から変数 $y$ への対応規則を記号 $f$ で表すとき，$y = f(x)$ と書く（図1.1参照）．対応規則 $f$ 自身を関数ということもある．

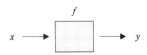

図 1.1  $x \to f \to y$

関数 $y = f(x)$ において，$x$ を**独立変数**，$y$ を**従属変数**という．また，独立変数 $x$ の変化する範囲を関数 $y = f(x)$ の**定義域**，従属変数 $y$ の変化する範囲を関数 $y = f(x)$ の**値域**という．特に指定がなければ，関数 $y = f(x)$ が意味をもつような $x$ の最大範囲を定義域と考える．

【例 1.1】 関数 $y = \sqrt{1-x^2}$ の定義域は $-1 \leqq x \leqq 1$，値域は $0 \leqq y \leqq 1$ である． ■

【例題 1.1】 関数 $y = \sqrt{2-x-x^2}$ の定義域と値域を求めよ（図 1.2 参照）．
[解] 定義域について，根号の内部 $= 2-x-x^2 \geqq 0$ でなければならないから，
$$2-x-x^2 = -(x+2)(x-1) \geqq 0$$
この不等式を解いて，$-2 \leqq x \leqq 1$ がこの関数の定義域である．
値域について，$x$ が $-2 \leqq x \leqq 1$ の範囲で変化するときの $y = \sqrt{2-x-x^2}$ の変化する範囲を求めればよい．$-2 \leqq x \leqq 1$ のとき
$$0 \leqq 2-x-x^2 = \left(\frac{3}{2}\right)^2 - \left(x+\frac{1}{2}\right)^2 \leqq \left(\frac{3}{2}\right)^2$$
であるから，$0 \leqq \sqrt{2-x-x^2} \leqq \frac{3}{2}$ である．すなわち，$0 \leqq y \leqq \frac{3}{2}$ がこの関数の値域である． ■

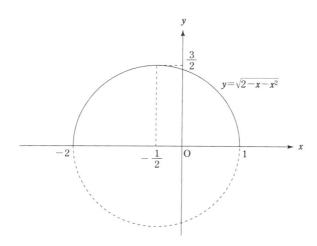

図 1.2 $y = \sqrt{2-x-x^2}$ のグラフ

**問 1.1** 次の関数 $y$ の定義域と値域を求めよ．

(1) $y = \dfrac{1}{x^2+1}$ (2) $y = x + \sqrt{x-1}$ (3) $y = \dfrac{1}{x-1}$

● **合成関数**

2つの関数 $y = f(t)$ と $t = g(x)$ があるとき，$y = f(t)$ に $t = g(x)$ を代入して得られる関数
$$y = f(g(x))$$
を $y = f(t)$ と $t = g(x)$ の**合成関数**という．

【例 1.2】
(1) 関数 $y = \sqrt{t}$ と，関数 $t = x^2+1$ の合成関数は，$y = \sqrt{x^2+1}$ である．
(2) 関数 $y = t^2$ と，関数 $t = \sin x + \cos x$ の合成関数は，$y = (\sin x + \cos x)^2 = \sin^2 x + 2\sin x \cos x + \cos^2 x = 1 + \sin 2x$ である．
(3) 関数 $y = (2x+1)^3$ は，関数 $y = t^3$ と，関数 $t = 2x+1$ の合成関数である．■

3個の関数 $y = f(t)$, $t = g(s)$, $s = h(x)$ がある．$t = g(s)$ に $s = h(x)$ を代入して合成関数 $t = g(h(x))$ を得る．$y = f(t)$ と $t = g(h(x))$ の合成関数 $y = f(g(h(x)))$ を3個の関数 $y = f(t)$, $t = g(s)$, $s = h(x)$ の合成関数という．$n$ 個の関数の合成関数もおなじように定めることができる．複雑な関数を，いくつかの簡単な関数の合成関数ととらえることは，関数の性質を調べる上で役立つ．

【例 1.3】
(1) 3個の関数 $y = t^2$, $t = \log s$, $s = x^2+1$ の合成関数は，$y = \{\log(x^2+1)\}^2$ である．
(2) 関数 $y = \sin\sqrt{1+\sqrt{x}}$ は，3個の関数 $y = \sin t$, $t = \sqrt{s}$, $s = 1 + \sqrt{x}$ の合成関数である．■

**問 1.2** 次の関数の合成関数を求めよ．

(1) $y = t^2 + 3$, $t = x + 1$ (2) $y = t^2 + t + 1$, $t = \sqrt{x}$

(3) $y = \dfrac{1}{t^2+1}$, $t = \tan x$ (4) $y = t^2 + 3t + 4$, $t = \sin x$

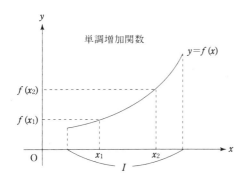 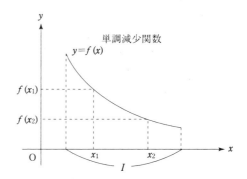

図 1.3 単調増加関数と単調減少関数のグラフ

● **単調関数と逆関数**

(1) **単調関数**

区間 $I$ で定められた関数 $y=f(x)$ がある．$x$ が増加するにつれて $y$ が増加するとき，すなわち，区間 $I$ 内の任意の $x_1$, $x_2$ について，

$$x_1 < x_2 \quad ならば \quad f(x_1) < f(x_2)$$

であるとき，関数 $y=f(x)$ は区間 $I$ で**単調増加**であるという（図 1.3 参照）．逆に，$x$ が増加するにつれて $y$ が減少するとき，すなわち，区間 $I$ 内の任意の $x_1$, $x_2$ について，

$$x_1 < x_2 \quad ならば \quad f(x_1) > f(x_2)$$

であるとき，関数 $y=f(x)$ は区間 $I$ で**単調減少**であるという（図 1.3 参照）．関数 $y=f(x)$ が，区間 $I$ で単調増加，あるいは単調減少であるとき，関数 $y=f(x)$ は区間 $I$ で**単調**であるという．

関数 $y=f(x)$ が区間 $I$ で単調増加（減少）であるかどうかは，$f(x)$ の導関数 $f'(x)$ が $I$ で常に正の値をとるか，常に負の値をとるか，によって判定できる．このことについては第 3 章の定理 3.4 を見よ．

【例 1.4】

(1) 関数 $y=x^3$ は，区間 $(-\infty, \infty)$ で単調増加である．

(2) 関数 $y=\sin x$ は，区間 $\left[0, \dfrac{\pi}{2}\right]$ で単調増加，区間 $\left[\dfrac{\pi}{2}, \pi\right]$ で単調減少である．

(3) 関数 $y=\sin x$ は，区間 $[0, \pi]$ で単調増加でも単調減少でもない．∎

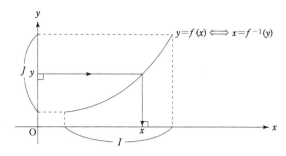

図 1.4　単調関数のグラフと $y$ から $x$ への対応図

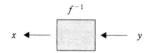

図 1.5　$x \leftarrow f^{-1} \leftarrow y$

### (2) 逆関数

関数 $y = f(x)$ は区間 $I$ で単調であるとする．この関数の値域 $J$ 内の $y$ に対しては，$y = f(x)$ をみたす $x$ が区間 $I$ 内にただ一つ定まる（図 1.4 参照）．これによって，$x$ は $y$ の関数となり，この関数を

$$x = f^{-1}(y)$$

と表し，関数 $y = f(x)$ の**逆関数**という．$f^{-1}$ は，もとの対応規則 $f$ の逆対応を表す記号と考える（図 1.5 参照）．

逆関数 $x = f^{-1}(y)$ は，もとの式 $y = f(x)$ を $x$ について解いたものであり，次が成立する．

① 　$y = f(x) \Longleftrightarrow x = f^{-1}(y)$

② 　$y = f(x)$ の定義域が $I$，値域が $J$ であるとき，

$x = f^{-1}(y)$ の定義域は $J$，値域は $I$ である．

逆関数 $x = f^{-1}(y)$ を，もとの関数 $y = f(x)$ から切り離してそれ自身として取り扱うとき，変数 $x$ と $y$ を入れかえて

$$y = f^{-1}(x)$$

と表す．関数 $y = f^{-1}(x)$ の定義域は $J$，値域は $I$ である．

**注意 1.1**　以後この章では，逆関数といえば，関数 $y = f^{-1}(x)$ のことをいう．

【例 1.5】

(1)　関数 $y = 2x + 1$ の逆関数は，$y = \dfrac{1}{2}(x - 1)$

(2)　関数 $y = x^2$ $(x \geq 0)$ の逆関数は，$y = \sqrt{x}$ $(x \geq 0)$

(3) 関数 $y = x^2$ $(-\infty < x < \infty)$ は区間 $(-\infty, \infty)$ で単調ではなく，逆関数は存在しない．

(4) 関数 $y = x^3$ の逆関数は $y = x^{\frac{1}{3}}$

(5) 関数 $y = e^x$ の逆関数は $y = \log x$ $(x > 0)$ ∎

【例題 1.2】 関数 $y = \sqrt{x-1}$ の逆関数を求めよ．また，逆関数の定義域と値域を求めよ．

[解] $\sqrt{x-1}$ の根号の内部：$x - 1 \geqq 0$ より，$x \geqq 1$ である．このとき，$y \geqq 0$ となる．ゆえに

$$\text{関数 } y = \sqrt{x-1} \text{ の定義域は } x \geqq 1, \text{ 値域は } y \geqq 0 \tag{1.1}$$

$y = \sqrt{x-1}$ の両辺を 2 乗して $y^2 = x - 1$ だから

$$x = y^2 + 1$$

$x, y$ を入れかえて，

$$\text{逆関数は } y = x^2 + 1$$

また，(1.1) より，もとの関数の定義域は $x \geqq 1$，値域は $y \geqq 0$ であるから，

$$\text{逆関数の定義域は } x \geqq 0, \text{ 値域は } y \geqq 1 \qquad ∎$$

【例題 1.3】 関数 $y = x + \sqrt{2x+2}$ の逆関数を求めよ．また，逆関数の定義域と値域を求めよ．

[解] 関数 $y = x + \sqrt{2x+2}$ において，根号の内部 $= 2x + 2 \geqq 0$ より，$x \geqq -1$ である．このとき，$y \geqq -1$ となる．ゆえに

$$\text{関数 } y = x + \sqrt{2x+2} \text{ の定義域は } x \geqq -1, \text{ 値域は } y \geqq -1 \tag{1.2}$$

$y = x + \sqrt{2x+2}$ より

$$y - x = \sqrt{2x+2} \tag{1.3}$$

両辺を 2 乗して整理すると $x^2 - 2(y+1)x + y^2 - 2 = 0$ となる．これを $x$ について解いて

$$x = y + 1 \pm \sqrt{2y+3} \tag{1.4}$$

ここで $\pm$ のどちらを選ぶかは，次のように判断する．式 (1.3) より $y - x \geqq 0$．式 (1.4) で $x = y + 1 + \sqrt{2y+3}$ とすると $y - x = -1 - \sqrt{2y+3} \leqq -1$ となり，これは $y - x \geqq 0$ に反する．したがって

$$x = y + 1 - \sqrt{2y+3}$$

$x, y$ を入れかえて，

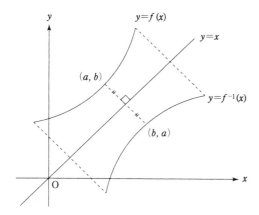

図 1.6 逆関数のグラフ

逆関数は $y = x + 1 - \sqrt{2x+3}$
また，(1.2) より，もとの関数の定義域は $x \geqq -1$，値域は $y \geqq -1$ であるから，

逆関数の定義域は $x \geqq -1$，値域は $y \geqq -1$ ∎

**(3) 逆関数のグラフ**

単調関数 $y = f(x)$ のグラフ上の任意の点を $(a, b)$ とすると，$b = f(a)$ より $a = f^{-1}(b)$ であるから，点 $(b, a)$ は，逆関数 $y = f^{-1}(x)$ のグラフ上の点である．また，点 $(a, b)$ と点 $(b, a)$ は，直線 $y = x$ に関して対称の位置にある．したがって，関数 $y = f(x)$ のグラフと関数 $y = f^{-1}(x)$ のグラフは，直線 $y = x$ に関して対称である（図 1.6 参照）．

**問 1.3** 次の関数の逆関数を求めよ．また，逆関数の定義域と値域を求めよ．
 (1) $y = \sqrt{x-2}$  (2) $y = x + \sqrt{4x+3}$
 (3) $y = \sqrt{1-x^2}$ $(-1 \leqq x \leqq 0)$  (4) $y = x + \sqrt{x^2+1}$ $(x \geqq 0)$

## 1.2 逆三角関数

三角関数は，定義域を実数全体とすると単調関数でないから，逆関数は存在しない．しかし，定義域を適当に制限すれば

$y = \sin x$ は $-\dfrac{\pi}{2} \leqq x \leqq \dfrac{\pi}{2}$ で単調増加

$y = \cos x$ は $0 \leqq x \leqq \pi$ で単調減少

$y = \tan x$ は $-\dfrac{\pi}{2} < x < \dfrac{\pi}{2}$ で単調増加

であるから,これらの関数には逆関数が存在する.この逆関数を,それぞれ

$$y = \sin^{-1} x, \quad y = \cos^{-1} x, \quad y = \tan^{-1} x$$

と表し,まとめて**逆三角関数**という.$\sin^{-1} x$ はアークサイン $x$,$\cos^{-1} x$ はアークコサイン $x$,$\tan^{-1} x$ はアークタンジェント $x$ とよむ.逆三角関数のグラフについては,図 1.7 を参照せよ.

**注意** $(\sin x)^2 = \sin^2 x$ と簡略する記法があった.しかし逆三角関数における $\sin^{-1}$ は逆関数という意味での記号であり,$\dfrac{1}{\sin x}$ という意味ではないので注意すること.

　このような間違えをしないために

$$\sin^{-1} x = \arcsin x, \quad \cos^{-1} x = \arccos x, \quad \tan^{-1} x = \arctan x$$

という記号もある.

図 1.7 のグラフからもわかるように

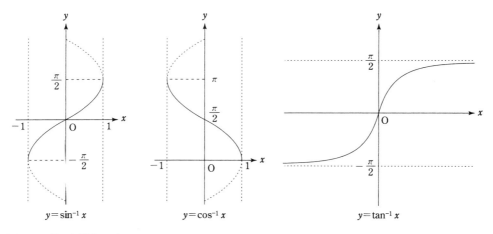

**図 1.7** 逆三角関数のグラフ

① $y = \sin^{-1} x \Longleftrightarrow x = \sin y$ かつ $-\dfrac{\pi}{2} \leqq y \leqq \dfrac{\pi}{2}$

$y = \sin^{-1} x$ の定義域は $-1 \leqq x \leqq 1$, 値域は $-\dfrac{\pi}{2} \leqq y \leqq \dfrac{\pi}{2}$

② $y = \cos^{-1} x \Longleftrightarrow x = \cos y$ かつ $0 \leqq y \leqq \pi$

$y = \cos^{-1} x$ の定義域は $-1 \leqq x \leqq 1$, 値域は $0 \leqq y \leqq \pi$

③ $y = \tan^{-1} x \Longleftrightarrow x = \tan y$ かつ $-\dfrac{\pi}{2} < y < \dfrac{\pi}{2}$

$y = \tan^{-1} x$ の定義域は $-\infty < x < \infty$, 値域は $-\dfrac{\pi}{2} < y < \dfrac{\pi}{2}$

**【例題 1.4】** $\sin^{-1}\dfrac{1}{\sqrt{2}}$, $\cos^{-1} 0$, $\tan^{-1}\sqrt{3}$ の値を求めよ.

[解] $\alpha = \sin^{-1}\dfrac{1}{\sqrt{2}}$ とおく. $\sin \alpha = \dfrac{1}{\sqrt{2}}$ $\left(-\dfrac{\pi}{2} \leqq \alpha \leqq \dfrac{\pi}{2}\right)$ より $\alpha = \dfrac{\pi}{4}$ である.
ゆえに,
$$\sin^{-1}\dfrac{1}{\sqrt{2}} = \dfrac{\pi}{4}$$
同様に,
$$\alpha = \cos^{-1} 0 \Longleftrightarrow \cos \alpha = 0 \quad (0 \leqq \alpha \leqq \pi)$$
より, $\alpha = \dfrac{\pi}{2}$ である. ゆえに,
$$\cos^{-1} 0 = \dfrac{\pi}{2}$$
同様に,
$$\alpha = \tan^{-1}\sqrt{3} \Longleftrightarrow \tan \alpha = \sqrt{3} \quad \left(-\dfrac{\pi}{2} < \alpha < \dfrac{\pi}{2}\right)$$
より, $\alpha = \dfrac{\pi}{3}$ である. ゆえに,
$$\tan^{-1}\sqrt{3} = \dfrac{\pi}{3}$$
■

**問 1.4** 次の逆三角関数の値を求めよ.

(1) $\sin^{-1}\dfrac{1}{2}$ (2) $\sin^{-1}(-1)$ (3) $\sin^{-1}\left(-\dfrac{\sqrt{3}}{2}\right)$

(4) $\cos^{-1} 1$  (5) $\cos^{-1}\left(\dfrac{\sqrt{3}}{2}\right)$  (6) $\cos^{-1}\left(-\dfrac{1}{2}\right)$

(7) $\tan^{-1} 1$  (8) $\tan^{-1}\dfrac{1}{\sqrt{3}}$  (9) $\tan^{-1}(-\sqrt{3})$

【例題 1.5】 $\sin^{-1} x + \cos^{-1} x = \dfrac{\pi}{2}$ が成立することを示せ．

［解］ $y = \sin^{-1} x$ とおくと，

$$x = \sin y \quad \left(-\dfrac{\pi}{2} \leqq y \leqq \dfrac{\pi}{2}\right)$$

sin と cos の関係：$\sin y = \cos\left(\dfrac{\pi}{2} - y\right)$ と上の式より，

$$x = \cos\left(\dfrac{\pi}{2} - y\right) \quad \left(-\dfrac{\pi}{2} \leqq y \leqq \dfrac{\pi}{2}\right)$$

したがって，$0 \leqq \dfrac{\pi}{2} - y \leqq \pi$ であることから，$\dfrac{\pi}{2} - y = \cos^{-1} x$ である．これに $y = \sin^{-1} x$ を代入すると，$\dfrac{\pi}{2} - \sin^{-1} x = \cos^{-1} x$ となる．ゆえに，

$$\sin^{-1} x + \cos^{-1} x = \dfrac{\pi}{2}$$

■

**問 1.5** 次の等式が成立することを示せ．

(1) $\sin^{-1} x + \sin^{-1}(-x) = 0$  (2) $\cos^{-1} x + \cos^{-1}(-x) = \pi$

## 1.3 関数の極限

変数 $x$ が $a$ 以外の値をとりながら $a$ に限りなく近づくことを，$x \to a$ と表す．$x$ が $a$ より大きい値をとりながら $a$ に限りなく近づくことを，$x \to a+0$ と表し，$x$ が $a$ より小さい値をとりながら $a$ に限りなく近づくことを，$x \to a-0$ と表す．特に $a=0$ の場合，$x \to 0+0$ を $x \to +0$，$x \to 0-0$ を $x \to -0$ と略記することが多い．

$x \to a$ のとき，関数 $f(x)$ の値が一定値 $\alpha$ に限りなく近づくことを，「$x \to a$ のとき $f(x)$ は $\alpha$ に**収束**する」といい，

$$\lim_{x \to a} f(x) = \alpha$$

または，

$$x \to a \quad \text{のとき} \quad f(x) \to \alpha$$

と表す．また，一定値 $\alpha$ を，$x \to a$ のときの $f(x)$ の **極限値** という．

同様に，$\lim_{x \to a+0} f(x) = \alpha$ あるいは $\lim_{x \to a-0} f(x) = \alpha$ を定める．$\lim_{x \to a+0} f(x) = \alpha$ であるとき，$\alpha$ を $x \to a+0$ のときの $f(x)$ の **右側極限値** という．$\lim_{x \to a-0} f(x) = \alpha$ であるとき，$\alpha$ を $x \to a-0$ のときの $f(x)$ の **左側極限値** という．

**注意 1.2** $\lim_{x \to a} f(x) = \alpha$ であることと，$\lim_{x \to a+0} f(x) = \lim_{x \to a-0} f(x) = \alpha$ であることは同じである．

$\lim_{x \to a} f(x)$ を求めるとき，$f(x)$ に $x = a$ を直接代入してよい場合と，そうでない場合がある．

**【例 1.6】**

(1) $\lim_{x \to 1} \dfrac{x^2 - 1}{x + 1} = \dfrac{1 - 1}{1 + 1} = 0$ （直接 $x = 1$ を代入する場合）

(2) $\lim_{x \to -1} \dfrac{x^2 - 1}{x + 1} = \lim_{x \to -1} \dfrac{(x+1)(x-1)}{x+1} = \lim_{x \to -1} (x - 1) = -2$

（式を変形した後で $x = -1$ を代入する場合） ∎

同じ関数の右側極限値と左側極限値が異なる場合がある（図 1.8 参照）．

**【例 1.7】**

(1) $\lim_{x \to +0} \left( x + \dfrac{|x|}{x} \right) = \lim_{x \to +0} (x + 1) = 1$

(2) $\lim_{x \to -0} \left( x + \dfrac{|x|}{x} \right) = \lim_{x \to -0} (x - 1) = -1$ ∎

以下の 2 つの定理は直観的に明らかであろう．

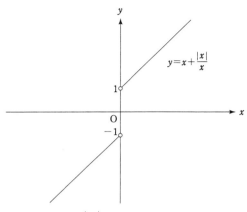

図 1.8 $y = x + \dfrac{|x|}{x}$ のグラフ

---

【定理 1.1】 $\lim_{x \to a} f(x) = \alpha$, $\lim_{x \to a} g(x) = \beta$ とする．

(1) $\lim_{x \to a} \{f(x) \pm g(x)\} = \alpha \pm \beta$ 　　(2) $\lim_{x \to a} kf(x) = k\alpha$ 　（$k$ は定数）

(3) $\lim_{x \to a} f(x)g(x) = \alpha\beta$ 　　(4) $\lim_{x \to a} \dfrac{f(x)}{g(x)} = \dfrac{\alpha}{\beta}$ 　（$\beta \neq 0$）

---

【定理 1.2】 $x \to a$ のとき，$f(x)$ および $g(x)$ が収束するとする．

(1) $x = a$ の近くで $f(x) \leqq g(x)$ ならば，$\lim_{x \to a} f(x) \leqq \lim_{x \to a} g(x)$

(2) **はさみうちの原理**

$x = a$ の近くで $f(x) \leqq h(x) \leqq g(x)$ とする．
$$\lim_{x \to a} f(x) = \lim_{x \to a} g(x) = \alpha \quad \text{であれば} \quad \lim_{x \to a} h(x) = \alpha$$

---

【例題 1.6】 次の極限値を求めよ．

(1) $\lim_{x \to 2} \dfrac{x^2 - 3x + 2}{x^2 - x - 2}$ 　　(2) $\lim_{x \to 0} \dfrac{\sqrt{1 + 2x} - \sqrt{1 - x}}{x}$ 　　(3) $\lim_{x \to 0} x \sin \dfrac{1}{x}$

［解］

(1) $\lim_{x \to 2} \dfrac{x^2 - 3x + 2}{x^2 - x - 2} = \lim_{x \to 2} \dfrac{(x-2)(x-1)}{(x-2)(x+1)} = \lim_{x \to 2} \dfrac{x-1}{x+1} = \dfrac{1}{3}$

(2) $\displaystyle\lim_{x\to 0}\frac{\sqrt{1+2x}-\sqrt{1-x}}{x}=\lim_{x\to 0}\frac{(\sqrt{1+2x}-\sqrt{1-x})(\sqrt{1+2x}+\sqrt{1-x})}{x(\sqrt{1+2x}+\sqrt{1-x})}$

$\displaystyle =\lim_{x\to 0}\frac{3x}{x(\sqrt{1+2x}+\sqrt{1-x})}=\frac{3}{2}$

(3) $\left|x\sin\dfrac{1}{x}\right|=|x|\cdot\left|\sin\dfrac{1}{x}\right|\leqq|x|$ より $-|x|\leqq x\sin\dfrac{1}{x}\leqq|x|$ となる．

ここで，$\displaystyle\lim_{x\to 0}|x|=\lim_{x\to 0}-|x|=0$ であるから，はさみうちの原理より

$\displaystyle\lim_{x\to 0}x\sin\frac{1}{x}=0$ ∎

**問 1.6** 次の極限値を求めよ．

(1) $\displaystyle\lim_{x\to 3}\frac{x^2-4x+3}{x^2-5x+6}$  (2) $\displaystyle\lim_{x\to 0}\frac{x}{\sqrt{1+x}-\sqrt{1-x}}$

$x\to a$ のとき，$f(x)$ がどのような値にも収束しない場合，$f(x)$ は**発散**するという．特に，$x\to a$ のとき，$f(x)$ が限りなく大きくなるならば，$f(x)$ は**無限大に発散**するといい，

$\displaystyle\lim_{x\to a}f(x)=\infty$

または

$x\to a$　のとき　$f(x)\to\infty$

と表す．$x\to a$ のとき，$f(x)<0$ で $-f(x)$ が限りなく大きくなるならば，$f(x)$ は**負の無限大に発散**するといい，

$\displaystyle\lim_{x\to a}f(x)=-\infty$

または

$x\to a$　のとき　$f(x)\to -\infty$

と表す．

同様に，$\displaystyle\lim_{x\to a\pm 0}f(x)=\pm\infty$（複号不順）を定める．

**【例 1.8】**

(1) $\displaystyle\lim_{x\to 0}\frac{1}{x^2}=\infty$　　(2) $\displaystyle\lim_{x\to +0}\frac{1}{x}=\infty$　　(3) $\displaystyle\lim_{x\to -0}\frac{1}{x}=-\infty$

(4) $\displaystyle\lim_{x \to +0} \log x = -\infty$ ∎

変数 $x$ の値が限りなく大きくなることを $x \to \infty$ と表す．変数 $x$ が負の値をとりながら $-x$ が限りなく大きくなることを $x \to -\infty$ と表す．以下の式の意味は，これまでの説明から明らかであろう．

$$\lim_{x \to \infty} f(x) = \alpha, \qquad \lim_{x \to -\infty} f(x) = \alpha$$
$$\lim_{x \to \infty} f(x) = \pm\infty, \qquad \lim_{x \to -\infty} f(x) = \pm\infty$$

【例 1.9】

(1) $\displaystyle\lim_{x \to \infty} \frac{1}{x} = \lim_{x \to -\infty} \frac{1}{x} = 0$ \qquad (2) $\displaystyle\lim_{x \to \infty} e^x = \infty$

(3) $\displaystyle\lim_{x \to -\infty} e^x = 0$ \qquad (4) $\displaystyle\lim_{x \to \infty} \log x = \infty$ ∎

【例 1.10】 $a > 0$ を定数とするとき

$$\lim_{x \to \infty} a^x = \begin{cases} 0 & (0 < a < 1 \text{ の場合}) \\ 1 & (a = 1 \text{ の場合}) \\ \infty & (a > 1 \text{ の場合}) \end{cases}$$
∎

【例題 1.7】 次の極限値を求めよ．

(1) $\displaystyle\lim_{x \to \infty} \frac{2x^2 + 1}{3x^2 + x + 2}$ \qquad (2) $\displaystyle\lim_{x \to \infty} \frac{2 \cdot 5^x - 3^x}{5^x + 2^x}$

(3) $\displaystyle\lim_{x \to \infty} (\sqrt{x^2 + x} - x)$ \qquad (4) $\displaystyle\lim_{x \to \infty} (\log(2x + 1) - \log x)$

[解] (1) $\displaystyle\lim_{x \to \infty} \frac{2x^2 + 1}{3x^2 + x + 2} = \lim_{x \to \infty} \frac{2 + \dfrac{1}{x^2}}{3 + \dfrac{1}{x} + \dfrac{2}{x^2}} = \frac{2}{3}$

(2) $\displaystyle\lim_{x \to \infty} \frac{2 \cdot 5^x - 3^x}{5^x + 2^x} = \lim_{x \to \infty} \frac{2 - \left(\dfrac{3}{5}\right)^x}{1 + \left(\dfrac{2}{5}\right)^x} = 2$

(3) $\displaystyle\lim_{x \to \infty}(\sqrt{x^2 + x} - x) = \lim_{x \to \infty} \frac{(\sqrt{x^2 + x} - x)(\sqrt{x^2 + x} + x)}{\sqrt{x^2 + x} + x}$

$\displaystyle\qquad = \lim_{x \to \infty} \frac{x}{\sqrt{x^2 + x} + x} = \lim_{x \to \infty} \frac{1}{\sqrt{1 + \dfrac{1}{x}} + 1} = \frac{1}{2}$

(4) $\lim_{x\to\infty}(\log(2x+1)-\log x)=\lim_{x\to\infty}\log\frac{2x+1}{x}=\lim_{x\to\infty}\log\left(2+\frac{1}{x}\right)=\log 2$ ■

**問 1.7** 次の極限値を求めよ．

(1) $\lim_{x\to\infty}\dfrac{2x^3+x^2}{x^3-100x+1}$    (2) $\lim_{x\to\infty}(\sqrt{x^2+2x}-x)$

● 重要な極限値

第 2 章で三角関数の導関数を求めるときに，次の極限値を用いる．

【定理 1.3】

(1) $\lim_{x\to 0}\dfrac{\sin x}{x}=1$    (2) $\lim_{x\to 0}\dfrac{1-\cos x}{x}=0$

［証明］

(1) $0<x<\dfrac{\pi}{2}$ の場合．

図 1.9 の図形の面積を比較して

$$\sin x < x < \tan x = \frac{\sin x}{\cos x}$$

$\sin x$ で両辺を割ると

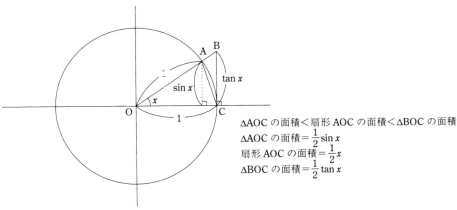

△AOC の面積 < 扇形 AOC の面積 < △BOC の面積
△AOC の面積 $=\dfrac{1}{2}\sin x$
扇形 AOC の面積 $=\dfrac{1}{2}x$
△BOC の面積 $=\dfrac{1}{2}\tan x$

図 1.9 $\lim_{x\to 0}\dfrac{\sin x}{x}=1$ の説明

$$1 < \frac{x}{\sin x} < \frac{1}{\cos x}$$

となる．ゆえに

$$\cos x < \frac{\sin x}{x} < 1 \quad \left(0 < x < \frac{\pi}{2}\right) \tag{1.5}$$

$-\dfrac{\pi}{2} < x < 0$ の場合．

$0 < -x < \dfrac{\pi}{2}$ であるから，式 (1.5) より

$$\cos(-x) < \frac{\sin(-x)}{-x} < 1$$

となる．ここで，$\cos(-x) = \cos x$, $\dfrac{\sin(-x)}{-x} = \dfrac{\sin x}{x}$ に注意して

$$\cos x < \frac{\sin x}{x} < 1 \quad \left(-\frac{\pi}{2} < x < 0\right) \tag{1.6}$$

式 (1.5) と式 (1.6) より，$x = 0$ の近くで $\cos x < \dfrac{\sin x}{x} < 1$ である．

ここで，$\lim\limits_{x \to 0} \cos x = 1$ であるから，はさみうちの原理（定理 1.2(2)）より

$$\lim_{x \to 0} \frac{\sin x}{x} = 1$$

(2) 半角の公式（公式 0.3(6)）より，$1 - \cos x = 2\sin^2 \dfrac{x}{2}$ であるから，

$$\lim_{x \to 0} \frac{1 - \cos x}{x} = \lim_{x \to 0} \frac{2\sin^2 \dfrac{x}{2}}{x} = \lim_{x \to 0} \frac{\sin \dfrac{x}{2}}{\dfrac{x}{2}} \cdot \sin \dfrac{x}{2}$$

ここで $h = \dfrac{x}{2}$ とおくと，$x \to 0$ のとき $h \to 0$ となり，本定理(1)の結果より

$$\lim_{x \to 0} \frac{\sin \dfrac{x}{2}}{\dfrac{x}{2}} = \lim_{h \to 0} \frac{\sin h}{h} = 1$$

したがって，

$$\lim_{x \to 0} \frac{1 - \cos x}{x} = 1 \cdot 0 = 0 \qquad \blacksquare$$

**問 1.8** 次の極限値を求めよ．

(1) $\displaystyle\lim_{x\to 0}\frac{\sin 3x}{x}$ 　　(2) $\displaystyle\lim_{x\to 0}\frac{\tan x}{x}$ 　　(3) $\displaystyle\lim_{x\to 0}\frac{1-\cos x}{x^2}$

ネイピアの数 $e$ の定義から次の極限式が成立する．

---

**【定理 1.4】**
$$\lim_{x\to\infty}\left(1+\frac{1}{x}\right)^x = \lim_{x\to -\infty}\left(1+\frac{1}{x}\right)^x = \lim_{x\to 0}(1+x)^{\frac{1}{x}} = e$$

---

[証明]　まず，$\displaystyle\lim_{x\to\infty}\left(1+\frac{1}{x}\right)^x = e$ を証明する．

$x \geqq 1$ とする．正の整数 $n$ を
$$0 < n \leqq x < n+1 \tag{1.7}$$
となるように選ぶ．このとき
$$1+\frac{1}{n+1} < 1+\frac{1}{x} \leqq 1+\frac{1}{n} \tag{1.8}$$
式 (1.7) と式 (1.8) より
$$\left(1+\frac{1}{n+1}\right)^n \leqq \left(1+\frac{1}{n+1}\right)^x < \left(1+\frac{1}{x}\right)^x \leqq \left(1+\frac{1}{n}\right)^x < \left(1+\frac{1}{n}\right)^{n+1}$$
式 (1.7) より $x \to \infty$ のとき $n \to \infty$ ゆえ，上の式から
$$\lim_{n\to\infty}\left(1+\frac{1}{n+1}\right)^n \leqq \lim_{x\to\infty}\left(1+\frac{1}{x}\right)^x \leqq \lim_{n\to\infty}\left(1+\frac{1}{n}\right)^{n+1}$$
ここで，
$$\lim_{n\to\infty}\left(1+\frac{1}{n+1}\right)^n = \lim_{n\to\infty}\left(1+\frac{1}{n+1}\right)^{n+1}\left(1+\frac{1}{n+1}\right)^{-1} = e$$
および
$$\lim_{n\to\infty}\left(1+\frac{1}{n}\right)^{n+1} = \lim_{n\to\infty}\left(1+\frac{1}{n}\right)^n\left(1+\frac{1}{n}\right) = e$$
であるから，はさみうちの原理（定理 1.2(2)）より
$$\lim_{x\to\infty}\left(1+\frac{1}{x}\right)^x = e \tag{1.9}$$
次に $x \to -\infty$ のときは，$t=-x$ とおくと $t \to \infty$ であり，また

$$\left(1+\frac{1}{x}\right)^x = \left(1-\frac{1}{t}\right)^{-t} = \left(\frac{t}{t-1}\right)^t = \left(1+\frac{1}{t-1}\right)^{t-1}\left(1+\frac{1}{t-1}\right)$$

したがって，すでに示したことから $\lim_{t \to \infty}\left(1+\frac{1}{t-1}\right)^{t-1} = e$ であることに注意して，

$$\lim_{x \to -\infty}\left(1+\frac{1}{x}\right)^x = \lim_{t \to \infty}\left(1+\frac{1}{t-1}\right)^{t-1}\left(1+\frac{1}{t-1}\right) = e \cdot 1 = e \tag{1.10}$$

最後に，$x \to 0$ のとき $s = \frac{1}{x}$ とおくと，$s \to \infty$ あるいは $s \to -\infty$．
ゆえに，式 (1.9) と式 (1.10) より

$$\lim_{x \to 0}(1+x)^{\frac{1}{x}} = \lim_{s \to \pm\infty}\left(1+\frac{1}{s}\right)^s = e \qquad \blacksquare$$

対数関数，指数関数を微分するとき，次の極限値を用いる．

---

**【定理 1.5】**
(1) $\displaystyle\lim_{x \to 0}\frac{\log(1+x)}{x} = 1$ \qquad (2) $\displaystyle\lim_{x \to 0}\frac{e^x - 1}{x} = 1$

---

[証明]
(1) 定理 1.4 から

$$\lim_{x \to 0}\frac{\log(1+x)}{x} = \lim_{x \to 0}\log(1+x)^{\frac{1}{x}} = \log e = 1$$

(2) $t = e^x - 1$ とおくと，$x \to 0$ のとき $t \to 0$ かつ $x = \log(1+t)$ である．本定理(1)の結果を用いて

$$\lim_{x \to 0}\frac{e^x - 1}{x} = \lim_{t \to 0}\frac{t}{\log(1+t)} = \lim_{t \to 0}\left(\frac{\log(1+t)}{t}\right)^{-1} = 1 \qquad \blacksquare$$

**【例題 1.8】** 次の極限値を求めよ．
(1) $\displaystyle\lim_{x \to 0}\frac{\sin^{-1} x}{x}$ \qquad (2) $\displaystyle\lim_{x \to \infty}\left(1-\frac{1}{x}\right)^x$ \qquad (3) $\displaystyle\lim_{x \to 0}\frac{2^x - 1}{x}$

[解]
(1) $t = \sin^{-1} x$ とおくと $x = \sin t$，また，$x \to 0$ のとき $t \to 0$．したがって，定

理 1.3 (1) より
$$\lim_{x\to 0}\frac{\sin^{-1}x}{x} = \lim_{t\to 0}\frac{t}{\sin t} = \lim_{t\to 0}\left(\frac{\sin t}{t}\right)^{-1} = 1$$

(2) $t = -x$ とおく．$x \to \infty$ のとき $t \to -\infty$ であるから，定理 1.4 より
$$\lim_{x\to\infty}\left(1-\frac{1}{x}\right)^x = \lim_{t\to -\infty}\left(1+\frac{1}{t}\right)^{-t} = \lim_{t\to -\infty}\frac{1}{\left(1+\frac{1}{t}\right)^t} = \frac{1}{e}$$

(3) $2^x = e^{\log 2^x} = e^{x\log 2}$ より $\dfrac{2^x-1}{x} = \dfrac{e^{x\log 2}-1}{x\log 2}\log 2$．ここで $t = x\log 2$ とおくと，$x \to 0$ のとき $t \to 0$．したがって，定理 1.5 (2) より
$$\lim_{x\to 0}\frac{2^x-1}{x} = \lim_{t\to 0}\frac{e^t-1}{t}\log 2 = \log 2 \qquad ■$$

**問 1.9** 次の極限値を求めよ．

(1) $\displaystyle\lim_{x\to 0}\frac{\tan^{-1}x}{x}$ 　　(2) $\displaystyle\lim_{x\to\infty}\left(1+\frac{2}{x}\right)^{3x}$

## 1.4 連続関数

関数 $y = f(x)$ の定義域を，区間 $I$ とする．区間 $I$ の内部の点 $c$ において
$$\lim_{x\to c}f(x) = f(c)$$
が成立するとき，関数 $f(x)$ は $x = c$ で**連続**であるという．$c$ が区間 $I$ の左端（または，右端）の点である場合，$\displaystyle\lim_{x\to c+0}f(x) = f(c)$（または，$\displaystyle\lim_{x\to c-0}f(x) = f(c)$）が成立するとき，関数 $f(x)$ は $x = c$ で**連続**であるという．以上のことは，関数 $y = f(x)$ のグラフが $x = c$ でつながっていることを表している（図 1.10 参照）．

関数 $f(x)$ が，区間 $I$ に含まれるすべての点で連続であるとき，$f(x)$ は**区間 $I$ で連続**であるという．これは，$y = f(x)$ のグラフが全体として切れ目なくつながっていることを表している．

極限の性質（定理 1.1）より，連続関数の和，差，積，商について次のことがわかる．

## 38 ── 第1章 関数

> 【定理 1.6】 関数 $f(x)$, $g(x)$ が $x=c$ で連続であるとする．$f(x) \pm g(x)$, $f(x)g(x)$ は $x=c$ で連続である．また，$g(c) \neq 0$ ならば，$\dfrac{f(x)}{g(x)}$ は $x=c$ で連続である．

　連続関数の重要な性質は，以下に述べる「最大値・最小値の存在定理」と「中間値の定理」である．特に，「最大値・最小値の存在定理」は，最大値・最小値問題を扱うときの基本定理であると同時に，第3章での「平均値の定理」の成立に深くかかわる．これらの定理の証明は省く．

> 【定理 1.7】 **最大値・最小値の存在定理**　関数 $f(x)$ が，閉区間 $[a, b]$ で連続であれば，次の(1), (2)が成立するような $\alpha, \beta$ が $[a, b]$ 内に存在する．
> (1) $f(\alpha) \geqq f(x) \quad (a \leqq x \leqq b)$
> (2) $f(\beta) \leqq f(x) \quad (a \leqq x \leqq b)$
> $f(\alpha)$ を**最大値**，$f(\beta)$ を**最小値**という（図 1.11 参照）

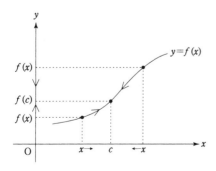

図 1.10　連続関数のグラフ

【定理 1.8】 中間値の定理　関数 $f(x)$ が，閉区間 $[a, b]$ で連続で，$f(a) \neq f(b)$ であれば，$f(a)$ と $f(b)$ の間の任意の値 $k$ に対して
$$k = f(c) \quad (a < c < b)$$
をみたす $c$ が存在する（図 1.12 参照）

**問 1.10**　方程式 $x^3 + x^2 - 4x + 1 = 0$ には，異なる 3 つの実数解があることを示せ．

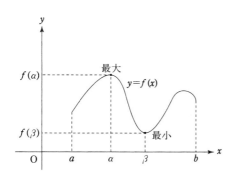

図 1.11　最大値，最小値

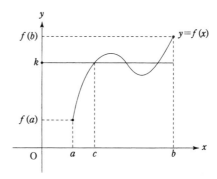

図 1.12　中間値の定理

## 章末問題

**問 1** 次の関数の逆関数を求めよ．また，逆関数の定義域と値域を求めよ．

(1) $y = 1 + \sqrt[3]{x}$     (2) $y = 1 + e^x$     (3) $y = e^x + e^{2x}$

**問 2** 次の等式が成立することを示せ．

(1) $\cos(\sin^{-1} x) = \sqrt{1 - x^2}$

(2) $\tan(\sin^{-1} x) = \dfrac{x}{\sqrt{1 - x^2}}$    $(-1 < x < 1)$

**問 3** 次の極限値を求めよ．

(1) $\displaystyle\lim_{x \to \frac{\pi}{2}} \left(\dfrac{\pi}{2} - x\right) \tan x$     (2) $\displaystyle\lim_{x \to 0} \dfrac{3^x - 2^x}{x}$

次の極限値も重要である．計算方法については，第 3 章の例題 3.6 (3)(4) を見よ．

---

【定理】 (1) $\displaystyle\lim_{x \to \infty} x e^{-x} = 0$     (2) $\displaystyle\lim_{x \to +0} x \log x = 0$

---

【例題】 次の極限値を求めよ．

(1) $\displaystyle\lim_{x \to \infty} x^2 e^{-x}$     (2) $\displaystyle\lim_{x \to +0} \sqrt{x} \log x$

[解]

(1) $x = 2u$ とおくと $x^2 e^{-x} = 4u^2 e^{-2u} = 4(u e^{-u})^2$，また，$x \to \infty$ のとき $u \to \infty$．したがって，定理(1)より
$$\lim_{x \to \infty} x^2 e^{-x} = 4 \lim_{u \to \infty} (u e^{-u})^2 = 0$$

(2) $u = \sqrt{x}$ とおくと $\sqrt{x} \log x = u \log u^2 = 2u \log u$，また，$x \to +0$ のとき $u \to +0$．したがって，定理(2)より
$$\lim_{x \to +0} \sqrt{x} \log x = 2 \lim_{u \to +0} u \log u = 0 \qquad \blacksquare$$

# 第 2 章
# 微分

ある点での関数の瞬間的な変化率は，平均変化率の極限をとった微分係数として求められる．微分係数が各点において定まるとき，これを関数とみなし，もとの関数の導関数という．この章では，導関数のいろいろな求め方について説明する．

さらに次章では微分を使って様々な関数のグラフを描くことを考える．

## 2.1 微分係数

### ● 微分係数の定義

関数 $y=f(x)$ において，独立変数 $x$ が $a$ から $b$ に変化するとき，従属変数 $y$ は $f(a)$ から $f(b)$ に変化する．$b-a$ を $x$ **の増分** といい $\Delta x = b-a$ と表し，$f(b)-f(a)$ を $y$ **の増分** といい $\Delta y = f(b)-f(a)$ と表す．$b = a + \Delta x$ より $\Delta y = f(a+\Delta x) - f(a)$ である．$x$ の増分と $y$ の増分の比

$$\frac{\Delta y}{\Delta x} = \frac{f(a+\Delta x)-f(a)}{\Delta x}$$

を**平均変化率**という（図 2.1(a) 参照）．

$\Delta x \to 0$ のとき，平均変化率 $\frac{\Delta y}{\Delta x}$ が収束するならば，$y=f(x)$ は点 $a$ で（また

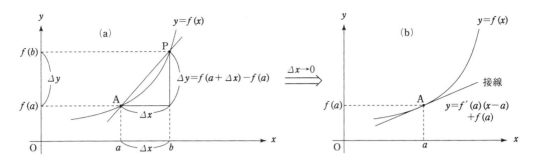

図 2.1　平均変化率と接線

は，$x=a$ で）**微分可能**であるという．この極限値を $f(x)$ の点 $a$ での（または，$x=a$ での）**微分係数**といい $f'(a)$ と表す．すなわち

$$f'(a)=\lim_{\Delta x\to 0}\frac{\Delta y}{\Delta x}=\lim_{\Delta x\to 0}\frac{f(a+\Delta x)-f(a)}{\Delta x}$$

【例 2.1】　真空中で物体を静かに放したとき，$t$ 秒後の落下距離は $f(t)=4.9t^2$ [m] である．$a$ 秒後から $(a+\Delta t)$ 秒後までの平均速度は

$$\frac{f(a+\Delta t)-f(a)}{\Delta t}=4.9\frac{(a+\Delta t)^2-a^2}{\Delta t}=4.9(2a+\Delta t)\quad[\text{m/秒}]$$

である．$a$ 秒後の速度（瞬間速度）を求めるには，$\Delta t\to 0$ とする．

$$f'(a)=\lim_{\Delta t\to 0}\frac{f(a+\Delta t)-f(a)}{\Delta t}=9.8a\quad[\text{m/秒}]$$

が落下 $a$ 秒後の速度（瞬間速度）である．　■

【例題 2.1】　$f(x)=x^3$ の $x=a$ での微分係数を求めよ．

[解]

$$f'(a)=\lim_{\Delta x\to 0}\frac{f(a+\Delta x)-f(a)}{\Delta x}=\lim_{\Delta x\to 0}\frac{(a+\Delta x)^3-a^3}{\Delta x}$$
$$=\lim_{\Delta x\to 0}\frac{\Delta x\{3a^2+3a\Delta x+(\Delta x)^2\}}{\Delta x}=3a^2\quad■$$

● 微分係数と接線の傾き

曲線 $y=f(x)$ について，点 $\mathrm{A}(a,f(a))$ と，点 $\mathrm{P}(b,f(b))$ を通る直線を表す式は

$$y = \frac{f(b)-f(a)}{b-a}(x-a)+f(a)$$

である．$b \to a$ のときの，この直線の傾きの極限値を求める．

$b-a = \Delta x$ とおくと

$$\lim_{b \to a}\frac{f(b)-f(a)}{b-a} = \lim_{\Delta x \to 0}\frac{f(a+\Delta x)-f(a)}{\Delta x} = f'(a)$$

したがって，$b \to a$ のとき，すなわち P$\to$A のとき，直線 AP は直線

$$y = f'(a)(x-a)+f(a)$$

に近づく．この直線を，曲線 $y=f(x)$ の $x=a$ における**接線**という（図 2.1(b) 参照）．

● 微分可能性と連続性

【定理 2.1】 関数 $f(x)$ が $x=a$ で微分可能ならば，$f(x)$ は $x=a$ で連続である．

［証明］ $\Delta x = x-a$ とおくと，$x \to a$ のとき $\Delta x \to 0$ であり，

$$\lim_{x \to a}(f(x)-f(a)) = \lim_{\Delta x \to 0}(f(a+\Delta x)-f(a))$$
$$= \lim_{\Delta x \to 0}\Delta x \cdot \frac{f(a+\Delta x)-f(a)}{\Delta x} = 0 \cdot f'(a) = 0$$

したがって，$\lim_{x \to a}f(x) = f(a)$ であるから，$f(x)$ は $x=a$ で連続である． ∎

【例題 2.2】 $f(x) = |x|$ の $x=0$ での微分可能性を調べよ．

［解］

$$\frac{f(0+\Delta x)-f(0)}{\Delta x} = \frac{|\Delta x|}{\Delta x} = \begin{cases} 1 & (\Delta x > 0) \\ -1 & (\Delta x < 0) \end{cases}$$

ゆえに

$$\lim_{\Delta x \to +0}\frac{f(\Delta x)-f(0)}{\Delta x} = 1 \neq -1 = \lim_{\Delta x \to -0}\frac{f(\Delta x)-f(0)}{\Delta x}$$

であるから，$f(x) = |x|$ は $x=0$ で微分可能ではない． ∎

**注意 2.1** 上の例題からもわかるように，連続な関数が必ずしも微分可能であるとは限らない．

## 2.2 導関数

● 導関数の定義

関数 $y=f(x)$ が区間 $I$ のすべての点で微分可能ならば，$f(x)$ は**区間 $I$ で微分可能**であるという．このとき，$x$ での微分係数 $f'(x)$ は $x$ の関数になる．$f'(x)$ を $f(x)$ の**導関数**という．すなわち，

$$f'(x) = \lim_{\Delta x \to 0} \frac{f(x+\Delta x) - f(x)}{\Delta x}$$

である．導関数 $f'(x)$ を，$\dfrac{df(x)}{dx}$, $y'$, $\dfrac{dy}{dx}$ などと表すこともある．このとき

$$\frac{dy}{dx} = \lim_{\Delta x \to 0} \frac{\Delta y}{\Delta x}$$

である．$f(x)$ の導関数を求めることを，$f(x)$ を $x$ で**微分する**という．また，$f(x)$ と $f'(x)$ が共に連続であるとき，関数 $y=f(x)$ は**連続微分可能**であるという．

● 基本的な関数の導関数

【公式 2.1】
(1) $(C)' = 0$ （$C$ は定数） (2) $(x^n)' = nx^{n-1}$ （$n=1, 2, \cdots$）
(3) $(\sin x)' = \cos x$ (4) $(\cos x)' = -\sin x$
(5) $(e^x)' = e^x$ (6) $(\log|x|)' = \dfrac{1}{x}$ （$x \neq 0$）

［証明］

(1) 明らか．

(2) $(x^n)' = \lim\limits_{\Delta x \to 0} \dfrac{(x+\Delta x)^n - x^n}{\Delta x}$

　　　　　　2 項定理（定理 0.4）を用いて，

$$= \lim_{\Delta x \to 0} \frac{x^n + nx^{n-1}\Delta x + {}_nC_2 x^{n-2}(\Delta x)^2 + \cdots + (\Delta x)^n - x^n}{\Delta x}$$

$$= \lim_{\Delta x \to 0} \{nx^{n-1} + {}_nC_2 x^{n-2}\Delta x + \cdots + (\Delta x)^{n-1}\}$$
$$= nx^{n-1}$$

(3) 三角関数の加法定理（公式 0.3）より，
$$\frac{\sin(x+\Delta x) - \sin x}{\Delta x} = \frac{\sin x \cos \Delta x + \cos x \sin \Delta x - \sin x}{\Delta x}$$
$$= -\sin x \cdot \frac{1-\cos \Delta x}{\Delta x} + \cos x \cdot \frac{\sin \Delta x}{\Delta x}$$

定理 1.3 より，
$$\lim_{\Delta x \to 0} \frac{1-\cos \Delta x}{\Delta x} = 0, \qquad \lim_{\Delta x \to 0} \frac{\sin \Delta x}{\Delta x} = 1$$

であるから，
$$(\sin x)' = \lim_{\Delta x \to 0} \frac{\sin(x+\Delta x) - \sin x}{\Delta x} = \cos x$$

(4) (3)と同様に証明できる．

(5) 指数法則（公式 0.1）より，
$$\frac{e^{x+\Delta x} - e^x}{\Delta x} = e^x \cdot \frac{e^{\Delta x} - 1}{\Delta x}$$

定理 1.5 (2)より
$$\lim_{\Delta x \to 0} \frac{e^{\Delta x} - 1}{\Delta x} = 1$$

であるから，
$$(e^x)' = \lim_{\Delta x \to 0} \frac{e^{x+\Delta x} - e^x}{\Delta x} = e^x$$

(6) 対数関数の基本性質（公式 0.2）より，
$$\frac{\log|x+\Delta x| - \log|x|}{\Delta x} = \frac{\log \left| \dfrac{x+\Delta x}{x} \right|}{\Delta x}$$
$$= \frac{\log \left| 1 + \dfrac{\Delta x}{x} \right|}{\Delta x}$$

$\Delta x$ が十分小さいとき，$1 + \dfrac{\Delta x}{x} > 0$ であるから，絶対値記号がとれて
$$= \frac{1}{x} \cdot \frac{\log \left(1 + \dfrac{\Delta x}{x}\right)}{\dfrac{\Delta x}{x}}$$

$h = \dfrac{\Delta x}{x}$ とおくと，$\Delta x \to 0$ のとき $h \to 0$ であるから，

$$(\log |x|)' = \lim_{\Delta x \to 0} \frac{\log|x + \Delta x| - \log|x|}{\Delta x} = \lim_{h \to 0} \frac{1}{x} \cdot \frac{\log(1+h)}{h}$$

定理 1.5(1) より $\displaystyle \lim_{h \to 0} \frac{\log(1+h)}{h} = 1$ ゆえ，

$$= \frac{1}{x}$$

∎

## 2.3 和，差，積，商の微分

関数の和，差，積，商の微分について次のよく知られた定理がある．

---

**【定理 2.2】 和，差，積，商の微分** 関数 $f(x)$, $g(x)$ が微分可能ならば，

$$f(x) \pm g(x), \qquad kf(x) \quad (k \text{ は定数})$$

$$f(x)g(x), \qquad \frac{f(x)}{g(x)} \quad (g(x) \neq 0)$$

も微分可能であり，次の式が成立する．

(1) $(f(x) \pm g(x))' = f'(x) \pm g'(x)$ （和，差の微分公式）

(2) $(kf(x))' = kf'(x)$ （$k$ は定数） （定数倍の微分公式）

(3) $(f(x)g(x))' = f'(x)g(x) + f(x)g'(x)$ （積の微分公式）

(4) $\left(\dfrac{f(x)}{g(x)}\right)' = \dfrac{f'(x)g(x) - f(x)g'(x)}{g(x)^2}$  $(g(x) \neq 0)$ （商の微分公式）

特に

$$\left(\frac{1}{g(x)}\right)' = \frac{-g'(x)}{g(x)^2} \qquad (g(x) \neq 0)$$

---

[**証明**] (1), (2) の証明は簡単であるから省略する．

(3) 定理 2.1 より，$g(x)$ は連続で，$\displaystyle \lim_{\Delta x \to 0} g(x + \Delta x) = g(x)$ であるから

$$(f(x)g(x))' = \lim_{\Delta x \to 0} \frac{f(x + \Delta x)g(x + \Delta x) - f(x)g(x)}{\Delta x}$$

$$= \lim_{\varDelta x \to 0} \left\{ \frac{f(x+\varDelta x)-f(x)}{\varDelta x} g(x+\varDelta x) + f(x) \frac{g(x+\varDelta x)-g(x)}{\varDelta x} \right\}$$
$$= f'(x)g(x) + f(x)g'(x)$$

(4) まず $f(x)=1$ の場合を考える．定理 2.1 より，$g(x)$ は連続で，$\lim_{\varDelta x \to 0} g(x+\varDelta x) = g(x) \neq 0$ であるから

$$\left(\frac{1}{g(x)}\right)' = \lim_{\varDelta x \to 0} \frac{\frac{1}{g(x+\varDelta x)} - \frac{1}{g(x)}}{\varDelta x}$$
$$= \lim_{\varDelta x \to 0} -\frac{1}{g(x+\varDelta x)g(x)} \cdot \frac{g(x+\varDelta x)-g(x)}{\varDelta x}$$
$$= -\frac{g'(x)}{g(x)^2}$$

一般の $f(x)$ に対しては，上の結果と積の微分公式より

$$\left(\frac{f(x)}{g(x)}\right)' = \left(f(x) \cdot \frac{1}{g(x)}\right)' = f'(x) \cdot \left(\frac{1}{g(x)}\right) + f(x) \cdot \left(\frac{1}{g(x)}\right)'$$
$$= \frac{f'(x)}{g(x)} - \frac{f(x)g'(x)}{g(x)^2} = \frac{f'(x)g(x)-f(x)g'(x)}{g(x)^2}$$ ∎

**【例題 2.3】** 次の関数を微分せよ．
(1) $x^5 - 2x^3 + 3x^2$    (2) $x^2 e^x$    (3) $\tan x$    (4) $\cot x$

[解] 定理 2.2 を用いる．

(1) 和，差，定数倍の微分公式より
$$(x^5 - 2x^3 + 3x^2)' = (x^5)' - 2(x^3)' + 3(x^2)' = 5x^4 - 6x^2 + 6x$$

(2) 積の微分公式より
$$(x^2 e^x)' = (x^2)' e^x + x^2 (e^x)' = x(x+2)e^x$$

(3) 商の微分公式より
$$(\tan x)' = \left(\frac{\sin x}{\cos x}\right)' = \frac{(\sin x)' \cos x - \sin x (\cos x)'}{\cos^2 x}$$
$$= \frac{\cos^2 x + \sin^2 x}{\cos^2 x} = \frac{1}{\cos^2 x}$$

(4) 商の微分公式より
$$(\cot x)' = \left(\frac{\cos x}{\sin x}\right)' = \frac{(\cos x)' \sin x - \cos x (\sin x)'}{\sin^2 x}$$

$$= \frac{-\sin^2 x - \cos^2 x}{\sin^2 x} = \frac{-1}{\sin^2 x} \qquad \blacksquare$$

上の例題の(3), (4)は重要なので公式としておこう．

---
**【公式 2.2】**

(1) $(\tan x)' = \dfrac{1}{\cos^2 x}$ 　　　　(2) $(\cot x)' = \dfrac{-1}{\sin^2 x}$

---

**問 2.1** 次の関数を微分せよ．

(1) $x^5 + x^3 + x$ 　　(2) $x(x-1)^3$ 　　(3) $(x^2+1)(x-1)$

(4) $x^3 \sin x$ 　　(5) $e^x \cos x$ 　　(6) $x \log x$

(7) $\dfrac{2x+1}{x+5}$ 　　(8) $\dfrac{x^2+x+1}{x-1}$ 　　(9) $\dfrac{x+1}{x^2+1}$

(10) $x^2 \tan x$ 　　(11) $e^x \tan x$ 　　(12) $\dfrac{\sin x}{\sin x + \cos x}$

(13) $\dfrac{\log x}{x}$ 　　(14) $\dfrac{1-e^x}{1+e^x}$

## 2.4 合成関数の微分

次の公式はよく用いられる．公式の意味を実際の計算を通してよく理解すること．

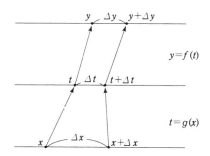

図 2.2 　$\varDelta x$, $\varDelta t$, $\varDelta y$ の関係

**【定理 2.3】 合成関数の微分公式** 関数 $y=f(t)$ と，関数 $t=g(x)$ が微分可能ならば，合成関数 $y=f(g(x))$ も $x$ について微分可能であり，次の公式が成立する．
$$\frac{dy}{dx}=\frac{dy}{dt}\cdot\frac{dt}{dx}$$
同じことであるが，
$$\{f(g(x))\}'=f'(g(x))g'(x)$$

［証明］ $x$ の増分 $\Delta x$ に応じた $t$ の増分は $\Delta t=g(x+\Delta x)-g(x)$ であり，$t$ の増分 $\Delta t$ に応じた $y$ の増分は $\Delta y=f(t+\Delta t)-f(t)$ である（図 2.2 参照）．
このとき
$$\frac{\Delta y}{\Delta x}=\frac{\Delta y}{\Delta t}\cdot\frac{\Delta t}{\Delta x}$$
$t=g(x)$ は連続であるから，$\Delta x\to 0$ のとき $\Delta t\to 0$ である．ゆえに
$$\frac{dy}{dx}=\lim_{\Delta x\to 0}\frac{\Delta y}{\Delta x}=\lim_{\Delta t\to 0}\frac{\Delta y}{\Delta t}\lim_{\Delta x\to 0}\frac{\Delta t}{\Delta x}=\frac{dy}{dt}\cdot\frac{dt}{dx}$$ ■

**【例題 2.4】** 次の関数を微分せよ．
(1) $(\cos x+\sin x)^5$ (2) $e^{x^2}$ (3) $\log(x^2+1)$

［解］
(1) $y=t^5,\ t=\cos x+\sin x$ とおくと，合成関数は $y=(\cos x+\sin x)^5$ であるから
$$\frac{dy}{dx}=\frac{dy}{dt}\cdot\frac{dt}{dx}=5t^4(-\sin x+\cos x)=5(\cos x+\sin x)^4(-\sin x+\cos x)$$
(2) $y=e^t,\ t=x^2$ とおくと，合成関数は $y=e^{x^2}$ であるから
$$\frac{dy}{dx}=\frac{dy}{dt}\cdot\frac{dt}{dx}=e^t\cdot 2x=2xe^{x^2}$$
(3) $y=\log t,\ t=x^2+1$ とおくと，合成関数は $y=\log(x^2+1)$ であるから
$$\frac{dy}{dx}=\frac{dy}{dt}\cdot\frac{dt}{dx}=\frac{1}{t}\cdot 2x=\frac{2x}{x^2+1}$$ ■

**問 2.2** 次の関数を微分せよ．

(1) $(3x+1)^{10}$   (2) $(x^2+1)^3$   (3) $\left(\dfrac{x+3}{x-2}\right)^2$

(4) $\left(\dfrac{x}{x^2+1}\right)^5$   (5) $(e^x+2)^7$   (6) $\sin(x^3+1)$

(7) $\cos^3 x - 3\cos x$   (8) $\sin(\cos x)$   (9) $(\log x)^5$

合成関数の微分公式から次の公式が成立する．

---

**【定理 2.4】** 関数 $f(x)$ は微分可能とする．

(1) $(e^{f(x)})' = f'(x) e^{f(x)}$

(2) $(\log|f(x)|)' = \dfrac{f'(x)}{f(x)}$   $(f(x) \ne 0)$

---

[証明]

(1) $y = e^t$，$t = f(x)$ とおくと，合成関数は $y = e^{f(x)}$ であるから

$$(e^{f(x)})' = \frac{dy}{dx} = \frac{dy}{dt} \cdot \frac{dt}{dx} = e^t f'(x) = e^{f(x)} f'(x) = f'(x) e^{f(x)}$$

(2) $y = \log|t|$，$t = f(x)$ とおくと，合成関数は $y = \log|f(x)|$ であるから

$$(\log|f(x)|)' = \frac{dy}{dx} = \frac{dy}{dt} \cdot \frac{dt}{dx} = \frac{1}{t} f'(x) = \frac{f'(x)}{f(x)}$$ ∎

**問 2.3** 次の関数を微分せよ．

(1) $e^{x^2+2x}$   (2) $e^{\sin x}$   (3) $\log(1+\sin^2 x)$   (4) $\log(\sin x)$

(5) $\log(\log x)$

次の例題のような微分の計算法を**対数微分法**という．

**【例題 2.5】** 次の関数を微分せよ．

(1) $y = a^x$ （$a$ は正の定数）   (2) $y = x^\alpha$ （$x > 0$，$\alpha$ は定数）

(3) $y = x^x$ （$x > 0$）

[解] (1)〜(3)において，$y > 0$ に注意する．

(1) $y = a^x$ の両辺の対数をとると $\log y = x \log a$ である．$y > 0$ であるから，定理2.4(2)より $(\log y)' = \dfrac{y'}{y}$ であることに注意して，$\log y = x \log a$ の両辺を $x$ で微分すると

$$\dfrac{y'}{y} = \log a \quad \text{ゆえに} \quad y' = y \log a = a^x \log a$$

(2) $y = x^\alpha$ の両辺の対数をとると $\log y = \alpha \log x$ であり，この式の両辺を $x$ で微分して

$$\dfrac{y'}{y} = \dfrac{\alpha}{x} \quad \text{ゆえに} \quad y' = \dfrac{\alpha y}{x} = \dfrac{\alpha x^\alpha}{x} = \alpha x^{\alpha - 1}$$

(3) $y = x^x$ の両辺の対数をとると $\log y = x \log x$ であり，この式の両辺を $x$ で微分して

$$\dfrac{y'}{y} = \log x + 1 \quad \text{ゆえに} \quad y' = y(\log x + 1) = x^x (\log x + 1) \quad ■$$

**問 2.4** 次の関数を対数微分法により微分せよ．

(1) $y = 3^x$  (2) $y = 2^{x^2}$  (3) $y = x^{x^2} \ (x > 0)$

(4) $y = (x^2 + 1)^{\sin x}$  (5) $y = (\sin x)^x \ (0 < x < \pi)$

● **陰関数の微分**

円の方程式
$$x^2 + y^2 = 1 \tag{2.1}$$
を $y$ について解くと $y = \pm \sqrt{1 - x^2}$ である．したがって，この方程式は，連続関数 $y = \sqrt{1 - x^2}$ と $y = -\sqrt{1 - x^2}$ を定めると考えられる．以上のように，$x, y$ の関係式 $R(x, y) = 0$ により定まる関数 $y$ を**陰関数**という．

陰関数を微分するためには，関係式 $R(x, y) = 0$ の両辺を $x$ で微分すればよい．式 (2.1) をみたす $x$ の関数 $y$ を微分するためには，両辺を $x$ で微分して

$$2x + 2yy' = 0 \quad \text{ゆえに} \quad y' = -\dfrac{x}{y}$$

【例題 2.6】 $x^2 + xy + y^2 = 1$ で定まる関数 $y$ を微分せよ．

［解］ $x^2 + xy + y^2 = 1$ の両辺を $x$ で微分して

$$2x + y + (x + 2y)y' = 0 \quad \text{ゆえに} \quad y' = -\frac{2x+y}{x+2y}$$ ∎

**問 2.5** 次の関係式で定まる $x$ の関数 $y$ を微分せよ．

(1) $x^2 - y^2 = 1$   (2) $\dfrac{x^2}{4} + \dfrac{y^2}{9} = 1$

(3) $\sqrt{x} + \sqrt{y} = 1$   (4) $x^3 - 3xy + y^3 = 0$

## 2.5 逆関数の微分

関数 $y = f(x)$ を単調関数とする．このとき，$x, y$ を入れ換えた式 $x = f(y)$ を $y$ について解いて，逆関数 $y = f^{-1}(x)$ が定まる（第1章1.1節参照）．$y = f(x)$ が連続ならば逆関数 $y = f^{-1}(x)$ も連続であり，$y = f(x)$ が単調増加（減少）ならば逆関数 $y = f^{-1}(x)$ も単調増加（減少）である．

---

【定理 2.5】 **逆関数の微分公式** 関数 $y = f(x)$ が微分可能な単調関数で，$f'(x) \neq 0$ ならば，逆関数 $y = f^{-1}(x)$ は微分可能であり

$$\frac{dy}{dx} = \frac{1}{f'(y)} = \frac{1}{\dfrac{dx}{dy}}$$

が成立する．$f'(y)$ は，関数 $x = f(y)$ を $y$ で微分したものである．

---

［証明］ 逆関数 $y = f^{-1}(x)$ について，$x$ の増分 $\Delta x$ に応じた $y$ の増分を $\Delta y$ とすると，

$$\Delta x = (x + \Delta x) - x = f(y + \Delta y) - f(y)$$

である（図2.3参照）．

$\Delta x \to 0$ のとき $\Delta y \to 0$ であり，また，$f'(y) \neq 0$ であるから

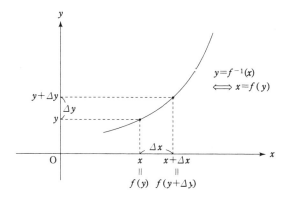

**図 2.3** 逆関数における $\Delta x$, $\Delta y$ の対応

$$\frac{dy}{dx} = \lim_{\Delta x \to 0} \frac{\Delta y}{\Delta x} = \lim_{\Delta y \to 0} \frac{1}{\frac{\Delta x}{\Delta y}}$$

$$= \lim_{\Delta y \to 0} \frac{1}{\frac{f(y+\Delta y)-f(y)}{\Delta y}} = \frac{1}{f'(y)} = \frac{1}{\frac{dx}{dy}} \quad \blacksquare$$

逆三角関数の微分について次の公式が成立する．

---

**【公式 2.3】 逆三角関数の微分公式**

(1) $(\sin^{-1} x)' = \dfrac{1}{\sqrt{1-x^2}}$ $(-1 < x < 1)$

(2) $(\cos^{-1} x)' = -\dfrac{1}{\sqrt{1-x^2}}$ $(-1 < x < 1)$

(3) $(\tan^{-1} x)' = \dfrac{1}{1+x^2}$ $(-\infty < x < \infty)$

---

[証明] (1) $y = \sin^{-1} x \ (-1 < x < 1)$ とすると，$x = \sin y \left(-\dfrac{\pi}{2} < y < \dfrac{\pi}{2}\right)$ である．逆関数の微分公式より

$$(\sin^{-1} x)' = \frac{dy}{dx} = \frac{1}{(\sin y)'} = \frac{1}{\cos y}$$

ここで，$-\frac{\pi}{2} < y < \frac{\pi}{2}$ のとき $\cos y > 0$ であるから

$$\cos y = \sqrt{1 - \sin^2 y} = \sqrt{1 - x^2}$$

したがって，

$$(\sin^{-1} x)' = \frac{1}{\sqrt{1 - x^2}}$$

(2) $y = \cos^{-1} x \; (-1 < x < 1)$ とすると，$x = \cos y \; (0 < y < \pi)$ である．逆関数の微分公式より

$$(\cos^{-1} x)' = \frac{dy}{dx} = \frac{1}{(\cos y)'} = -\frac{1}{\sin y}$$

ここで，$0 < y < \pi$ のとき $\sin y > 0$ であるから

$$\sin y = \sqrt{1 - \cos^2 y} = \sqrt{1 - x^2}$$

したがって，

$$(\cos^{-1} x)' = -\frac{1}{\sqrt{1 - x^2}}$$

(3) $y = \tan^{-1} x$ とすると，$x = \tan y \; \left(-\frac{\pi}{2} < y < \frac{\pi}{2}\right)$ である．逆関数の微分公式より

$$(\tan^{-1} x)' = \frac{dy}{dx} = \frac{1}{(\tan y)'} = \cos^2 y$$

ここで，

$$\cos^2 y = \frac{1}{1 + \tan^2 y} = \frac{1}{1 + x^2}$$

したがって，

$$(\tan^{-1} x)' = \frac{1}{1 + x^2}$$ ∎

**問 2.6** 次の関数を微分せよ．

(1) $\sin^{-1}(2x)$ (2) $\tan^{-1}(x^2)$ (3) $\cos^{-1}(3x)$

(4) $\sin^{-1}\sqrt{x}$ (5) $\tan^{-1}\left(\dfrac{x-a}{x+a}\right)$ (6) $\cos^{-1}(1-x)$

【例題 2.7】 関数 $y = x^3 + 3x$ の逆関数を微分せよ．

[解] もとの関数 $y = x^3 + 3x$ は，$(x^3 + 3x)' = 3x^2 + 3 > 0$ より単調増加であるから，逆関数が定まる．もとの式で $x, y$ を入れ換えると，$x = y^3 + 3y$ となる．逆関数の微分公式より
$$\frac{dy}{dx} = \frac{1}{(y^3 + 3y)'} = \frac{1}{3(y^2 + 1)}$$ ∎

**問 2.7** 次の関数の逆関数を微分せよ．

(1) $y = \dfrac{x^3}{3} + x^2 + 2x$    (2) $y = \log(e^x + 1)$

(3) $y = x^2 + 1 \quad (x < 0)$    (4) $y = e^{\sin x} \quad \left(|x| < \dfrac{\pi}{2}\right)$

## 2.6 曲線のパラメータ表示

座標平面上の点 $P(x, y)$ が変数 $t$ の関数を用いて
$$x = f(t), \qquad y = g(t) \tag{2.2}$$
と表されるならば，$t$ が変化するにつれて，点 $P(x, y)$ は一般に曲線を描く．このとき $t$ を**パラメータ（媒介変数）**，式(2.2)を**曲線のパラメータ表示（媒介変数表示）**という．ここで曲線のパラメータ表示の例を示す．

【例 2.2】 曲線のパラメータ表示

(1) 原点 $(0, 0)$ を中心，半径を $r > 0$ とする円は，
$$x = r\cos t, \qquad y = r\sin t \quad (0 \leq t \leq 2\pi)$$
と表される（図 2.4 参照）．

(2) $a, b$ を正の定数とする．楕円 $\dfrac{x^2}{a^2} + \dfrac{y^2}{b^2} = 1$ は，
$$x = a\cos t, \qquad y = b\sin t \quad (0 \leq t \leq 2\pi)$$
と表される（図 2.5 参照）．

(3) $a$ を正の定数とする．**サイクロイド**は，半径 $a$ の円が直線上をすべらずに回転するとき，円周上の定点が描く軌跡であり，
$$x = a(t - \sin t), \qquad y = a(1 - \cos t)$$

と表される（図 2.6 参照）．

(4) $a$ を正の定数とする．**アステロイド**は，半径 $\dfrac{a}{4}$ の小円が，半径 $a$ の大円に内接しながらすべらずに回転するとき，小円上の定点が描く軌跡であり，
$$x = a\cos^3 t, \qquad y = a\sin^3 t \quad (0 \leqq t \leqq 2\pi)$$
と表される（図 2.7 参照）．

(5) $r = \sqrt{x^2 + y^2}$ は点 $\mathrm{P}:(x, y)$ と原点 $\mathrm{O}:(0, 0)$ との距離，$\theta$ は $x$ 軸の正の向きと線分 OP のなす角度としたとき．

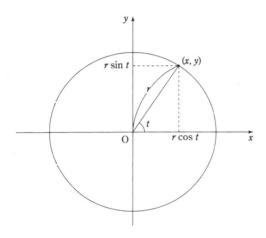

**図 2.4** 円のパラメータ表示

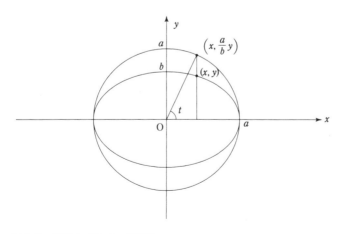

**図 2.5** 楕円のパラメータ表示

$$r = 1 + \cos\theta \quad (\textbf{カージオイド})$$
$$r^2 = \cos 2\theta \quad (\textbf{レムニスケート})$$

■

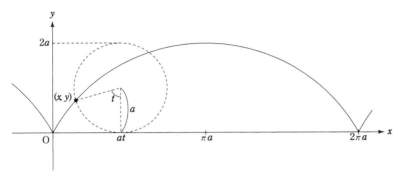

図 2.6　サイクロイドのパラメータ表示

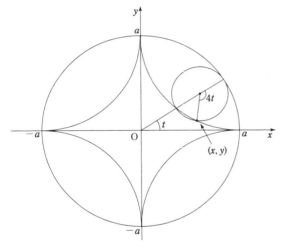

図 2.7　アステロイドのパラメータ表示

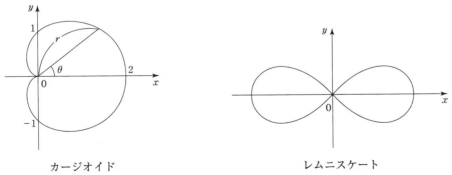

カージオイド　　　　　　　　レムニスケート

図 2.8

サイクロイドでは，$x$ を定めれば，$t$ が定まり，したがって $y$ はただ一つ定まる．よって $y$ は $x$ の関数である．このように，曲線のパラメータ表示から $x$ の関数 $y$ が定まる場合には，次の定理を用いて導関数 $\dfrac{dy}{dx}$ が計算できる．

---

**【定理 2.6】** $x = f(t)$，$y = g(t)$ が微分可能かつ $f'(t) \neq 0$ ならば，$y$ は $x$ の関数として微分可能であり次の式が成立する．

$$\frac{dy}{dx} = \frac{\dfrac{dy}{dt}}{\dfrac{dx}{dt}} = \frac{g'(t)}{f'(t)}$$

---

[証明] パラメータ表示された曲線 $C : x = f(t),\ y = g(t)$ は，また，ある関数 $\phi(x)$ によって，$C : y = \phi(x)$ とも表される．

$\mathrm{A}(f(t), g(t))$，$\mathrm{P}(f(t + \varDelta t), g(t + \varDelta t))$ を曲線 $C$ 上の点とする．

$$\varDelta x = f(t + \varDelta t) - f(t), \qquad \varDelta y = g(t + \varDelta t) - g(t)$$

とすると，線分 AP の傾きは $\dfrac{\varDelta y}{\varDelta x}$ である．$\varDelta t \to 0$ のとき，$\dfrac{\varDelta y}{\varDelta x}$ は点 A における曲線 $C$ の接線の傾き $\dfrac{dy}{dx}$ に近づく（図 2.9 参照）．すなわち

$$\frac{dy}{dx} = \lim_{\varDelta t \to 0} \frac{\varDelta y}{\varDelta x} = \lim_{\varDelta t \to 0} \frac{\dfrac{\varDelta y}{\varDelta t}}{\dfrac{\varDelta x}{\varDelta t}} = \frac{g'(t)}{f'(t)}$$

■

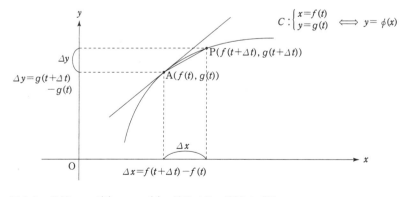

図 2.9 曲線 $x = f(t),\ y = g(t)$，線分 AP，接線 のグラフ

【例題 2.8】 $a, b$ を正の定数とする．$x = a\cos t$, $y = b\sin t$ $(0 < t < \pi)$ で定まる $x$ の関数 $y$ の導関数 $\dfrac{dy}{dx}$ を求めよ．

[解] $\dfrac{dx}{dt} = -a\sin t \neq 0$, $\dfrac{dy}{dt} = b\cos t$ であるから，定理 2.6 より

$$\frac{dy}{dx} = \frac{\dfrac{dy}{dt}}{\dfrac{dx}{dt}} = \frac{b\cos t}{-a\sin t} = -\frac{b}{a}\cot t \qquad (0 < t < \pi)$$
∎

問 2.8 次で定まる関数の導関数 $\dfrac{dy}{dx}$ を求めよ．

(1) $x = t^3$, $\quad y = t^4$ $\quad (t > 0)$

(2) $x = t - \sin t$, $\quad y = 1 - \cos t$ $\quad (0 < t < 2\pi)$

(3) $x = \cos^3 t$, $\quad y = \sin^3 t$ $\quad \left(0 < t < \dfrac{\pi}{2}\right)$

(4) $x = \sqrt{2+t}$, $\quad y = \sqrt{2-t}$ $\quad (-2 < t < 2)$

## 2.7 高階導関数

関数 $y = f(x)$ の導関数 $f'(x)$ が微分可能であるとき，$f'(x)$ の導関数 $\{f'(x)\}'$ を **2 階導関数** といい

$$f''(x), \qquad \frac{d^2 f(x)}{dx^2}, \qquad y'', \qquad \frac{d^2 y}{dx^2}$$

などと表す．また $f''(x)$ の導関数を **3 階導関数** といい

$$f'''(x), \qquad \frac{d^3 f(x)}{dx^3}, \qquad y''', \qquad \frac{d^3 y}{dx^3}$$

などと表す．同様に，**$n$ 階導関数** が $f^{(n)}(x) = \{f^{(n-1)}(x)\}'$, $(n = 1, 2, 3, \cdots)$ で定義され

$$\frac{d^n f(x)}{dx^n}, \qquad y^{(n)}, \qquad \frac{d^n y}{dx^n}$$

などと表すこともある．特に $n = 0$ のとき，$f^{(0)}(x) = f(x)$ とする．$n \geqq 2$ の場合，$f^{(n)}(x)$ を **高階導関数** といい，$f^{(n)}(a)$ を $f(x)$ の $a$ における **$n$ 階微分係数** という．関数 $f(x)$ が $n$ 回まで微分可能で，$f^{(n)}(x)$ が連続であるとき，$f(x)$ は **$n$ 回連続微**

分可能**であるという．

**【例 2.3】 速度と加速度**　直線上を動く質点 P の時刻 $t$ における位置 $x$ は $t$ の関数であり，これを $x = f(t)$ とする．

(1) 速度

時刻が $t$ から $t + \Delta t$ に経過するとき，質点 P の平均速度は

$$\frac{\Delta x}{\Delta t} = \frac{f(t + \Delta t) - f(t)}{\Delta t}$$

である．時刻 $t$ における質点 P の**速度**（瞬間速度）$v$ は

$$v = \lim_{\Delta t \to 0} \frac{\Delta x}{\Delta t} = f'(t)$$

である．

(2) 加速度

時刻が $t$ から $t + \Delta t$ に経過するとき，質点 P の平均加速度は

$$\frac{\Delta v}{\Delta t} = \frac{f'(t + \Delta t) - f'(t)}{\Delta t}$$

である．時刻 $t$ における質点 P の**加速度**（瞬間加速度）$\alpha$ は

$$\alpha = \lim_{\Delta t \to 0} \frac{\Delta v}{\Delta t} = (f'(t))' = f''(t)$$

である．

**【例題 2.9】**　関数 $y = x^\alpha$（$\alpha$ は定数）の $n$ 階導関数 $y^{(n)}$ を求めよ．

［解］
$$y' = \alpha x^{\alpha - 1}$$
$$y'' = \alpha(\alpha - 1) x^{\alpha - 2}$$
…
$$y^{(n)} = \alpha(\alpha - 1) \cdots (\alpha - n + 1) x^{\alpha - n}$$

特に $\alpha$ が自然数ならば

$$y^{(n)} = \begin{cases} \dfrac{\alpha!}{(\alpha - n)!} x^{\alpha - n} & (n \leq \alpha \text{ のとき}) \\ 0 & (n > \alpha \text{ のとき}) \end{cases}$$

次の公式は，関数のテイラー展開（第 3 章 3.4 節 3.5 節）で重要である．

> **【公式 2.4】** $a$ を定数，$n = 1, 2, 3, \cdots$ とするとき，次の式が成立する．
>
> (1) $(e^{ax})^{(n)} = a^n e^{ax}$  (2) $(\sin ax)^{(n)} = a^n \sin\left(ax + \dfrac{n}{2}\pi\right)$
>
> (3) $(\cos ax)^{(n)} = a^n \cos\left(ax + \dfrac{n}{2}\pi\right)$  (4) $\left(\dfrac{1}{x+a}\right)^{(n)} = \dfrac{(-1)^n n!}{(x+a)^{n+1}}$

[証明]

(1) $(e^{ax})' = ae^{ax}, \quad (e^{ax})'' = a^2 e^{ax}, \quad \cdots, \quad (e^{ax})^{(n)} = a^n e^{ax}$

(2) $(\sin ax)' = a\cos ax = a\sin\left(ax + \dfrac{\pi}{2}\right)$

$(\sin ax)'' = a^2 \cos\left(ax + \dfrac{\pi}{2}\right) = a^2 \sin\left(ax + 2\cdot\dfrac{\pi}{2}\right)$

$(\sin ax)''' = a^3 \cos\left(ax + 2\cdot\dfrac{\pi}{2}\right) = a^3 \sin\left(ax + 3\cdot\dfrac{\pi}{2}\right)$

$\vdots \qquad \vdots$

以上により，

$(\sin ax)^{(n)} = a^n \sin\left(ax + \dfrac{n}{2}\pi\right)$

(3) (2)と同様に

$(\cos ax)^{(n)} = a^n \cos\left(ax + \dfrac{n}{2}\pi\right)$

(4) $\left(\dfrac{1}{x+a}\right)' = \dfrac{-1}{(x+a)^2}, \qquad \left(\dfrac{1}{x+a}\right)'' = \dfrac{(-1)(-2)}{(x+a)^3}$

$\left(\dfrac{1}{x+a}\right)''' = \dfrac{(-1)(-2)(-3)}{(x+a)^4} \qquad \cdots$

以上より，

$\left(\dfrac{1}{x+a}\right)^{(n)} = \dfrac{(-1)^r n!}{(x+a)^{n+1}}$ ∎

関数の和，差，定数倍の高階導関数について次の定理が成立する．証明はやさしいから省く．

【定理 2.7】 関数 $f(x)$, $g(x)$ が $n$ 回微分可能な関数ならば，$f(x) \pm g(x)$ と $kf(x)$ ($k$ は定数) も $n$ 回微分可能であり，次の式が成立する．

(1) $(f(x) \pm g(x))^{(n)} = f^{(n)}(x) \pm g^{(n)}(x)$

(2) $(kf(x))^{(n)} = kf^{(n)}(x)$

【例題 2.10】 関数 $y = \dfrac{1}{x^2 - 4x + 3}$ の $n$ 階導関数を求めよ．

[解] $y = \dfrac{1}{(x-3)(x-1)} = \dfrac{1}{2}\left(\dfrac{1}{x-3} - \dfrac{1}{x-1}\right)$ であるから，

$$y^{(n)} = \dfrac{1}{2}\left\{\left(\dfrac{1}{x-3}\right)^{(n)} - \left(\dfrac{1}{x-1}\right)^{(n)}\right\}$$

$$= \dfrac{(-1)^n n!}{2}\left\{\dfrac{1}{(x-3)^{n+1}} - \dfrac{1}{(x-1)^{n+1}}\right\} \quad \text{(公式 2.3 (4) より)} \blacksquare$$

**問 2.9** 次の関数の 2 階導関数を求めよ．

(1) $y = \dfrac{1}{x+1}$ (2) $y = e^{2x}$ (3) $y = \cos 3x$

(4) $y = \tan x$ (5) $y = e^{x^2}$ (6) $y = \log(x^2 + 1)$

**問 2.10** 次の関数の $n$ 階導関数を計算せよ．

(1) $y = \dfrac{1}{x+5}$ (2) $y = \dfrac{1}{x^2 - 1}$ (3) $y = \log x$

(4) $y = \sqrt{3x+4}$ (5) $y = 3^x$

**問 2.11** $f^{(n)}(0)$ $(n = 1, 2, 3, \cdots)$ を求めよ．

(1) $f(x) = e^x$ (2) $f(x) = \sin x$ (3) $f(x) = \cos x$

(4) $f(x) = (1+x)^\alpha$ (5) $f(x) = \log(1+x)$

関数の積の高階導関数の公式を求めよう．積の微分公式 (定理 2.2(3)) をくりかえし用いて

$$(f(x)g(x))' = f'(x)g(x) + f(x)g'(x)$$

$$(f(x)g(x))'' = f''(x)g(x) + 2f'(x)g'(x) + f(x)g''(x)$$

$$(f(x)g(x))''' = f'''(x)g(x) + 3f''(x)g'(x) + 3f'(x)g''(x) + f(x)g'''(x)$$

$$\vdots$$

となり，現れる係数は，2項係数（定理 0.4 参照）と同じである．したがって，次の公式が成立する．証明（$n$ に関する数学的帰納法を用いる）は省く．

---

**【定理 2.8】 ライプニッツの公式** $f(x)$, $g(x)$ が $n$ 回微分可能な関数ならば，$f(x)g(x)$ も $n$ 回微分可能であり

$$(f(x)g(x))^{(n)} = \sum_{k=0}^{n} {}_nC_k f^{(n-k)}(x) g^{(k)}(x)$$

---

**【例題 2.11】** 次の関数の $n$ 階導関数を求めよ．
(1) $y = x^2 e^x$　　(2) $y = x \sin x$

[解]
(1) $y = e^x \cdot x^2$ と書き直して，$f(x) = e^x$, $g(x) = x^2$ としてライプニッツの公式を適用する．

$f^{(j)}(x) = (e^x)^{(j)} = e^x$ $(j = 0, 1, 2, \cdots, n)$, $g(x) = x^2$, $g^{(1)}(x) = 2x$, $g^{(2)}(x) = 2$, $g^{(3)}(x) = 0$, $\cdots$ だから，

$$(e^x \cdot x^2)^{(n)} = {}_nC_0 e^x \cdot x^2 + {}_nC_1 e^x \cdot 2x + {}_nC_2 e^x \cdot 2 + {}_nC_3 e^x \cdot 0$$
$$= e^x x^2 + n e^x \cdot 2x + \frac{n(n-1)}{2} e^x \cdot 2$$
$$= (x^2 + 2nx + n^2 - n) e^x$$

(2) $y = \sin x \cdot x$ と書き直して，$f(x) = \sin x$, $g(x) = x$ としてライプニッツの公式を適用する．

$f^{(j)}(x) = \sin\left(x + \dfrac{j}{2}\pi\right)$, $g(x) = x$, $g^{(1)}(x) = 2$, $g^{(2)}(x) = 0$, $\cdots$ だから，

$(\sin x \cdot x)^{(n)}$
$$= {}_nC_0 \sin\left(x + \frac{n}{2}\pi\right) \cdot x + {}_nC_1 \sin\left(x + \frac{n-1}{2}\pi\right) \cdot 2 + {}_nC_2 \sin\left(x + \frac{n-2}{2}\pi\right) \cdot 0$$
$$= \sin\left(x + \frac{n}{2}\pi\right) \cdot x - n \sin\left(x + \frac{n-1}{2}\pi\right) \cdot 2$$
$$= x \sin\left(x + \frac{n}{2}\pi\right) + 2n \sin\left(x + \frac{n-1}{2}\pi\right)$$ ∎

**問 2.12** ライプニッツの公式を用いて，次の関数の $n$ 階導関数を求めよ．

(1) $xe^x$ (2) $x^3 e^x$ (3) $x^2 \sin x$

## 章末問題

**問1** つぎの関数を対数微分法により微分せよ．

(1) $y = \dfrac{\sqrt{3+x^2}}{(x-1)^2(2-x)}$ $(x \neq 1, x \neq 2)$　　(2) $y = x^2\sqrt{\dfrac{1-x^2}{1+x^2}}$

**問2** 次の式で定まる関数をまとめて**双曲線関数**という．

**双曲正弦関数**　$\sinh x = \dfrac{e^x - e^{-x}}{2}$

**双曲余弦関数**　$\cosh x = \dfrac{e^x + e^{-x}}{2}$

**双曲正接関数**　$\tanh x = \dfrac{\sinh x}{\cosh x} = \dfrac{e^x - e^{-x}}{e^x + e^{-x}}$

次の微分公式を証明せよ．

(1) $(\sinh x)' = \cosh x$　　(2) $(\cosh x)' = \sinh x$

(3) $(\tanh x)' = \left(\dfrac{1}{\cosh x}\right)^2$

**問3** $(e^x \sin x)^{(n)} = (\sqrt{2})^n e^x \sin\left(x + \dfrac{n\pi}{4}\right)$ を示せ．

# 第3章
# 微分の応用

　微分法を用いて，関数の値の変化を調べる．基本になるのは平均値の定理である．これに基づいて，導関数の正負と関数の増減の関係，2階導関数の正負と関数の凹凸の関係を明らかにする．また，平均値の定理を一般化して，ロピタルの定理を用いた極限値の計算法について説明し，次に，関数の多項式近似としてのテイラー展開を扱う．

## 3.1　平均値の定理

> **【定理3.1】 最大値・最小値の必要条件**　関数 $f(x)$ が，区間 $[a, b]$ で定義されているとする．$f(x)$ が $x = c$（ただし，$a < c < b$）で最大値（または，最小値）をとり，さらに，$f(x)$ が $x = c$ で微分可能ならば，$f'(c) = 0$ である（図 3.1 参照）．

　[証明]　まず，$f(c)$ が $f(x)$ の最大値のとき，$f'(c) = 0$ を示す．$\Delta x$ が十分小さくて，$c + \Delta x$ が区間 $[a, b]$ 内にあるとき
$$f(c + \Delta x) \leq f(c) \quad \text{すなわち} \quad f(c + \Delta x) - f(c) \leq 0$$

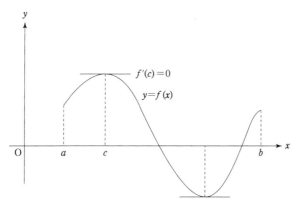

**図 3.1** 最大値と最小値で微分が 0

したがって,

$$\frac{f(c+\Delta x)-f(c)}{\Delta x} \leq 0 \quad (\Delta x > 0 \text{ の場合}) \tag{3.1}$$

$$\frac{f(c+\Delta x)-f(c)}{\Delta x} \geq 0 \quad (\Delta x < 0 \text{ の場合}) \tag{3.2}$$

式(3.1)と式(3.2)より,それぞれ

$$f'(c) = \lim_{\Delta x \to +0} \frac{f(c+\Delta x)-f(c)}{\Delta x} \leq 0$$

$$f'(c) = \lim_{\Delta x \to -0} \frac{f(c+\Delta x)-f(c)}{\Delta x} \geq 0$$

ゆえに,$0 \leq f'(c) \leq 0$ となり,$f'(c) = 0$

$f(c)$ が $f(x)$ の最小値のときは,不等号 $\leq$ と $\geq$ を置き換えれば,上と同様にして $f'(c) = 0$ となることがわかる. ■

---

【定理 3.2】 **ロールの定理** 関数 $f(x)$ が閉区間 $[a, b]$ で連続,開区間 $(a, b)$ で微分可能であり,$f(a) = f(b)$ ならば

$$f'(c) = 0 \quad (a < c < b)$$

をみたす $c$ が存在する(図 3.2 参照).

---

[証明] 定理 1.8 より,関数 $f(x)$ は,区間 $[a, b]$ で最大値 $f(\alpha)$ $(a \leq \alpha \leq b)$,最小値 $f(\beta)$ $(a \leq \beta \leq b)$ を持つ.

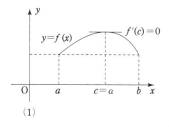 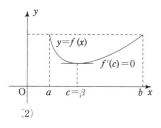 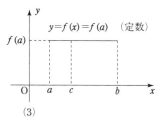

**図 3.2** ロールの定理の説明図

(1) $a<\alpha<b$ の場合．定理 3.1 より $f'(\alpha)=0$ であるから，$c=\alpha$ として
$f'(c)=0$

(2) $a<\beta<b$ の場合．定理 3.1 より $f'(\beta)=0$ であるから，$c=\beta$ として
$f'(c)=0$

(3) $\alpha, \beta$ が共に区間 $[a, b]$ の端点である場合．$f(\alpha)=f(\beta)=f(a)=f(b)$ であるから，関数 $f(x)$ の最大値と最小値は一致する．したがって，$f(x)=$ 定数 となり，$a<c<b$ なるすべての $c$ について $f'(c)=0$ ∎

ロールの定理から次の平均値の定理が成立する．平均値の定理は，微積分において最も重要な定理の一つである．

---

**【定理 3.3】 平均値の定理** 関数 $f(x)$ が閉区間 $[a, b]$ で連続，開区間 $(a, b)$ で微分可能ならば
$$\frac{f(b)-f(a)}{b-a}=f'(c) \qquad (a<c<b) \tag{3.3}$$
をみたす $c$ が存在する．

---

[証明] $g(x)=f(x)-f(a)-\dfrac{f(b)-f(a)}{b-a}(x-a)$

とおく．$g(x)$ は閉区間 $[a, b]$ で連続，開区間 $(a, b)$ で微分可能かつ $g(a)=g(b)=0$ であり，ロールの定理の条件をすべてみたす．したがって
$$0=g'(c)=f'(c)-\frac{f(b)-f(a)}{b-a} \qquad (a<c<b)$$
をみたす $c$ が存在する．ゆえに，式 (3.3) が成立する． ∎

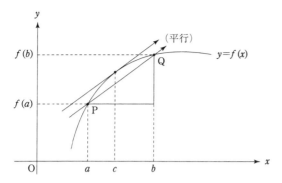

図 3.3 平均値の定理の説明図

平均値の定理の意味は，曲線 $y=f(x)$ $(a \leqq x \leqq b)$ 上の 2 点 $P(a, f(a))$, $Q(b, f(b))$ について，P，Q を結ぶ直線に平行な接線が存在するということである（図 3.3 参照）．

【例題 3.1】 $f(x) = x^3 + x$ とする．$\dfrac{f(3)-f(1)}{3-1} = f'(c)$ $(1 < c < 3)$ をみたす $c$ を求めよ．

[解]
$$\frac{f(3)-f(1)}{3-1} = \frac{30-2}{3-1} = f'(c) = 3c^2+1 \quad \text{より} \quad c = \pm\sqrt{\frac{13}{3}}$$

$1 < c < 2$ より $c = \sqrt{\dfrac{13}{3}} = \dfrac{\sqrt{39}}{3}$ ∎

問 3.1 次の $f(x)$，$a$，$b$ について，$\dfrac{f(b)-f(a)}{b-a} = f'(c)$，$a < c < b$ をみたす $c$ を求めよ．

(1) $f(x) = x^2$, $a = 2$, $b = 4$ 　　(2) $f(x) = \sqrt{x}$, $a = 1$, $b = 9$

(3) $f(x) = \dfrac{1}{x}$, $a = 1$, $b = 2$ 　　(4) $f(x) = \log x$, $a = 1$, $b = e$

## 3.2 関数の増減，極値，凹凸

● 関数の増減

平均値の定理を用いて，関数の増減を調べることができる．

---

**【定理 3.4】** 関数 $f(x)$ が，開区間 $(a, b)$ で微分可能，閉区間 $[a, b]$ で連続であるとき

(1) $a < x < b$ で $f'(x) > 0$ ならば，$f(x)$ は閉区間 $[a, b]$ で単調増加である．すなわち

$$a \leq x_1 < x_2 \leq b \quad ならば \quad f(x_1) < f(x_2)$$

(2) $a < x < b$ で $f'(x) < 0$ ならば，$f(x)$ は閉区間 $[a, b]$ で単調減少である．すなわち

$$a \leq x_1 < x_2 \leq b \quad ならば \quad f(x_1) > f(x_2)$$

(3) $a < x < b$ で $f'(x) = 0$ ならば，$f(x)$ は閉区間 $[a, b]$ で定数値をとる．

---

[証明] $a \leq x_1 < x_2 \leq b$ とする．平均値の定理より

$$f(x_2) - f(x_1) = f'(c)(x_2 - x_1) \quad (x_1 < c < x_2) \tag{3.4}$$

をみたす $c$ が存在する．$a < c < b$ であることに注意しておく．

(1) 式(3.4)において $f'(c) > 0$，および，$x_2 - x_1 > 0$ であるから，$f(x_2) > f(x_1)$ である．すなわち，$f(x)$ は閉区間 $[a, b]$ で単調増加である．

(2) 式(3.4)において $f'(c) < 0$，および，$x_2 - x_1 > 0$ であるから，$f(x_2) < f(x_1)$ である．すなわち，$f(x)$ は閉区間 $[a, b]$ で単調減少である．

(3) 式(3.4)において $f'(c) = 0$ であるから，$f(x_1) = f(x_2)$ である．したがって，$f(x)$ の値は変化せず，$f(x)$ に定数値をとる． ∎

**【例題 3.2】** 不等式への応用　$x > 0$ のとき，$x > \tan^{-1} x$ が成立することを示せ．

[解] $f(x) = x - \tan^{-1} x$ とすると，

$$f'(x) = 1 - \frac{1}{1 + x^2} = \frac{x^2}{1 + x^2}$$

$x > 0$ のとき $f'(x) > 0$ であるから，$f(x)$ は $x \geq 0$ で単調増加．ゆえに，$x > 0$

のとき $f(x) = x - \tan^{-1} x > f(0) = 0$ である．すなわち，

$x > 0$ のとき $x > \tan^{-1} x$ ∎

**問 3.2** $x > 0$ のとき次の不等式が成り立つことを示せ．

(1) $x > \sin x$ 　　(2) $\tan^{-1} x > x - \dfrac{x^3}{3}$

(3) $1 + xe^x > e^x > 1 + x$ 　　(4) $x > \log(1+x) > x - \dfrac{x^2}{2}$

**【例題 3.3】 増減表** 次の関数の増減を調べよ．

(1) $y = 3x^5 - 5x^3$ 　　(2) $y = x^2 e^{-x}$

［解］

(1) $y' = 15x^4 - 15x^2 = 15x^2(x-1)(x+1)$ より，$y' = 0$ を解いて $x = \pm 1, 0$

- $x < -1$ あるいは $x > 1$ のとき，$y' > 0$ であるから $y$ は増加．
- $-1 < x < 0$ あるいは $0 < x < 1$ のとき，$y' < 0$ であるから $y$ は減少．

以上の結果を表にしたものを**増減表**といい，次のようになる．

| $x$ | $\cdots$ | $-1$ | $\cdots$ | $0$ | $\cdots$ | $1$ | $\cdots$ |
|---|---|---|---|---|---|---|---|
| $y'$ | $+$ | $0$ | $-$ | $0$ | $-$ | $0$ | $+$ |
| $y$ | ↗ | $2$ | ↘ | $0$ | ↘ | $-2$ | ↗ |

↗ は関数が増加することを，↘ は関数が減少することを表す．グラフは，図 3.4 を参照．

(2) $y' = (2x - x^2)e^{-x} = x(2-x)e^{-x}$ より，$y' = 0$ を解いて $x = 0, 2$

- $0 < x < 2$ のとき，$y' > 0$ であるから $y$ は増加．
- $x < 0$ あるいは $x > 2$ のとき，$y' < 0$ であるから $y$ は減少．

増減表は次のようになる．グラフは，図 3.5 を参照．

| $x$ | $\cdots$ | $0$ | $\cdots$ | $2$ | $\cdots$ |
|---|---|---|---|---|---|
| $y'$ | $-$ | $0$ | $+$ | $0$ | $-$ |
| $y$ | ↘ | $0$ | ↗ | $4e^{-2}$ | ↘ |

∎

3.2 関数の増減, 極値, 凹凸 ───── 73

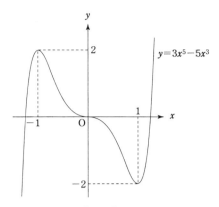

図 3.4 $y = 3x^5 - 5x^3$ のグラフ

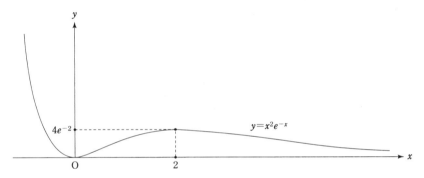

図 3.5 $y = x^2 e^{-x}$ のグラフ

● 関数の極値

$x = a$ を含む小さい開区間において $f(x) \leqq f(a)$ であるとき, 関数 $f(x)$ は $x = a$ で**極大**であるといい, $f(a)$ を**極大値**という. 同様に, $x = a$ を含む小さい開区間において $f(x) \geqq f(a)$ であるとき, 関数 $f(x)$ は $x = a$ で**極小**であるといい, $f(a)$ を**極小値**という. 極大値, 極小値をまとめて**極値**という (図 3.6 参照).

**注意 3.1** $x = a$ を含む小さい開区間において $f(x) < f(a)$ $(x \neq a)$ であるとき, $f(a)$ を**狭義の極大値**という. $x = a$ を含む小さい開区間において $f(x) > f(a)$ $(x \neq a)$ であるとき, $f(a)$ を**狭義の極小値**という.

極大値は小さい区間における関数の最大値，極小値は小さい区間における関数の最小値であるから，定理 3.1 から次のことがわかる．

**極値の必要条件**
- 関数 $f(x)$ が $x=a$ で極値をとり，$x=a$ で微分可能であれば，$f'(a)=0$

**注意 3.2** $f'(a)=0$ であっても $f(a)$ は極値であるとは限らない．$f(x)=x^3$ の場合，$f'(0)=0$ であるが，$f(0)=0$ は極大値でも極小値でもない（図 3.7 参照）．

【例 3.1】 関数 $f(x)=3x^5-5x^3$ は，例題 3.4 (1) の増減表によれば，$x=-1$ で極大値 $2$，$x=1$ で極小値 $-2$ をとる． ∎

この例からもわかるように，

**極値の十分条件**
- 変数 $x$ が増加するにつれて，関数 $f(x)$ の導関数 $f'(x)$ の値が，正から負に変わる変わり目の点で $f(x)$ は極大値をとる．
- 変数 $x$ が増加するにつれて，関数 $f(x)$ の導関数 $f'(x)$ の値が，負から正に変わる変わり目の点で $f(x)$ は極小値をとる．

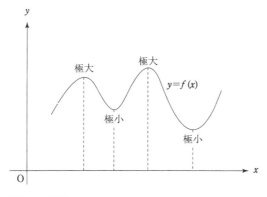

図 3.6 極値

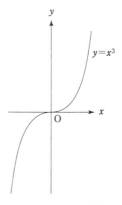

図 3.7 $y=x^3$ のグラフ

## 3.2 関数の増減，極値，凹凸 — 75

**問 3.3** 次の関数の増減を調べ，極値を求めよ．

(1) $y = x^3 - 6x^2 + 9x + 5$     (2) $y = x(x-1)^2$

(3) $y = \dfrac{x^2 - 4}{x^3}$     (4) $y = x\sqrt{x - x^2}$

(5) $y = xe^{-x}$     (6) $y = \cos x + x \sin x \quad (-\pi < x < \pi)$

(7) $y = x \log x$     (8) $y = x + 2\sin x \quad (0 < x < 2\pi)$

● 関数の凹凸

区間 $I$ で定義された関数 $f(x)$ がある．曲線 $y = f(x)$ 上の任意の 2 点 P，Q について，線分 PQ が（2 点 P，Q を除き）この曲線の上側（下側）にあるとき，関数 $f(x)$ は区間 $I$ で**凸（凹）**であるという．

区間 $I$ で $f''(x) > 0$ であれば，接線の傾きは増加し，関数 $f(x)$ は区間 $I$ で凸である．区間 $I$ で $f''(x) < 0$ であれば，接線の傾きは減少し，関数 $f(x)$ は区間 $I$ で凹である（図 3.8 参照）．実際，次の定理 3.5 が成立する．

---
**【定理 3.5】** 関数 $f(x)$ が，区間 $[a, b]$ で 2 回微分可能とする．
(1) $f''(x) > 0 \ (a < x < b)$ ならば，$f(x)$ は区間 $[a, b]$ で凸．
(2) $f''(x) < 0 \ (a < x < b)$ ならば，$f(x)$ は区間 $[a, b]$ で凹．

---

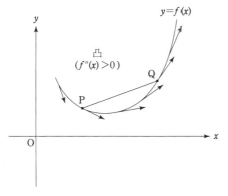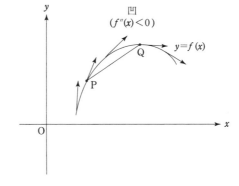

図 3.8　関数の凹凸

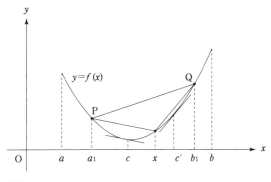

図 3.9

［証明］ (1)のみ証明する．(2)は(1)と同様に証明できる．

曲線 $C: y=f(x)$ 上の 2 点を $P(a_1, f(a_1))$, $Q(b_1, f(b_1))$ とする．ここで，$a \leqq a_1 < b_1 \leqq b$（図 3.9 参照）．$a_1 < x < b_1$ のとき，平均値の定理より

$$\frac{f(x)-f(a_1)}{x-a_1}=f'(c) \qquad (a_1 < c < x) \tag{3.5}$$

$$\frac{f(b_1)-f(x)}{b_1-x}=f'(c') \qquad (x < c' < b_1) \tag{3.6}$$

ここで，$c < c'$ に注意すると，$f''(x)>0$ より $f'(x)$ は単調増加であるから，$f'(c) < f'(c')$．ゆえに，式(3.5)と式(3.6)より

$$\frac{f(x)-f(a_1)}{x-a_1} < \frac{f(b_1)-f(x)}{b_1-x} \qquad (a_1 < x < b_1)$$

この不等式から次の不等式が成立する．この部分の証明は読者にまかせる．

$$f(x) < \frac{f(b_1)-f(a_1)}{b_1-a_1}(x-a_1)+f(a_1) \qquad (a_1 < x < b_1)$$

右辺の式は，2 点 $P(a_1, f(a_1))$, $Q(b_1, f(b_1))$ を通る直線を表す．したがって，線分 PQ は（P，Q を除き）曲線 $y=f(x)$ の上側にある，すなわち，関数 $f(x)$ は凸である． ∎

曲線 $y=f(x)$ 上の点 $P(c, f(c))$ を境にして曲線の凹凸が変わるとき，点 P を**変曲点**という．上の定理 3.5 より，$f''(c)=0$ かつ，$x=c$ を境にして $f''(x)$ の符号が変わるとき，点 $P(c, f(c))$ は変曲点である（図 3.10 参照）．

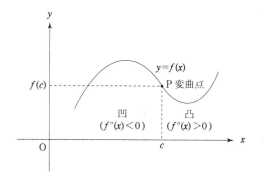
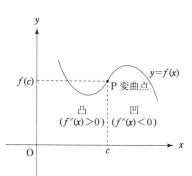

図 3.10　変曲点

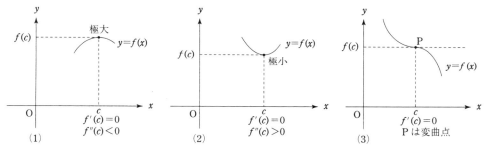

図 3.11　極値と凹凸の関係

極値と凹凸の関係は以下のようになる（図 3.11 参照）.
$f'(c)=0$ とする.
(1)　$f''(c)<0$ ならば, $f(c)$ は極大値.
(2)　$f''(c)>0$ ならば, $f(c)$ は極小値.
(3)　点 $P(c, f(c))$ が $f(x)$ の変曲点ならば, $f(c)$ は極値ではない.

【例題 3.4】　次の関数の凹凸を調べて変曲点を求めよ.
(1)　$y = \sin x$　　　(2)　$y = \log(1+x^2)$
［解］
(1)　$y'' = -\sin x$ の正負に基づき, $y = \sin x$ は, $(2n-1)\pi \leqq x \leqq 2n\pi$ で凸, $2n\pi \leqq x \leqq (2n+1)\pi$ で凹 $(n=0, \pm 1, \pm 2, \cdots)$.
ゆえに, 変曲点は $(n\pi, 0)$ $(n=0, \pm 1, \pm 2, \cdots)$ である.

(2) $y'' = \dfrac{2(1-x^2)}{(1+x^2)^2}$ の正負に基づき，$y = \log(1+x^2)$ は，$|x| \leq 1$ のとき凸，$|x| \geq 1$ のとき凹である．ゆえに，変曲点は $(\pm 1, \log 2)$ である． ∎

**問 3.4** 次の関数の凹凸を調べ変曲点の $x$ 座標を求めよ．

(1) $y = x^3 - 3x + 1$ 　　(2) $y = x - \sin x$

(3) $y = x^2 + 4\cos x$ 　　(4) $y = \tan^{-1} x$

【例題 3.5】 $y = \dfrac{x}{1+x^2}$ の増減，凹凸を調べてグラフをかけ．

［解］
$$y' = \dfrac{1-x^2}{(1+x^2)^2}, \qquad y'' = \dfrac{2x(x^2-3)}{(1+x^2)^3}$$
である．
$$y' = 0 \text{ より } x = \pm 1 \qquad y'' = 0 \text{ より } x = 0, \pm\sqrt{3}$$
凹凸まで考えた増減表は下のようになる．グラフは，図 3.12 を参照． ∎

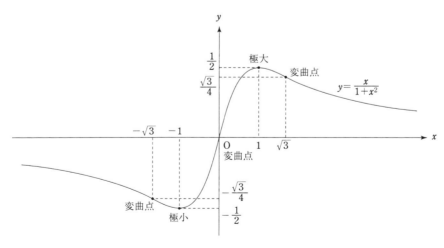

図 3.12 $y = \dfrac{x}{1+x^2}$ のグラフ

| $x$ | $\cdots$ | $-\sqrt{3}$ | $\cdots$ | $-1$ | $\cdots$ | $0$ | $\cdots$ | $1$ | $\cdots$ | $\sqrt{3}$ | $\cdots$ |
|---|---|---|---|---|---|---|---|---|---|---|---|
| $y'$ | $-$ | $-$ | $-$ | $0$ | $+$ | $+$ | $+$ | $0$ | $-$ | $-$ | $-$ |
| $y''$ | $-$ | $0$ | $+$ | $+$ | $+$ | $0$ | $-$ | $-$ | $-$ | $0$ | $+$ |
| $y$ | ↘ | $-\dfrac{\sqrt{3}}{4}$ | ↘ | $-\dfrac{1}{2}$ | ↗ | $0$ | ↗ | $\dfrac{1}{2}$ | ↘ | $\dfrac{\sqrt{3}}{4}$ | ↘ |
| | 凹 | 変曲点 | 凸 | 極小 | 凸 | 変曲点 | 凹 | 極大 | 凹 | 変曲点 | 凸 |

**問 3.5** 次の関数の増減,凹凸をしらべてグラフをかけ.

  (1) $y = x^4 - 4x^3 + 16$  (2) $y = x^4 - 2x^3$  (3) $y = e^{-x^2}$

## 3.3 不定形の極限値

平均値の定理を一般化した次の定理 3.6 が成立する.

---

**【定理 3.6】 コーシーの平均値の定理** 関数 $f(x)$, $g(x)$ が閉区間 $[a, b]$ で連続,開区間 $(a, b)$ で微分可能であり,かつ,$a < x < b$ のとき $g'(x) \neq 0$ ならば
$$\frac{f(b) - f(a)}{g(b) - g(a)} = \frac{f'(c)}{g'(c)} \quad (a < c < b) \tag{3.7}$$
をみたす $c$ が存在する.

---

[証明] 平均値の定理(定理 3.3)より,$g(b) - g(a) = g'(a)(b - a)$ $(a < \alpha < b)$ である.仮定より,$g'(a) \neq 0$ であるから $g(b) - g(a) \neq 0$ となる.そこで
$$k = \frac{f(b) - f(a)}{g(b) - g(a)}, \qquad h(x) = f(x) - f(a) - k\{g(x) - g(a)\}$$
とおく.$h(x)$ は,閉区間 $[a, b]$ で連続,開区間 $(a, b)$ で微分可能であり,$h(a) = h(b) = 0$ であるから,ロールの定理(定理 3.2)より
$$h'(c) = f'(c) - kg'(c) = 0 \qquad (a < c < b)$$
をみたす $c$ が存在する.この式を $k$ について解いて $k = \dfrac{f'(c)}{g'(c)}$ となる.したがっ

て，$k = \dfrac{f(b)-f(a)}{g(b)-g(a)}$ とおいたこととあわせて式(3.7)を得る． ∎

関数の極限について再考する．$\lim_{x\to a} f(x) = \lim_{x\to a} g(x) = 0$ の場合には，

$$\lim_{x\to a} \frac{f(x)}{g(x)} = \frac{\lim_{x\to a} f(x)}{\lim_{x\to a} g(x)} = \frac{0}{0} \text{ とはできない．}$$

$\lim_{x\to a} f(x) = \lim_{x\to a} g(x) = \infty$ の場合も同様である．このような極限 $\lim_{x\to a} \dfrac{f(x)}{g(x)}$ を**不定形**という．前者を $\dfrac{0}{0}$ の不定形，後者を $\dfrac{\infty}{\infty}$ の不定形という．不定形の極限値は次の定理 3.7 を用いて計算する．

---

【定理 3.7】 **ロピタルの定理** 関数 $f(x), g(x)$ は，$a$ を含む区間（ただし，$a$ は除外してもよい）で微分可能で，$g'(x) \neq 0$ ($x \neq a$) であるとする．
$\lim_{x\to a} f(x) = \lim_{x\to a} g(x) = 0$，かつ，$\lim_{x\to a} \dfrac{f'(x)}{g'(x)}$ が存在すれば，
$$\lim_{x\to a} \frac{f(x)}{g(x)} = \lim_{x\to a} \frac{f'(x)}{g'(x)} \tag{3.8}$$

---

［証明］ $f(a) = g(a) = 0$ と定めると，$f(x), g(x)$ は $a$ の近くで連続となる．コーシーの平均値の定理（定理 3.6）より，$x \neq a$ のとき

$$\frac{f(x)}{g(x)} = \frac{f(x)-f(a)}{g(x)-g(a)} = \frac{f'(c)}{g'(c)}$$

をみたす $c$ が，$x$ と $a$ の間に存在し，$x \to a$ のとき，$c \to a$ であるから

$$\lim_{x\to a} \frac{f(x)}{g(x)} = \lim_{c\to a} \frac{f'(c)}{g'(c)} = \lim_{x\to a} \frac{f'(x)}{g'(x)}$$ ∎

**注意 3.3** (1) 式(3.8)は，$\lim_{x\to a} f(x) = \pm\infty$，$\lim_{x\to a} g(x) = \pm\infty$（2つの式で，$\pm$ は同じでなくてもよい）である場合にも成立する．また $x \to a$ のかわりに，$x \to a+0$, $x \to a-0$, $x \to \infty$ および $x \to -\infty$ としても式(3.8)が成立する．これらをまとめてロピタルの定理という．

(2) 不定形には他に，

$$0\cdot(\pm\infty), \quad 0^0, \quad 1^{\pm\infty}, \quad \infty^0, \quad \infty-\infty$$

などがある．これらの極限値は，$\dfrac{0}{0}$ あるいは $\dfrac{\pm\infty}{\pm\infty}$ の場合に帰着させて求める．

**【例題 3.6】** 次の不定形の極限値を求めよ．

(1) $\displaystyle\lim_{x\to 0}\frac{1-e^x}{\sin x}$ (2) $\displaystyle\lim_{x\to 0}\frac{x-\sin x}{1-\cos x}$ (3) $\displaystyle\lim_{x\to\infty} xe^{-x}$

(4) $\displaystyle\lim_{x\to +0} x\log x$ (5) $\displaystyle\lim_{x\to +0} x^x$

[解]

(1) $\dfrac{0}{0}$ 形の不定形である．

$$\lim_{x\to 0}\frac{1-e^x}{\sin x}=\lim_{x\to 0}\frac{(1-e^x)'}{(\sin x)'}=\lim_{x\to 0}\frac{-e^x}{\cos x}=\frac{-1}{1}=-1$$

(2) $\dfrac{0}{0}$ 形の不定形である．

$$\lim_{x\to 0}\frac{x-\sin x}{1-\cos x}=\lim_{x\to 0}\frac{1-\cos x}{\sin x} \quad \left(\frac{0}{0}\text{ 形の不定形}\right)$$

$$=\lim_{x\to 0}\frac{\sin x}{\cos x}=\frac{0}{1}=0$$

(3) $\infty\cdot 0$ 形の不定形である．$xe^{-x}=\dfrac{x}{e^x}$ と表すと，$x\to\infty$ のとき $e^x\to\infty$ であるから，$\dfrac{\infty}{\infty}$ 形の不定形になる．

$$\lim_{x\to\infty} xe^{-x}=\lim_{x\to\infty}\frac{x}{e^x}=\lim_{x\to\infty}\frac{1}{e^x}=0$$

(4) $0\cdot(-\infty)$ 形の不定形である．$x\log x=\dfrac{\log x}{\dfrac{1}{x}}$ と表すと，$x\to +0$ のとき $\log x\to -\infty$，および，$\dfrac{1}{x}\to\infty$ であるから，$\dfrac{-\infty}{\infty}$ 形の不定形になる．

$$\lim_{x\to +0} x\log x=\lim_{x\to +0}\frac{\log x}{\dfrac{1}{x}}=\lim_{x\to +0}\frac{\dfrac{1}{x}}{-\dfrac{1}{x^2}}=\lim_{x\to +0}(-x)=0$$

(5) $0^0$ 形の不定形である．$x^x = e^{\log x^x} = e^{x\log x}$ と表す．前問より $\lim_{x \to +0} x \log x = 0$ であるから
$$\lim_{x \to +0} x^x = \lim_{x \to +0} e^{x\log x} = e^0 = 1 \qquad \blacksquare$$

**問 3.6** 次の不定形の極限値を計算せよ．

(1) $\displaystyle\lim_{x \to 1} \frac{x^5 - 1}{x^2 - 1}$  (2) $\displaystyle\lim_{x \to 0} \frac{e^x - \cos x}{\sin x}$  (3) $\displaystyle\lim_{x \to 0} \frac{x - \sin x}{x^3}$

(4) $\displaystyle\lim_{x \to \infty} \frac{x^3}{e^x}$  (5) $\displaystyle\lim_{x \to +0} x^2 \log x$

## 3.4 テイラーの定理

平均値の定理(定理 3.3)によれば
$$f(b) = f(a) + f'(c)(b - a) \qquad (a < c < b)$$
をみたす $c$ が存在する．この関係式を一般化した次の定理が成立する．

---

**【定理 3.8】** 関数 $f(x)$ が，区間 $[a, b]$ で $n+1$ 回微分可能であるとき
$$f(b) = f(a) + \frac{f'(a)}{1!}(b - a) + \frac{f''(a)}{2!}(b - a)^2 + \cdots$$
$$+ \frac{f^{(n)}(a)}{n!}(b - a)^n + \frac{f^{(n+1)}(c)}{(n+1)!}(b - a)^{n+1} \qquad (a < c < b) \qquad (3.9)$$
をみたす $c$ が存在する．

---

**【例 3.2】**

$n = 0$ の場合
$$f(b) = f(a) + f'(c)(b - a) \qquad (a < c < b)$$
であり，これは平均値の定理である．

$n = 1$ の場合

$$f(b) = f(a) + f'(a)(b-a) + \frac{f''(c)}{2}(b-a)^2 \quad (a < c < b)$$

$n = 2$ の場合

$$f(b) = f(a) + f'(a)(b-a) + \frac{f''(a)}{2}(b-a)^2 + \frac{f'''(c)}{3!}(b-a)^3$$
$$(a < c < b)$$

**[証明]**

(1) $n = 0$ の場合．これは平均値の定理(定理3.3)を表していて，すでに証明ずみ．

(2) $n = 1$ の場合．定数 $K$ を，

$$f(b) = f(a) + f'(a)(b-a) + K(b-a)^2 \tag{3.10}$$

が成立するように定める．すなわち

$$K = \frac{f(b) - \{f(a) + f'(a)(b-a)\}}{(b-a)^2}$$

と定める．そのうえで

$$F(x) = f(x) - \{f(a) + f'(a)(x-a) + K(x-a)^2\}$$

とおく．このとき $F(a) = F(b) = 0$ であり，また，$F'(x) = f'(x) - f'(a) - 2K(x-a)$ より $F'(a) = 0$ である．

$F(a) = F(b) = 0$ であることと，ロールの定理より，

$$F'(b_1) = 0 \quad (a < b_1 < b)$$

をみたす $b_1$ が存在する．

$F'(a) = F'(b_1) = 0$ であることと，再びロールの定理より，

$$F''(c) = 0 \quad (a < c < b_1 < b) \tag{3.11}$$

をみたす $c$ が存在する．

ここで，$F''(x) = f''(x) - 2K$ より $F''(c) = f''(c) - 2K$ であるから，式(3.11)より

$$K = \frac{f''(c)}{2} \quad (a < c < b)$$

これを式(3.10)に代入して

$$f(b) = f(a) + f'(a)(b-a) + \frac{f''(c)}{2}(b-a)^2 \quad (a < c < b)$$

(3) 一般の場合．(2)と同様に証明する．

定数 $K$ を，
$$f(b) = f(a) + \frac{f'(a)}{1!}(b-a) + \frac{f''(a)}{2!}(b-a)^2 + \cdots$$
$$+ \frac{f^{(n)}(a)}{n!}(b-a)^n + K(b-a)^{n+1} \qquad (3.12)$$

が成立するように定め
$$F(x) = f(x) - \left\{ f(a) + \frac{f'(a)}{1!}(x-a) + \frac{f''(a)}{2!}(x-a)^2 + \cdots \right.$$
$$\left. + \frac{f^{(n)}(a)}{n!}(x-a)^n + K(x-a)^{n+1} \right\} \qquad (3.13)$$

とおく．このとき
$$F(a) = F'(a) = F''(a) = \cdots = F^{(n)}(a) = F(b) = 0 \qquad (3.14)$$

$F(a) = F(b) = 0$ とロールの定理より，
$$F'(b_1) = 0 \qquad (a < b_1 < b)$$

をみたす $b_1$ が存在する．したがって
$$F'(a) = F''(a) = \cdots = F^{(n)}(a) = F'(b_1) = 0 \qquad (a < b_1 < b)$$

となり，(2)の場合と同様に，ロールの定理をくりかえして用いて
$$F^{(n+1)}(c) = 0 \qquad (a < c < b) \qquad (3.15)$$

をみたす $c$ が存在することがわかる．

式(3.13)より $F^{(n+1)}(x) = f^{(n+1)}(x) - K(n+1)!$ であるから，式(3.15)から $f^{(n+1)}(c) - K(n+1)! = 0 \ (a < c < b)$ となる．ゆえに
$$K = \frac{f^{(n+1)}(c)}{(n+1)!} \qquad (a < c < b)$$

これを式(3.12)に代入して式(3.9)を得る． ∎

**注意 3.4** $b < a$ の場合も，関数 $f(x)$ が区間 $[b, a]$ で $n+1$ 回微分可能であれば式(3.9)が成立する（証明は同様にできる）．この場合は $b < c < a$ である．

$a > b$，$b > a$ どちらの場合でも，$c$ は $a$，$b$ の間にあるので，$c = a + \theta(b-a)$ $(0 < \theta < 1)$ と表すことができて，式(3.9)は次のように書ける（図3.13参照）．
$$f(b) = f(a) + \frac{f'(a)}{1!}(b-a) + \frac{f''(a)}{2!}(b-a)^2 + \cdots$$

$$+ \frac{f^{(n)}(a)}{n!}(b-a)^n + \frac{f^{(n+1)}(a+\theta(b-a))}{(n+1)!}(b-a)^{n+1} \qquad (0<\theta<1)$$

上の式は，$b=x$ とおいて次の定理 3.9 のような形で表すことが多い．

---

**【定理 3.9】 テイラーの定理** 関数 $f(x)$ が，区間 $I$ で $n+1$ 回微分可能とする．$a$ を $I$ 内の定数，$x$ を $I$ 内で変化する変数とするとき

$$f(x) = f(a) + \frac{f'(a)}{1!}(x-a) + \frac{f''(a)}{2!}(x-a)^2 + \cdots$$
$$+ \frac{f^{(n)}(a)}{n!}(x-a)^n + R_{n+1}(x) = \sum_{k=0}^{n} \frac{f^{(k)}(a)}{k!}(x-a)^k + R_{n+1}(x)$$

ここで

$$R_{n+1}(x) = \frac{f^{(n+1)}(a+\theta(x-a))}{(n+1)!}(x-a)^{n+1} \qquad (0<\theta<1)$$

$R_{n+1}(x)$ を**剰余項**という．

---

テイラーの定理で，$a=0$ である特別な場合を，**マクローリンの定理**といい，次が成立する．

$$f(x) = f(0) + \frac{f'(0)}{1!}x + \frac{f''(0)}{2!}x^2 + \cdots$$
$$+ \frac{f^{(n)}(0)}{n!}x^n + R_{n+1}(x) = \sum_{k=0}^{n} \frac{f^{(k)}(0)}{k!}x^k + R_{n+1}(x)$$

ここで

$$R_{n+1}(x) = \frac{f^{(n+1)}(\theta x)}{(n+1)!}x^{n+1} \qquad (0<\theta<1)$$

マクローリンの定理の適用例を示す．

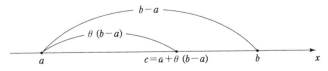

図 3.13　$c = a + \theta(b-a)$

【例題 3.7】 マクローリンの定理を用いて次の式を導け.

(1) $e^x = 1 + \dfrac{x}{1!} + \dfrac{x^2}{2!} + \cdots + \dfrac{x^n}{n!} + R_{n+1}(x)$

ここで
$$R_{n+1}(x) = \dfrac{e^{\theta x}}{(n+1)!} x^{n+1} \qquad (0 < \theta < 1)$$

(2) $\sin x = x - \dfrac{x^3}{3!} + \dfrac{x^5}{5!} - \cdots + (-1)^n \dfrac{x^{2n+1}}{(2n+1)!} + R_{2n+3}(x)$

ここで
$$R_{2n+3}(x) = \dfrac{(-1)^{n+1} \cos(\theta x)}{(2n+3)!} x^{2n+3} \qquad (0 < \theta < 1)$$

(3) $\cos x = 1 - \dfrac{x^2}{2!} + \dfrac{x^4}{4!} - \cdots + (-1)^n \dfrac{x^{2n}}{(2n)!} + R_{2n+2}(x)$

ここで
$$R_{2n+2}(x) = \dfrac{(-1)^{n+1} \cos(\theta x)}{(2n+2)!} x^{2n+2} \qquad (0 < \theta < 1)$$

(4) $\log(1+x) = x - \dfrac{x^2}{2} + \dfrac{x^3}{3} - \cdots + (-1)^{n-1} \dfrac{x^n}{n} + R_{n+1}(x)$

ここで
$$R_{n+1}(x) = \dfrac{(-1)^n x^{n+1}}{(n+1)(1+\theta x)^{n+1}} \qquad (0 < \theta < 1)$$

(5) $\alpha$ を実数とする.
$$(1+x)^\alpha = 1 + \alpha x + \dfrac{\alpha(\alpha-1)}{2!} x^2 + \dfrac{\alpha(\alpha-1)(\alpha-2)}{3!} x^3 + \cdots$$
$$+ \dfrac{\alpha(\alpha-1)(\alpha-2)\cdots(\alpha-n+1)}{n!} x^n + R_{n+1}(x)$$

ここで
$$R_{n+1}(x) = \dfrac{\alpha(\alpha-1)(\alpha-2)\cdots(\alpha-n)}{(n+1)!} (1+\theta x)^{\alpha-n-1} x^{n+1} \qquad (0 < \theta < 1)$$

［解］
(1) $f(x) = e^x$ として,マクローリンの定理を適用する.
$$f^{(k)}(x) = e^x \qquad (k = 0, 1, 2, \cdots)$$
であるから,
$$f^{(k)}(0) = 1 \qquad (k = 0, 1, 2, \cdots)$$

$$R_{n+1}(x) = \frac{f^{(n+1)}(\theta x)}{(n+1)!}x^{n+1} = \frac{e^{\theta x}}{(n+1)!}x^{n+1} \quad (0 < \theta < 1)$$

より求める式を得る．

(2) $f(x) = \sin x$ として，マクローリンの定理を適用する．

$$f^{(k)}(x) = \sin\left(x + \frac{k}{2}\pi\right) \quad (k = 0, 1, 2, \cdots)$$

であるから，

$$f^{(k)}(0) = \sin\left(\frac{k}{2}\pi\right) = \begin{cases} 0 & (k = 2p \text{ のとき}) \\ (-1)^p & (k = 2p+1 \text{ のとき}) \end{cases} \quad (p = 0, 1, 2, \cdots)$$

したがって，マクローリンの定理を適用するとき，$n$ のかわりに $2n+2$ として，

$$\sin x = x - \frac{x^3}{3!} + \frac{x^5}{5!} - \cdots + \frac{(-1)^n x^{2n+1}}{(2n+1)!} + R_{2n+3}(x)$$

ここで，$0 < \theta < 1$ として，

$$R_{2n+3}(x) = \frac{f^{(2n+3)}(\theta x)}{(2n+3)!}x^{2n+3}$$

$$= \frac{\sin\left(\theta x + \frac{2n+3}{2}\pi\right)}{(2n+3)!}x^{2n+3} = \frac{(-1)^{n+1}\cos(\theta x)}{(2n+3)!}x^{2n+3}$$

(3) $f(x) = \cos x$ として，マクローリンの定理を適用する．

$$f^{(k)}(x) = \cos\left(x + \frac{k}{2}\pi\right) \quad (k = 0, 1, 2, \cdots)$$

であるから，

$$f^{(k)}(0) = \cos\left(\frac{k}{2}\pi\right) = \begin{cases} (-1)^p & (k = 2p \text{ のとき}) \\ 0 & (k = 2p+1 \text{ のとき}) \end{cases} \quad (p = 0, 1, 2, \cdots)$$

したがって，マクローリンの定理を適用するとき，$n$ のかわりに $2n+1$ として，

$$\cos x = 1 - \frac{x^2}{2!} + \frac{x^4}{4!} - \cdots + \frac{(-1)^n x^{2n}}{(2n)!} + R_{2n+2}(x)$$

ここで，$0 < \theta < 1$ として，

$$R_{2n+2}(x) = \frac{f^{(2n+2)}(\theta x)}{(2n+2)!}x^{2n+2}$$

$$= \frac{\cos\left(\theta x + \frac{2n+2}{2}\pi\right)}{(2n+2)!}x^{2n+2} = \frac{(-1)^{n+1}\cos(\theta x)}{(2n+2)!}x^{2n+2}$$

(4) $f(x) = \log(1+x)$ として，マクローリンの定理を適用する．

$$f^{(k)}(x) = \frac{(-1)^{k-1}(k-1)!}{(1+x)^k} \qquad (k=1, 2, \cdots)$$

であるから,
$$f(0) = 0, \qquad f^{(k)}(0) = (-1)^{k-1}(k-1)! \qquad (k=1, 2, \cdots, n)$$
$$R_{n+1}(x) = \frac{f^{(n+1)}(\theta x)}{(n+1)!}x^{n+1} = \frac{(-1)^n n! x^{n+1}}{(n+1)!(1+\theta x)^{n+1}} = \frac{(-1)^n x^{n+1}}{(n+1)(1+\theta x)^{n+1}}$$
$$(0 < \theta < 1)$$

より求める式を得る.

(5) $f(x) = (1+x)^{\alpha}$ として,マクローリンの定理を適用する.
$$f^{(k)}(x) = \alpha(\alpha-1)\cdots(\alpha-k+1)(1+x)^{\alpha-k} \qquad (k=1, 2, \cdots)$$

であるから,
$$f(0) = 1, \qquad f^{(k)}(0) = \alpha(\alpha-1)\cdots(\alpha-k+1) \qquad (k=1, 2, \cdots, n)$$
$$R_{n+1}(x) = \frac{f^{(n+1)}(\theta x)}{(n+1)!}x^{n+1} = \frac{\alpha(\alpha-1)\cdots(\alpha-n)}{(n+1)!}(1+\theta x)^{\alpha-n-1}x^{n+1}$$
$$(0 < \theta < 1)$$

より求める式を得る. ∎

● **近似多項式**

テイラーの定理(定理 3.9)において,関数 $f(x)$ と $x$ の **$n$ 次多項式**
$$S_n(x) = f(a) + \frac{f'(a)}{1!}(x-a) + \frac{f''(a)}{2!}(x-a)^2 + \cdots + \frac{f^{(n)}(a)}{n!}(x-a)^n \tag{3.16}$$

との誤差は,
$$f(x) - S_n(x) = R_{n+1}(x)$$
$$= \frac{f^{(n+1)}(a+\theta(x-a))}{(n+1)!}(x-a)^{n+1} \qquad (0 < \theta < 1)$$

であり,区間 $I$ における $|f^{(n+1)}(x)|$ の最大値を $M_{n+1}$ とすると, $a+\theta(x-a)$ が区間 $I$ 内にあることより

$$\text{絶対誤差}\,|R_{n+1}(x)| = \frac{|f^{(n+1)}(a+\theta(x-a))|}{(n+1)!}|x-a|^{n+1}$$
$$\leqq \frac{M_{n+1}}{(n+1)!}|x-a|^{n+1} \tag{3.17}$$

上の式の右辺の値は, $x$ が $a$ に近くなるほど小さくなり,小さくなる度合は $n$ が

大きいほど増す．したがって，

$$f(x) \fallingdotseq f(a) + \frac{f'(a)}{1!}(x-a) + \frac{f''(a)}{2!}(x-a)^2 + \cdots + \frac{f^{(n)}(a)}{n!}(x-a)^n \quad (3.18)$$

となり，右辺を $f(x)$ の $x=a$ における $n$ **次近似**という．

**【例 3.3】**

(1) $f(x) \fallingdotseq f(a) + f'(a)(x-a)$ （1 次近似）

(2) $f(x) \fallingdotseq f(a) + f'(a)(x-a) + \frac{f''(a)}{2}(x-a)^2$ （2 次近似）

(3) $f(x) \fallingdotseq f(a) + f'(a)(x-a) + \frac{f''(a)}{2}(x-a)^2 + \frac{f'''(a)}{6}(x-a)^3$

（3 次近似） ■

**【例 3.4】** $e^x$ の $x=0$ における $n$ 次近似は

$$1 + x + \frac{x^2}{2!} + \frac{x^3}{3!} + \cdots + \frac{x^n}{n!}$$

このときの絶対誤差 $|R_{n+1}(x)| = \frac{e^{\theta x}}{(n+1)!}|x|^{n+1} \quad (0 < \theta < 1)$ ■

**【例題 3.8】** $e$ の値を，絶対誤差 $\frac{1}{10000}$ の範囲で求めよ．

[解] 上の例 3.4 より（$x=1$ として），近似式は

$$e \fallingdotseq 1 + 1 + \frac{1}{2!} + \frac{1}{3!} \cdots + \frac{1}{n!}$$

$0 < \theta < 1$ より，

$$\text{絶対誤差} = \frac{e^\theta}{(n+1)!} < \frac{e}{(n+1)!} < \frac{3}{(n+1)!}$$

$n=7$ のとき，

$$\frac{3}{(n+1)!} = \frac{3}{8!} = 0.000074\cdots < \frac{1}{10000}$$

したがって，絶対誤差 $\frac{1}{10000}$ の範囲で

$$e \fallingdotseq 1 + 1 + \frac{1}{2!} + \frac{1}{3!} + \cdots + \frac{1}{7!} = 2.718253\cdots \fallingdotseq 2.71825$$

■

**問 3.7** 例 3.3 を使って $\sqrt{4.01}$ の値の 1，2 次近似値を求めよ．

## 3.5 テイラー展開

● **級数**

数列 $\{a_n\}$ に対して，式

$$\sum_{n=1}^{\infty} a_n = a_1 + a_2 + a_3 + \cdots + a_n + \cdots \tag{3.19}$$

を**級数**といい，$a_n$ をこの級数の**第 $n$ 項**，または，**一般項**という．

第 1 項から第 $n$ 項までの和

$$S_n = \sum_{k=1}^{n} a_k = a_1 + a_2 + a_3 + \cdots + a_n$$

をこの級数の**第 $n$ 部分和** という．部分和からなる数列 $\{S_n\}$ が収束するとき，級数 (3.19) は**収束**するといい

$$\sum_{n=1}^{\infty} a_n = a_1 + a_2 + a_3 + \cdots + a_n + \cdots = \lim_{n \to \infty} S_n$$

と定める．収束しない級数は**発散**するという．

● **整級数**

$a$ および，$c_0, c_1, c_2, \cdots, c_n, \cdots$ を定数，$x$ を変数とするとき

$$\sum_{n=0}^{\infty} c_n(x-a)^n = c_0 + c_1(x-a) + c_2(x-a)^2 + \cdots + c_n(x-a)^n + \cdots \tag{3.20}$$

で定まる級数を**整級数**，または，**べき級数**という．

【例 3.5】 **等比級数** $x \neq 1$ のとき，整級数 $1 + x + x^2 + \cdots + x^{n-1} + \cdots$ の第 $n$ 部分和は

$$S_n = 1 + x + x^2 + \cdots + x^{n-1} = \frac{1-x^n}{1-x}$$

である．$|x| < 1$ のとき $\lim_{n \to \infty} x^n = 0$ であるから，数列 $\{S_n\}$ は $\dfrac{1}{1-x}$ に収束する．したがって

$$1 + x + x^2 + x^3 + \cdots + x^n + \cdots = \frac{1}{1-x} \qquad (|x| < 1)$$

他方，$|x| \geq 1$ のとき，この級数は発散する． ∎

例3.5のように，整級数が収束するかどうかは $x$ の値による．一般に，整級数(3.20)に対して，$|x-a|<r$ ならばこの級数は必ず収束し，$|x-a|>r$ ならば級数が必ず発散するような $r\ (0\leqq r\leqq\infty)$ が存在する．この $r$ を整級数の**収束半径**という．収束半径は次で求められる．

【定理3.10】 整級数(3.20)について，極限値
$$\lim_{n\to\infty}\left|\frac{c_n}{c_{n+1}}\right|=r \quad \text{または} \quad \lim_{n\to\infty}\frac{1}{\sqrt[n]{|c_n|}}=r$$
が定まるとき（$r=\infty$ でもよい），$r$ は整級数(3.20)の収束半径である．$r=\infty$ の場合は，整級数(3.20)はすべての $x$ について収束する．

【例題3.9】 次の整級数の収束半径を求めよ．

(1) $\sum_{n=0}^{\infty}(-1)^n x^n = 1 - x + x^2 - \cdots + (-1)^n x^n + \cdots$

(2) $\sum_{n=0}^{\infty}3^n x^n = 1 + 3x + 9x^2 + \cdots + 3^n x^n + \cdots$

(3) $\sum_{n=0}^{\infty}\frac{1}{n!}x^n = 1 + x + \frac{1}{2!}x^2 + \cdots + \frac{1}{n!}x^n + \cdots$

[解]

(1) $c_n = (-1)^n$ とおいて，
$$\text{収束半径} = \lim_{n\to\infty}\left|\frac{c_n}{c_{n+1}}\right| = \lim_{n\to\infty}\left|\frac{(-1)^n}{(-1)^{n+1}}\right| = \lim_{n\to\infty}1 = 1$$

(2) $c_n = 3^n$ とおいて，
$$\text{収束半径} = \lim_{n\to\infty}\left|\frac{c_n}{c_{n+1}}\right| = \lim_{n\to\infty}\left|\frac{3^n}{3^{n+1}}\right| = \frac{1}{3}$$

もう一つの方法でも計算してみよう．
$$\text{収束半径} = \lim_{n\to\infty}\frac{1}{\sqrt[n]{|c_n|}} = \lim_{n\to\infty}\frac{1}{\sqrt[n]{3^n}} = \frac{1}{3}$$

(3) $a_n = \frac{1}{n!}$ とおいて，
$$\text{収束半径} = \lim_{n\to\infty}\left|\frac{a_n}{a_{n+1}}\right| = \lim_{n\to\infty}\left|\frac{(n+1)!}{n!}\right| = \lim_{n\to\infty}(n+1) = \infty$$

**問 3.8** 次の整級数の収束半径を求めよ．

(1) $\sum_{n=0}^{\infty} n^2 x^n$   (2) $\sum_{n=0}^{\infty} \frac{x^n}{n^2+1}$   (3) $\sum_{n=0}^{\infty} \frac{n^2}{n!} x^n$   (4) $\sum_{n=0}^{\infty} (3^n + 2^n) x^n$

整級数(3.20)の収束半径を $r\ (r>0)$ とする．この整級数は，$|x-a|<r$ のとき値が定まるから，$x$ の関数である．この関数の微分と積分について次のことが知られている．

---

**【定理 3.11】** 整級数(3.20)の収束半径を $r\ (r>0)$ とし，$|x-a|<r$ をみたす $x$ に対して
$$f(x) = \sum_{n=0}^{\infty} c_n (x-a)^n$$
$$= c_0 + c_1(x-a) + c_2(x-a)^2 + \cdots + c_n(x-a)^n + \cdots$$
とおく．

(1) **項別微分** $|x-a|<r$ のとき
$$f'(x) = \sum_{n=0}^{\infty} (c_n(x-a)^n)'$$
$$= c_1 + 2c_2(x-a) + \cdots + nc_n(x-a)^{n-1} + \cdots$$

(2) **項別積分** $|x-a|<r$ のとき
$$\int_a^x f(t)dt = \sum_{n=0}^{\infty} \int_a^x c_n(t-a)^n dt$$
$$= c_0(x-a) + \frac{c_1}{2}(x-a)^2 + \cdots + \frac{c_n}{n+1}(x-a)^{n+1} + \cdots$$

---

**【例 3.6】** 例 3.5 より
$$\frac{1}{1-x} = 1 + x + x^2 + x^3 + \cdots + x^n + \cdots \quad (|x|<1)$$
両辺を微分して
$$\frac{1}{(1-x)^2} = 1 + 2x + 3x^2 + \cdots + nx^{n-1} + \cdots \quad (|x|<1) \qquad ∎$$

**【例 3.7】** 例 3.5 で $x$ を $-x$ で置き換えると

$$\frac{1}{1+x} = 1 - x + x^2 - x^3 + \cdots + (-1)^n x^n + \cdots \qquad (|x|<1)$$

両辺を積分して

$$\log(1+x) = \int_0^x \frac{1}{1+t} dt$$

$$= \int_0^x 1\, dt - \int_0^x t\, dt + \int_0^x t^2\, dt - \cdots + \int_0^x (-1)^n t^n dt + \cdots$$

$$= x - \frac{x^2}{2} + \frac{x^3}{3} - \cdots + \frac{(-1)^n}{n+1} x^{n+1} + \cdots \qquad (|x|<1) \qquad \blacksquare$$

● **テイラー展開**

前項では，整級数がある区間内で関数を表すことを示した．ここでは，逆に，関数を整級数で表すことを考える．

関数 $f(x)$ は，区間 $(a-\delta, a+\delta)$（ただし $\delta > 0$）で無限回微分可能とする．テイラーの定理（定理 3.9）より，$a-\delta < x < a+\delta$ のとき

$$f(x) = f(a) + \frac{f'(a)}{1!}(x-a) + \frac{f''(a)}{2!}(x-a)^2 + \cdots$$
$$+ \frac{f^{(n)}(a)}{n!}(x-a)^n + R_{n+1}(x) \tag{3.21}$$

ここで

$$R_{n+1}(x) = \frac{f^{(n+1)}(a+\theta(x-a))}{(n+1)!}(x-a)^{n+1} \qquad (0 < \theta < 1)$$

整級数

$$\sum_{n=0}^{\infty} \frac{f^{(n)}(a)}{n!}(x-a)^n = f(a) + \frac{f'(a)}{1!}(x-a) + \frac{f''(a)}{2!}(x-a)^2 + \cdots$$
$$+ \frac{f^{(n)}(a)}{n!}(x-a)^n + \cdots$$

の $n$ 乗までの部分和を $S_n(x)$ とすると

$$S_n(x) = f(a) + \frac{f'(a)}{1!}(x-a) + \frac{f''(a)}{2!}(x-a)^2 + \cdots + \frac{f^{(n)}(a)}{n!}(x-a)^n$$
$$= f(x) - R_{n+1}(x) \qquad (式(3.21) より)$$

である．$a-\delta < x < a+\delta$ なるすべての $x$ について

$$\lim_{n \to \infty} R_{n+1}(x) = 0$$

ならば，部分和からなる数列 $\{S_n(x)\}$ は，区間 $(a-\delta, a+\delta)$ において $f(x)$ に収

束し，次の式が成立する．

$$f(x) = f(a) + \frac{f'(a)}{1!}(x-a) + \frac{f''(a)}{2!}(x-a)^2 + \cdots + \frac{f^{(n)}(a)}{n!}(x-a)^n + \cdots$$

$$= \sum_{n=0}^{\infty} \frac{f^{(n)}(a)}{n!}(x-a)^n \quad (a-\delta < x < a+\delta) \tag{3.22}$$

このとき，$f(x)$ は区間 $(a-\delta, a+\delta)$ で**テイラー展開可能**であるといい，式(3.22)の右辺を関数 $f(x)$ の $x=a$ における**テイラー展開（テイラー級数）**という．

式(3.22)で，$a=0$ である場合

$$f(x) = f(0) + \frac{f'(0)}{1!}x + \frac{f''(0)}{2!}x^2 + \cdots + \frac{f^{(n)}(0)}{n!}x^n + \cdots$$

$$= \sum_{n=0}^{\infty} \frac{f^{(n)}(0)}{n!}x^n \quad (-\delta < x < \delta) \tag{3.23}$$

となり，これを $f(x)$ の**マクローリン展開**（マクローリン級数）という．

次のマクローリン展開が得られる．

---

**【公式 3.1】**

(1) $e^x = 1 + x + \dfrac{x^2}{2!} + \dfrac{x^3}{3!} + \cdots + \dfrac{x^n}{n!} + \cdots \quad (-\infty < x < \infty)$

(2) $\sin x = x - \dfrac{x^3}{3!} + \dfrac{x^5}{5!} - \cdots + (-1)^n \dfrac{x^{2n+1}}{(2n+1)!} + \cdots \quad (-\infty < x < \infty)$

(3) $\cos x = 1 - \dfrac{x^2}{2!} + \dfrac{x^4}{4!} - \cdots + (-1)^n \dfrac{x^{2n}}{(2n)!} + \cdots \quad (-\infty < x < \infty)$

(4) $\log(1+x) = x - \dfrac{x^2}{2} + \dfrac{x^3}{3} - \cdots + \dfrac{(-1)^{n-1}}{n}x^n + \cdots \quad (-1 < x \leq 1)$

(5) **一般の 2 項展開** $\alpha$ を実数とする．

$$(1+x)^\alpha = 1 + \alpha x + \frac{\alpha(\alpha-1)}{2!}x^2 + \frac{\alpha(\alpha-1)(\alpha-2)}{3!}x^3 + \cdots$$

$$+ \frac{\alpha(\alpha-1)\cdots(\alpha-n+1)}{n!}x^n + \cdots \quad (-1 < x < 1)$$

---

[証明] 例題 3.7 の結果において，$\lim\limits_{n\to\infty}$ 剰余項 $= 0$ を示せばよい．

(1) 剰余項は

である．$\theta x \le |x|$ より，
$$0 \le |R_{n+1}(x)| \le e^{|x|}\frac{|x|^{n+1}}{(n+1)!} \quad (-\infty < x < \infty)$$
第 0 章の定理 0.6 より，
$$\lim_{n \to \infty} e^{|x|}\frac{|x|^{n+1}}{(n+1)!} = 0 \quad (-\infty < x < \infty)$$
したがって，$\lim_{n \to \infty}|R_{n+1}(x)| = 0$，ゆえに，$\lim_{n \to \infty}R_{n+1}(x) = 0$

(2) 剰余項は
$$R_{2n+3}(x) = \frac{(-1)^{n+1}\cos(\theta x)}{(2n+3)!}x^{2n+3} \quad (0 < \theta < 1)$$
である．$|\cos(\theta x)| \le 1$ より，
$$0 \le |R_{2n+3}(x)| \le \frac{|x|^{2n+3}}{(2n+3)!} \quad (-\infty < x < \infty)$$
第 0 章の定理 0.6 より，
$$\lim_{n \to \infty}\frac{|x|^{2n+3}}{(2n+3)!} = 0 \quad (-\infty < x < \infty)$$
したがって，$\lim_{n \to \infty}|R_{2n+3}(x)| = 0$，ゆえに，$\lim_{n \to \infty}R_{2n+3}(x) = 0$

(3) (2)と同様である．

別解として，項別微分(定理 3.11 (1))を用いる．(2)の両辺を $x$ で微分して
$$\cos x = (x)' - \left(\frac{1}{3!}x^3\right)' + \left(\frac{1}{5!}x^5\right)' - \cdots + \left((-1)^n\frac{x^{2n+1}}{(2n+1)!}\right)' + \cdots$$
$$= 1 - \frac{1}{2!}x^2 + \frac{1}{4!}x^4 - \cdots + (-1)^n\frac{x^{2n}}{(2n)!} + \cdots \quad (-\infty < x < \infty)$$

(4) 剰余項は
$$R_{n+1}(x) = \frac{(-1)^n x^{n+1}}{(n+1)(1+\theta x)^{n+1}} \quad (0 < \theta < 1)$$
である．$0 \le x \le 1$ のとき，$\dfrac{1}{1+\theta x} \le 1$ に注意して
$$0 \le |R_{n+1}(x)| \le \frac{1}{n+1}$$
したがって，$\lim_{n \to \infty}|R_{n+1}(x)| = 0$．ゆえに，$\lim_{n \to \infty}R_{n+1}(x) = 0$

$-1 < x < 0$ の場合，例 3.7 より(4)が成立する．または，剰余項の別の表し方を用いて，$\lim_{n \to \infty} R_{n+1}(x) = 0$ がわかるが，ここでは説明を省く．

(5) 証明は省く． ■

**問 3.9** 次の関数をマクローリン展開せよ．

(1) $\sqrt[3]{1-x}$   (2) $\dfrac{1}{\sqrt{1-x}}$

公式 3.1 を使うと次のような問題は簡単に解ける．

**【例題 3.10】** 次の関数をマクローリン展開せよ．
(1) $e^{3x}$   (2) $\cos 2x$   (3) $x^2 e^x$

**[解]**

(1) 公式 3.1(1)において $x$ を $3x$ に書きかえると，

$$e^{3x} = 1 + (3x) + \frac{1}{2!}(3x)^2 + \cdots + \frac{1}{n!}(3x)^n + \cdots$$

$$= 1 + 3x + \frac{3^2}{2!}x^2 + \cdots + \frac{3^n}{n!}x^n + \cdots$$

(2) 公式 3.1(3)において $x$ を $2x$ に書きかえると，

$$\cos 2x = 1 - \frac{1}{2!}(2x)^2 + \frac{1}{4!}(2x)^4 - \cdots + (-1)^n \frac{1}{(2n)!}(2x)^{2n} + \cdots$$

$$= 1 - \frac{2^2}{2!} + \frac{2^4}{4!}x^4 - \cdots + (-1)^n \frac{2^n}{(2n)!}x^{2n} + \cdots$$

(3) 公式 3.1(1)に $x^2$ をかければよい．

$$x^2 e^x = x^2 \left( 1 + x + \frac{1}{2!}x^2 + \cdots + \frac{1}{n!}x^n + \cdots \right)$$

$$= x^2 + x^3 + \frac{1}{2!}x^4 + \cdots + \frac{1}{n!}x^{n+2} + \cdots$$

**問 3.10** 次の関数をマクローリン展開せよ．

(1) $\sin 3x$   (2) $\dfrac{1}{1-x^2}$   (3) $x \log(1+x)$

## 章末問題

**問1** 次の $f(x)$, $a$, $b$ について, $\dfrac{f(b)-f(a)}{b-a}=f'(c)$, $a<c<b$ をみたす $c$ を求めよ.

(1) $f(x)=\sin x$, $a=0$, $b=\dfrac{\pi}{2}$

(2) $f(x)=\tan^{-1}x$, $a=\dfrac{1}{\sqrt{3}}$, $b=\sqrt{3}$

**問2** $x>0$ のとき，次の不等式が成り立つことを示せ．

$\cos x > 1 - \dfrac{x^2}{2}$

**問3** 次の関数の増減を調べ極値を求めよ．

(1) $y=(x-3)^2(x-2)$     (2) $y=\dfrac{x+1}{x^2+1}$

(3) $y=\dfrac{x^3+9x^2}{x^2-1}$     (4) $y=\sqrt{x}+\sqrt{1-x}$

(5) $y=x^2-4\tan^{-1}x$     (6) $y=\sin x(1+\cos x)$  ($0<x<2\pi$)

(7) $y=\dfrac{e^x}{x^2}$     (8) $y=\sin x-\cos 2x$  ($0<x<2\pi$)

(9) $y=\sqrt{x^2+x^3}$

**問4** 関数 $y=e^{-x}\sin x$ の極値を求めよ．

**問5** 次の最大問題を解け．

(1) 周の長さが $l>0$ である長方形で，面積が最大となるものを求めよ．

(2) 半径が $r$ の円に内接する長方形で，周の長さが最大となるものを求めよ．

(3) 半径が $r$ の円に内接する2等辺三角形で，面積が最大となるものを求めよ．

**問6** 次の関数の凹凸を調べ変曲点の $x$ 座標を求めよ．

(1) $y=\sin^2 x$     (2) $y=x^2-\sin 2x$     (3) $y=\tan x$

(4) $y=\log(2+\sin x)$     (5) $y=e^x\sin x$

**問7** 関数 $y=(x^2+kx+3)e^x$ が変曲点を持つような，定数 $k$ の範囲を求めよ．

**問8** 次の関数の増減，凹凸を調べてグラフをかけ．

(1) $y=\dfrac{x^3}{x^2+1}$  (2) $y=\sqrt{x}\log x$ $(x>0)$

**問9** 次の不定形の極限値を計算せよ．

(1) $\displaystyle\lim_{x\to 0}\dfrac{x-\sin^{-1}x}{x^3}$  (2) $\displaystyle\lim_{x\to 0}\dfrac{(1+x)^{\frac{1}{3}}-(1-x)^{\frac{1}{3}}}{x}$  (3) $\displaystyle\lim_{x\to 0}\dfrac{\tan x-x}{x^3}$

(4) $\displaystyle\lim_{x\to +0}\dfrac{\log(x+1)}{\sqrt{x}}$  (5) $\displaystyle\lim_{x\to 1}\left(\dfrac{3}{x^3-1}-\dfrac{1}{x-1}\right)$

**問10** 次の値を，絶対誤差 $\dfrac{1}{10000}$ の範囲で求めよ．

(1) $\sqrt{e}$  (2) $\sqrt[3]{1.2}$  (3) $\sin 0.2$  (4) $\log 1.1$

**問11** 次の整級数の収束半径を求めよ．

(1) $\displaystyle\sum_{n=0}^{\infty}\dfrac{(-n)^n}{2^n n!}x^n$  (2) $\displaystyle\sum_{n=0}^{\infty}\dfrac{2^{2n}}{(2n)!}x^n$  (3) $\displaystyle\sum_{n=0}^{\infty}\left(\dfrac{n}{n+1}\right)^{n^2}x^n$

**問12** 次の関数をマクローリン展開せよ．

(1) $\cosh x$  (2) $\sinh x$  (3) $\sin x\cos x$  (4) $\sin^2 x$

(5) $e^x\sin x$  (6) $\dfrac{1}{1+x^2}$

---

【例】 マクローリン展開 $e^x=1+x+\dfrac{x^2}{2!}+\dfrac{x^3}{3!}+\cdots+\dfrac{x^n}{n!}+\cdots$ において，形式的に $x=i\theta$ を代入してみる．ここで $i$ は虚数単位 $i=\sqrt{-1}$ である．

$$e^{i\theta}=1+(i\theta)+\dfrac{(i\theta)^2}{2!}+\dfrac{(i\theta)^3}{3!}+\dfrac{(i\theta)^4}{4!}+\cdots$$

$$=1+(i\theta)+\dfrac{-\theta^2}{2!}+\dfrac{-i\theta^3}{3!}+\dfrac{\theta^4}{4!}+\cdots$$

$$=\left(1-\dfrac{1}{2!}\theta^2+\dfrac{1}{4!}\theta^4-\cdots\right)+i\left(\theta-\dfrac{1}{3!}\theta^3+\dfrac{1}{5!}\theta^5-\cdots\right)$$

右辺はそれぞれ cos, sin のマクローリン展開になっているので

$$e^{i\theta}=\cos\theta+i\sin\theta$$

これを**オイラーの公式**という．

# 第4章
# 積分

　微分の逆演算として不定積分を定める．次に，リーマン和の極限として定積分を定め，定積分は原始関数の値の差であることを明確にする（微積分の基本定理）．微積分の基本定理に基いて，部分積分の公式と置換積分の公式を導く．最後に，広義積分について述べる．さらに次章では積分を使って，色々な図形の面積，体積を求めることを考える．

## 4.1　不定積分

　関数 $f(x)$ に対して，$F'(x) = f(x)$ を満たす関数 $F(x)$ を $f(x)$ の**原始関数**という．

【例 4.1】
(1)　$(x^2 + x)' = 2x + 1$ より $x^2 + x$ は $2x + 1$ の原始関数
(2)　$(\sin x)' = \cos x$ より $\sin x$ は $\cos x$ の原始関数　　　　■

　$f(x)$ の原始関数は 1 つではない．$F(x)$ を $f(x)$ の 1 つの原始関数とする．任意定数 $C$ に対して，$(F(x) + C)' = F'(x) = f(x)$ ゆえ，$F(x) + C$ は $f(x)$ の原始関

数となる．

逆に，$\phi(x)$ を $f(x)$ の原始関数とする．
$$(\phi(x) - F(x))' = \phi'(x) - F'(x) = f(x) - f(x) = 0$$
ゆえ，定理 3.4(3) より，$\phi(x) - F(x) = C$（定数），即ち，$\phi(x) = F(x) + C$．

以上のことより，$f(x)$ の原始関数全体 $= F(x) + C$　　（$C$ は任意定数）．

$f(x)$ の原始関数全体を $\int f(x)dx$ という記号で表し，$f(x)$ の**不定積分**という．まとめると，

---

**【定理 4.1】** $F(x)$ を $f(x)$ の 1 つの原始関数とし，$C$ を任意定数とする．
$$\int f(x)dx = F(x) + C$$
左辺の関数 $f(x)$ を**被積分関数**，右辺の任意定数 $C$ を**積分定数**という．

---

不定積分の定め方より
$$\int f'(x)dx = f(x) + C \quad (\text{$C$ は積分定数}), \qquad \frac{d}{dx}\int f(x)dx = f(x)$$
この式は，微分と積分が互いに逆の演算であることを表している．このことに関連して，4.5 節の定理 4.6 と定理 4.9 を参照せよ．

基本的な関数の不定積分をあげておこう．これらは，右辺の関数の微分が左辺の被積分関数に等しいことから成立する．

---

**【公式 4.1】**

(1) $\int x^\alpha dx = \dfrac{x^{\alpha+1}}{\alpha+1} + C,\ \alpha \neq -1$ 　　(2) $\int \dfrac{1}{x} dx = \log|x| + C$

(3) $\int e^x dx = e^x + C$ 　　(4) $\int \sin x\, dx = -\cos x + C$

(5) $\int \cos x\, dx = \sin x + C$ 　　(6) $\int \dfrac{1}{x^2+1} dx = \tan^{-1} x + C$

(7) $\int \dfrac{1}{\sqrt{1-x^2}} dx = \sin^{-1} x + C$ 　　(8) $\int \dfrac{1}{\sin^2 x} dx = -\cot x + C$

(9) $\int \dfrac{1}{\cos^2 x} dx = \tan x + C$

> **【定理 4.2】 不定積分の基本性質 1**
> (1) $\int \{f(x) \pm g(x)\}dx = \int f(x)dx \pm \int g(x)dx$
> (2) $\int kf(x)dx = k\int f(x)dx \quad (k \neq 0 \text{ は定数})$

[証明] 微分の基本公式（定理 2.2(1)(2)）を用いる．
(1) $f(x)$ の原始関数を $F(x)$ とし，$g(x)$ の原始関数を $G(x)$ とすると，
$$\{F(x) \pm G(x)\}' = F'(x) \pm G'(x) = f(x) \pm g(x)$$
より，$F(x) \pm G(x)$ は $f(x) \pm g(x)$ の原始関数である．したがって，$C_1, C_2$ を任意定数として，

$$\int f(x)dx \pm \int g(x)dx = F(x) + C_1 \pm \{G(x) + C_2\}$$

$(C = C_1 \pm C_2$ とおくと $C$ は任意定数$)$

$$= F(x) \pm G(x) + C = \int \{f(x) \pm g(x)\}dx$$

(2) $f(x)$ の原始関数を $F(x)$ とすると，
$$\{kF(x)\}' = kF'(x) = kf(x)$$
より，$kF(x)$ は $kf(x)$ の原始関数である．したがって，$C_1$ を任意定数として，

$$k\int f(x)dx = k(F(x) + C_1) = kF(x) + kC_1$$

$(C = kC_1$ とおくと $k \neq 0$ より $C$ は任意定数$)$

$$= kF(x) + C = \int kf(x)dx \qquad \blacksquare$$

**注意 4.1** (2)において $k \neq 0$ であることに注意せねばならない．$k = 0$ の場合，左辺 $= C$（任意定数），右辺 $= 0$ となり(2)は成立しない．

**【例題 4.1】** 次の不定積分を求めよ．
(1) $\int (5x^2 + 3x + 7)dx$ \quad (2) $\int (3\sqrt{x} - 2\sqrt[3]{x})dx$

[解] 式中 $C_1, C_2$ は積分定数とする．

(1) $\displaystyle\int(5x^2+3x+7)dx = 5\int x^2\,dx + 3\int x\,dx + 7\int 1\,dx$

$\displaystyle\qquad\qquad\qquad = \frac{5}{3}x^3 + C_1 + \frac{3}{2}x^2 + C_2 + 7x + C_3$

$\displaystyle\qquad\qquad\qquad = \frac{5}{3}x^3 + \frac{3}{2}x^2 + 7x + C$

ここで，$C_1+C_2+C_3$ を $C$ とおいた．

(2) $\displaystyle\int(3\sqrt{x}-2\sqrt[3]{x})dx = 3\int x^{\frac{1}{2}}dx - 2\int x^{\frac{1}{3}}dx$

$\displaystyle\qquad\qquad\qquad = 3\times\frac{2}{3}x^{\frac{3}{2}} + C_1 - 2\times\frac{3}{4}x^{\frac{4}{3}} + C_2$

$\displaystyle\qquad\qquad\qquad = 2x\sqrt{x} - \frac{3}{2}x\sqrt[3]{x} + C$

ここで，$C_1+C_2$ を $C$ とおいた． ∎

**問 4.1** 次の不定積分を求めよ．

(1) $\displaystyle\int(3\sin x - 4\cos x)dx$  (2) $\displaystyle\int\left(\frac{1}{\sqrt{x}} - 2\sqrt{x}\right)dx$

---

**【定理 4.3】 不定積分の基本性質 2**

(3) $F(x)$ を $f(x)$ の 1 つの原始関数とすると
$$\int f(ax+b)dx = \frac{1}{a}F(ax+b) + C$$

(4) $\displaystyle\int\frac{f'(x)}{f(x)}dx = \log|f(x)| + C$

---

[証明] どちらも右辺を合成関数の微分公式（定理 2.3）を使って微分して，左辺に等しいことを証明すればよい．

(1) $y=F(ax+b)$ とおくと $y'=aF'(ax+b)=af(ax+b)$

(2) $y=\log|f(x)|$ とおくと $y'=\dfrac{1}{f(x)}\cdot f'(x)=\dfrac{f'(x)}{f(x)}$ ∎

定理 4.3 (3) より公式 4.1 (6), (7) の応用形として次がわかる．

【公式 4.2】 $a > 0$ とする．

(6') $\displaystyle\int \frac{1}{x^2 + a^2} dx = \frac{1}{a} \tan^{-1}\left(\frac{x}{a}\right) + C$    (7') $\displaystyle\int \frac{1}{\sqrt{a^2 - x^2}} dx = \sin^{-1}\left(\frac{x}{a}\right) + C$

【例題 4.2】 次の不定積分を求めよ．

(1) $\displaystyle\int \cos(2x+3) dx$    (2) $\displaystyle\int \sqrt{5x-4}\, dx$

[解]

(1) $\displaystyle\int \cos x\, dx = \sin x + C$ だから

$$\int \cos(2x+3)\, dx = \frac{1}{2}\sin(2x+3) + C$$

(2) $\displaystyle\int \sqrt{x}\, dx = \int x^{\frac{1}{2}} dx = \frac{2}{3}x^{\frac{3}{2}} = \frac{2}{3}x\sqrt{x} + C$ だから

$$\int \sqrt{5x-4}\, dx = \frac{1}{5}\cdot\frac{2}{3}(5x-4)\sqrt{5x-4} + C$$
$$= \frac{2}{15}(5x-4)\sqrt{5x-4} + C$$

次のように解答すると良い．

$$\int \sqrt{5x-4}\, dx = \int (5x-4)^{\frac{1}{2}} dx$$
$$= \frac{1}{5}\cdot\frac{2}{3}(5x-4)^{\frac{3}{2}} + C = \frac{2}{15}(5x-4)\sqrt{5x-4} + C \quad\blacksquare$$

問 4.2 次の不定積分を求めよ．

(1) $\displaystyle\int e^{2x} dx$    (2) $\displaystyle\int \frac{1}{3x+1} dx$    (3) $\displaystyle\int \frac{1}{\sqrt{6x+7}} dx$

【例題 4.3】 次の不定積分を求めよ．

(1) $\displaystyle\int \frac{1}{x^2 + 9} dx$    (2) $\displaystyle\int \frac{1}{\sqrt{2 - x^2}} dx$

[解]

(1) $\displaystyle\int \frac{1}{x^2 + 9} dx = \int \frac{1}{x^2 + 3^2} dx = \frac{1}{3}\tan^{-1}\frac{x}{3} + C$

(2) $\displaystyle\int\frac{1}{\sqrt{2-x^2}}\,dx = \int\frac{1}{\sqrt{(\sqrt{2})^2-x^2}}\,dx = \sin^{-1}\frac{x}{\sqrt{2}} + C$ ∎

**問 4.3** 次の不定積分を求めよ．

(1) $\displaystyle\int\frac{1}{x^2+2}\,dx$　　(2) $\displaystyle\int\frac{1}{\sqrt{5-x^2}}\,dx$

**【例題 4.4】** 次の不定積分を求めよ．

(1) $\displaystyle\int\frac{2x+5}{x^2+5x+3}\,dx$　　(2) $\displaystyle\int\tan x\,dx$

[解] どちらも定理 4.3 (4) の応用である．

(1) $\displaystyle\int\frac{2x+5}{x^2+5x+3}\,dx = \int\frac{(x^2+5x+3)'}{x^2+5x+3}\,dx = \log|x^2+5x+3| + C$

(2) $\displaystyle\int\tan x\,dx = \int\frac{\sin x}{\cos x}\,dx = -\int\frac{(\cos x)'}{\cos x}\,dx = -\log|\cos x| + C$ ∎

**問 4.4** 次の不定積分を求めよ．

(1) $\displaystyle\int\frac{2x}{x^2+1}\,dx$　　(2) $\displaystyle\int\frac{\cos x}{\sin x}\,dx$

**【例題 4.5】** 次の不定積分を求めよ．

(1) $\displaystyle\int\frac{x^2}{x^2+1}\,dx$　　(2) $\displaystyle\int\sin^2 x\,dx$

[解] 式中 $C_1$，$C_2$ は積分定数とする．

(1) $\dfrac{x^2}{x^2+1} = 1 - \dfrac{1}{x^2+1}$ より

$$\int\frac{x^2}{x^2+1}\,dx = \int\left(1 - \frac{1}{x^2+1}\right)dx = \int 1\,dx - \int\frac{1}{x^2+1}\,dx$$

$$= (x + C_1) - (\tan^{-1} x + C_2)$$

$$= x - \tan^{-1} x + C$$

ここで，$C_1 - C_2$ を $C$ とおいた．

(2) $\sin^2 x = \dfrac{1-\cos 2x}{2}$ より

$$\int \sin^2 x\, dx = \int \dfrac{1-\cos 2x}{2} = \dfrac{1}{2}\left\{\int 1\,dx - \int \cos 2x\, dx\right\}$$
$$= \dfrac{1}{2}\left\{x + C_1 - \left(\dfrac{1}{2}\sin 2x + C_2\right)\right\}$$
$$= \dfrac{x}{2} - \dfrac{\sin 2x}{4} + C$$

ここで，$\dfrac{1}{2}(C_1 - C_2)$ を $C$ とおいた．

以下のセクションでは，さらに複雑な関数の不定積分の計算をするための重要な方法である部分積分と置換積分について学ぶ．

## 4.2 部分積分

この節では，部分積分の原理と計算法について説明する．部分積分を使う典型的な例は $\int xe^x dx$，$\int x\sin x\, dx$，… のような問題である．$\int e^x dx$，$\int \sin x\, dx$ は公式から求まることに注意しよう．

---

**公式 4.3 （部分積分）**

$$\int f'(x)g(x)dx = f(x)g(x) - \int f(x)g'(x)dx$$
$$\int f(x)g'(x)dx = f(x)g(x) - \int f'(x)g(x)dx$$

---

［証明］　まず，最初の式を示す．$f'(x)g(x) = \{f(x)g(x)\}' - f(x)g'(x)$ の両辺の不定積分をとると，

$$\int f'(x)g(x)dx = \int \{f(x)g(x)\}'dx - \int f(x)g'(x)dx$$
$$= f(x)g(x) - \int f(x)g'(x)dx$$

2番目の式は，$f(x)g'(x) = \{f(x)g(x)\}' - f'(x)g(x)$ より，同様に導かれる． ∎

**【例題 4.6】** 次の不定積分を求めよ．
(1) $\int xe^x dx$ (2) $\int x\cos x\, dx$ (3) $\int x(x-1)^4 dx$

［解］
(1) $\int xe^x dx = \int x(e^x)' dx = xe^x - \int (x)' e^x dx$
$= xe^x - \int e^x dx = xe^x - e^x + C$

(2) $\int x\cos x\, dx = \int x(\sin x)' dx = x\sin x - \int (x)' \sin x\, dx$
$= x\sin x - \int \sin x\, dx = x\sin x - (-\cos x) + C$
$= x\sin x + \cos x + C$

(3) $\int x(x-1)^4 dx = \int x\left(\frac{1}{5}(x-1)^5\right)' dx$
$= x \cdot \frac{1}{5}(x-1)^5 - \int (x)' \cdot \frac{1}{5}(x-1)^5 dx$
$= \frac{1}{5}x(x-1)^5 - \frac{1}{5}\int (x-1)^5 dx$
$= \frac{1}{5}x(x-1)^5 - \frac{1}{5} \cdot \frac{1}{6}(x-1)^6 + C$
$= \frac{1}{5}x(x-1)^5 - \frac{1}{30}(x-1)^6 + C$ ∎

**問 4.5** 次の不定積分を求めよ．
(1) $\int x\sin x\, dx$ (2) $\int x(x+1)^5 dx$

**【例題 4.7】** 次の不定積分を求めよ．
(1) $\int x^2 e^x dx$ (2) $\int x^2(x+1)^3 dx$ (3) $\int e^x \sin x\, dx$

［解］これらの問題は部分積分を2回行うというアイデアを使う．
(1) $\int x^2 e^x dx = \int x^2 (e^x)' dx = x^2 e^x - \int (x^2)' e^x dx$

$$=x^2e^x-2\int xe^x dx \quad (もう一度部分積分を行う)$$
$$=x^2e^x-2\int x(e^x)' dx = x^2e^x-2\left(xe^x-\int e^x dx\right)$$
$$=x^2e^x-2(xe^x-e^x+C)=x^2e^x-2xe^x+2e^x+C$$

ここで $-2C$ を改めて $C$ とおいた．

(2) $\displaystyle\int x^2(x+1)^3 dx = \int x^2\left(\frac{1}{4}(x+1)^4\right)' dx$
$$=x^2\cdot\frac{1}{4}(x+1)^4-\int 2x\cdot\frac{1}{4}(x+1)^4 dx$$
$$=\frac{1}{4}x^2(x+1)^4-\frac{1}{2}\int x(x+1)^4 dx$$
$$=\frac{1}{4}x^2(x+1)^4-\frac{1}{2}\int x\left(\frac{1}{5}(x+1)^5\right)' dx$$
$$=\frac{1}{4}x^2(x+1)^4-\frac{1}{2}\left\{x\cdot\frac{1}{5}(x+1)^5-\int(x)'\cdot\frac{1}{5}(x+1)^5 dx\right\}$$
$$=\frac{1}{4}x^2(x+1)^4-\frac{1}{10}x(x+1)^5+\frac{1}{10}\int(x+1)^5 dx$$
$$=\frac{1}{4}x^2(x+1)^4-\frac{1}{10}x(x+1)^5+\frac{1}{60}(x+1)^6+C$$

(3) $I=\displaystyle\int e^x\sin x\, dx$ とおく．
$$I=\int(e^x)'\sin x\, dx$$
$$=e^x\sin x-\int e^x\cos x\, dx = e^x\sin x-\int(e^x)'\cos x\, dx$$
$$=e^x\sin x-\left\{e^x\cos x-\int e^x(-\sin x)dx\right\}$$
$$=e^x\sin x-e^x\cos x-I$$

以上より，$I=e^x\sin x-e^x\cos x-I$．この式の両辺に $I$ を加えて
$$2I=e^x\sin x-e^x\cos x+I-I$$
$$=e^x\sin x-e^x\cos x+C$$

ゆえに，$I=\dfrac{1}{2}e^x(\sin x-\cos x)+C$．ここで，$\dfrac{C}{2}$ を改めて $C$ とおいた．■

**注意 4.1** 上の例からわかるように，不定積分を移項する場合は，その後に積分定

数 $C$ を足しておかねばならない．■

**問 4.6** 次の不定積分を求めよ．

(1) $\int x^2 \sin x \, dx$ (2) $\int x^2 \cos x \, dx$ (3) $\int x^2(x+1)^4 dx$

(4) $\int e^x \cos x \, dx$

**【例題 4.8】** 次の不定積分を求めよ．

(1) $\int \log x \, dx$ (2) $\int (\log x)^2 dx$ (3) $\int x \log x \, dx$

［解］
(1) ここで使う $1 = (x)'$ というアイデアはとても重要である．

$$\int \log x \, dx = \int (x)' \log x \, dx = x \log x - \int x (\log x)' dx$$
$$= x \log x - \int x \cdot \frac{1}{x} dx = x \log x - x + C$$

(2) $\int (\log x)^2 dx = \int (x)' (\log x)^2 dx$

$$= x(\log x)^2 - \int x \{(\log x)^2\}' dx = x(\log x)^2 - \int x \cdot \frac{2 \log x}{x} dx$$
$$= x(\log x)^2 - 2 \int \log x \, dx \quad （ここで(1)を用いる）$$
$$= x(\log x)^2 - 2(x \log x - x + C) = x(\log x)^2 - 2x \log x + 2x + C$$

(3) $\int x \log x \, dx = \int \left(\frac{x^2}{2}\right)' \log x \, dx = \frac{x^2}{2} \log x - \int \frac{x^2}{2} (\log x)' dx$

$$= \frac{x^2}{2} \log x - \int \frac{x^2}{2} \cdot \frac{1}{x} dx = \frac{x^2}{2} \log x - \frac{x^2}{4} + C$$

**問 4.7** 次の関数の不定積分を求めよ．

(1) $\int (\log x)^3 dx$ (2) $\int x^2 \log x \, dx$

## 4.3 置換積分

この節では，置換積分の原理と計算法について説明する．置換積分を使う典型的な例は $\int (x^2+1)^{10} \cdot x\, dx$ のような問題である．次のような方法で解く．

1. 複雑な式の括弧の中を $t$ とおく．$x^2+1=t$．
2. 両辺を $x$ で微分する．　$2x = \dfrac{dt}{dx}$
3. $dx$ を $dt$ に直す．　$x\, dx = \dfrac{1}{2} dt$．
4. $t$ について積分し，最後に $x$ に直す．

$$\int (x^2+1)^{10} \cdot x\, dx = \int t^{10} \cdot \frac{1}{2} dt = \frac{1}{2} \cdot \frac{1}{11} t^{11} + C = \frac{1}{22}(x^2+1)^{11} + C \quad \blacksquare$$

以上をまとめると次のようになる．

---

**公式 4.4（置換積分）** $F(x)$ を $f(x)$ の 1 つの原始関数とする．
$$\int f(\phi(x))\phi'(x)\, dx = F(\phi(x)) + C$$

---

[証明]

右辺を合成関数の微分公式（定理 2.3）を使って微分して，左辺に等しいことを証明すればよい．$y = F(\phi(x))$ とおくと，$y' = F'(\phi(x))\phi'(x) = f(\phi(x))\phi'(x)$ $\blacksquare$

【例題 4.9】 次の不定積分を求めよ．

(1) $\displaystyle\int x^2 (x^3+7)^4\, dx$ 　　(2) $\displaystyle\int \sin^3 x \cdot \cos x\, dx$

[解]

(1) $x^3+7 = t$ とおく．$3x^2 = \dfrac{dt}{dx}$ だから $x^2 dx = \dfrac{1}{3} dt$．ゆえに

$$\int x^2 (x^3+7)^4\, dx = \int t^4 \cdot \frac{1}{3} dt = \frac{1}{3} \cdot \frac{1}{5} t^5 + C = \frac{1}{15}(x^3+7)^5 + C$$

(2) $\sin x = t$ とおく．$\cos x = \dfrac{dt}{dx}$ だから $\cos dx = dt$．ゆえに

$$\int \sin^3 x \cdot \cos x\, dx = \int t^3 dt = \frac{1}{4}t^4 + C = \frac{1}{4}\sin^4 x + C \qquad\blacksquare$$

**問 4.8** 次の不定積分を求めよ．

(1) $\displaystyle\int x^3(x^4+2)^5\, dx$  (2) $\displaystyle\int \cos^5 x \cdot \sin x\, dx$  (3) $\displaystyle\int x e^{x^2}\, dx$

**【例題 4.10】** 次の不定積分を求めよ．

(1) $\displaystyle\int \frac{x}{\sqrt{1+x}}\, dx$  (2) $\displaystyle\int \sin^3 x\, dx$

[解]

(1) $1+x=t$ とおく．$1 = \dfrac{dt}{dx}$ だから $dx = dt$．さらに $x = t-1$ だから

$$\int \frac{x}{\sqrt{1+x}}\, dx = \int \frac{t-1}{\sqrt{t}}\, dx = \int \left(t^{\frac{1}{2}} - t^{-\frac{1}{2}}\right) dt = \frac{2}{3}t^{\frac{3}{2}} - 2t^{\frac{1}{2}} + C$$

$$= \frac{2}{3}(1+x)^{\frac{3}{2}} - 2(1+x)^{\frac{1}{2}} + C = \frac{2}{3}(1+x)\sqrt{1+x} - 2\sqrt{1+x} + C$$

(2) $\displaystyle\int \sin^3 x\, dx = \int \sin^2 x \cdot \sin x\, dx = \int (1-\cos^2 x)\sin x\, dx$．ここで $\cos x = t$ とおく．$-\sin x = \dfrac{dt}{dx}$ だから $\sin x\, dx = -dt$．ゆえに

$$\int \sin^3 x\, dx = \int (1-t^2)\cdot(-1)\, dt = -\left(t - \frac{1}{3}t^3\right) + C$$

$$= -\cos x + \frac{1}{3}\cos^3 x + C \qquad\blacksquare$$

**問 4.9** 次の不定積分を求めよ．

(1) $\displaystyle\int \frac{x}{\sqrt{1-x}}\, dx$  (2) $\displaystyle\int \cos^3 x\, dx$  (3) $\displaystyle\int \sin^5 x\, dx$

**【例題 4.11】** $\displaystyle\int \frac{x^2}{\sqrt{1-x^6}}\, dx$ を求めよ．

[解]

$1-x^6=t$ とおくのではうまくいかないことに注意する. "$=t$" とおいた後に $\dfrac{dt}{dx}$ がどうなるかまで考える.

$1-x^6=1-(x^3)^2$ と考えて $x^3=t$ とおく. $3x^2=\dfrac{dt}{dx}$ だから $x^2dx=\dfrac{1}{3}dt$.

ゆえに
$$\int \frac{x^2}{\sqrt{1-x^6}}dx=\int\frac{1}{\sqrt{1-t^2}}\cdot\frac{1}{3}dt=\frac{1}{3}\sin^{-1}t+C=\frac{1}{3}\sin^{-1}(x^3)+C \qquad \blacksquare$$

**問 4.10** $\displaystyle\int\frac{x}{x^4+1}dx$ を求めよ.

**【例題 4.12】** 次の不定積分を求めよ.

(1) $\displaystyle\int\frac{e^{2x}}{e^x+1}dx$    (2) $\displaystyle\int\frac{1}{(x+1)\sqrt{x}}dx$

[解]

(1) $e^{2x}=e^x\cdot e^x$ に注意する. $e^x=t$ とおく. $e^x=\dfrac{dt}{dx}$ だから $e^x dx=dt$.

ゆえに
$$\int\frac{e^{2x}}{e^x+1}dx=\int\frac{e^x\cdot e^x}{e^x+1}dx=\int\frac{t}{t+1}dt=\int\left(1-\frac{1}{t+1}\right)dt$$
$$=t-\log|t+1|+C=e^x-\log|e^x+1|+C$$
$$=e^x-\log(e^x+1)+C \qquad \blacksquare$$

(2) $\sqrt{x}=t$ とおく. $x^{\frac{1}{2}}=t$ より $\dfrac{1}{2}x^{-\frac{1}{2}}=\dfrac{dt}{dx}$. よって $dx=2x^{\frac{1}{2}}dt=2t\,dt$.

この置換はとても重要である. したがって
$$\int\frac{1}{(x+1)\sqrt{x}}dx=\int\frac{1}{(t^2+1)t}\cdot 2t\,dt=\int\frac{2}{t^2+1}dt$$
$$=2\tan^{-1}t+C=2\tan^{-1}\sqrt{x}+C \qquad \blacksquare$$

**問 4.11** 次の不定積分を求めよ.

(1) $\displaystyle\int\frac{e^x(e^x-1)}{e^x+1}dx$    (2) $\displaystyle\int\frac{1}{\sqrt{x}+1}dx$

次の例題は今までとは違う置換の仕方をする．基本のアイデアは円のパラメータ表示（§2.6）である．

**【例題 4.13】** $a>0$ とする．$\int \sqrt{a^2-x^2}\,dx$ を求めよ．

［解］ $x=a\sin t$ とおく．$\dfrac{dx}{dt}=a\cos t$ だから $dx=a\cos t\,dt$．
また $\sqrt{a^2-x^2}=\sqrt{a^2-a^2\sin^2 t}=\sqrt{a^2(1-\sin^2 t)}=a\cos t$ だから

$$\int \sqrt{a^2-x^2}\,dx = \int a\cos t\cdot a\cos t\,dt$$
$$= a^2\int \cos^2 t\,dt = a^2\int \dfrac{\cos 2t+1}{2}\,dt = \dfrac{a^2}{4}(\sin 2t+2t)+C$$

得られた式は $t$ の式であるから，これを $x$ の式で表す．

$x=a\sin t$ より，$\sin 2t=2\sin t\cos t=2\sin t\sqrt{1-\sin^2 t}=\dfrac{2x}{a}\sqrt{1-\left(\dfrac{x}{a}\right)^2}$

また，$t=\sin^{-1}\left(\dfrac{x}{a}\right)$．ゆえに，$\int \sqrt{a^2-x^2}\,dx=\dfrac{1}{2}\left(x\sqrt{a^2-x^2}+a^2\sin^{-1}\left(\dfrac{x}{a}\right)\right)+C$ ∎

**問 4.12** 上の例題を $x=a\cos t$ とおいて解け．

部分積分と置換積分を併用して積分を計算する例として逆関数の不定積分を求めてみよう．

**【例題 4.14】** $\int \sin^{-1}x\,dx$ を求めよ．

［解］ 2 通りの方法で解いてみよう．

(1) $\sin^{-1}x=t$ とおく．$x=\sin t$，$\dfrac{dx}{dt}=\cos t$，$dx=\cos t\,dt$ より

$$\int \sin^{-1}x\,dx = \int t\cos t\,dt = \int t(\sin t)'\,dt$$
$$= t\sin t - \int \sin t\,dt = t\sin t+\cos t+C$$

$\cos t=\sqrt{1-\sin^2 t}=\sqrt{1-x^2}$ だから

$$\int \sin^{-1}x\,dx = x\sin^{-1}x+\sqrt{1-x^2}+C$$

(2)
$$\int \sin^{-1} x \, dx = \int (x)' \sin^{-1} x \, dx = x \sin^{-1} x - \int x (\sin^{-1} x)' \, dx$$
$$= x \sin^{-1} x - \int \frac{x}{\sqrt{1-x^2}} \, dx \cdots (*)$$

後半の積分において $1-x^2=t$ とおく．$-2x = \dfrac{dt}{dx}$ だから $x \, dx = -\dfrac{1}{2} dt$．

$$\int \frac{x}{\sqrt{1-x^2}} \, dx = -\frac{1}{2} \int \frac{1}{\sqrt{t}} \, dt = -\frac{1}{2} \int t^{-\frac{1}{2}} \, dt$$
$$= -t^{\frac{1}{2}} + C = -\sqrt{1-x^2} + C$$

$(*)$ と合わせて $\int \sin^{-1} x \, dx = x \sin^{-1} x + \sqrt{1-x^2} + C$ ∎

**問 4.13** 次の不定積分を求めよ．

(1) $\int \cos^{-1} x \, dx$     (2) $\int \tan^{-1} x \, dx$

## 4.4 初等関数の不定積分

この節では，初等関数の不定積分の計算法を説明する．この節を通して，積分定数は省略する．

### ● 有理関数の不定積分

$P(x)$，$Q(x)$ が多項式であるとき，$\dfrac{Q(x)}{P(x)}$ を有理関数（分数関数）という．ここでは，$P(x)$，$Q(x)$ の係数にすべて実数であるものとする．

まず $\int \dfrac{1}{ax^2+bx+c} \, dx$ のタイプの不定積分ができるようになることを目標とする．今後の計算において必要となる基本的な不定積分を復習しておこう．

**公式**
$$\int \frac{1}{ax+b} \, dx = \frac{1}{a} \log |ax+b| \qquad \int \frac{1}{x^2} \, dx = -\frac{1}{x}$$

$$\int \frac{1}{x^2+a^2}\,dx = \frac{1}{a}\tan^{-1}\frac{x}{a} \qquad \int \frac{2x}{x^2+1}\,dx = \log(x^2+1)$$

すなわち分母が一次式の場合はすでに解けている．したがって問題は分母が二次式の場合である．

### Ⅰ．分母が因数分解できる二次式の場合

【例題 4.15】 以下の等式が成り立つような定数 $A, B$ を求めよ．
$$\frac{1}{(x+2)(x+3)} = \frac{A}{x+2} + \frac{B}{x+3}$$

［解］ 右辺を通分すると
$$\frac{A(x+3)+B(x+2)}{(x+2)(x+3)} = \frac{(A+B)x+(3A+2B)}{(x+2)(x+3)}$$

左辺と等しくなるのは，連立方程式 $A+B=0$, $3A+2B=1$ を解いて $A=1$, $B=-1$．したがって
$$\frac{1}{(x+2)(x+3)} = \frac{1}{x+2} + \frac{-1}{x+3}$$

このような計算を**部分分数展開**という． ∎

【例題 4.16】 次の有理関数を部分分数展開せよ．
$$\frac{x+10}{x^2+5x+4}$$

［解］ $A, B$ を未定係数として
$$\frac{x+10}{x^2+5x+4} = \frac{x+10}{(x+1)(x+4)} = \frac{A}{x+1} + \frac{B}{x+4}$$

とおく．$x+10 = A(x+4)+B(x+1) = (A+B)x+(4A+B)$ より，連立方程式 $A+B=1$, $4A+B=10$ を解いて $A=3$, $B=-2$．ゆえに
$$\frac{x+10}{x^2+5x+4} = \frac{3}{x+1} + \frac{-2}{x+4}$$
∎

**問 4.14** 次の有理関数を部分分数展開せよ．

(1) $\dfrac{2x+5}{x^2-x-2}$    (2) $\dfrac{1}{x^2-4}$

**【例題 4.17】** 次の不定積分を求めよ．

(1) $\dfrac{1}{(x+2)(x+3)}$   (2) $\dfrac{x+10}{x^2+5x+4}$

［解］ どちらも前例題の部分分数展開の結果を使う．

(1)
$$\int \frac{1}{(x+2)(x+3)}\,dx = \int \left(\frac{1}{x+2} - \frac{1}{x+3}\right)\,dx$$
$$= \log|x+2| - \log|x+3|$$

(2)
$$\int \frac{x+10}{x^2+5x+4}\,dx = \int \left(\frac{3}{x+1} + \frac{-2}{x+4}\right)\,dx$$
$$= 3\log|x+1| - 2\log|x+4|$$
∎

**問 4.15** 次の不定積分を求めよ．

(1) $\displaystyle\int \frac{3x+4}{x^2+x-6}\,dx$    (2) $\displaystyle\int \frac{1}{x^2-1}\,dx$

### Ⅱ．分母が因数分解できない二次式の場合

**【例題 4.18】** 次の不定積分を求めよ．

(1) $\displaystyle\int \frac{1}{x^2+2x+5}\,dx$   (2) $\displaystyle\int \frac{2x+6}{x^2+2x+5}\,dx$

［解］

(1)
$$\int \frac{1}{x^2+2x+5}\,dx = \int \frac{1}{(x+1)^2+4}\,dx = \frac{1}{2}\tan^{-1}\left(\frac{x+1}{2}\right)$$

(2)
$$\int \frac{2x+6}{x^2+2x+5}\,dx = \int \left(\frac{2x+2}{x^2+2x+5} + \frac{4}{x^2+2x+5}\right)dx$$
$$= \int \left(\frac{(x^2+2x+5)'}{x^2+2x+5} + \frac{4}{(x+1)^2+4}\right)dx$$

$$=\log|x^2+2x+5| + 2\tan^{-1}\left(\frac{x+1}{2}\right)$$

$$=\log(x^2+2x+5) + 2\tan^{-1}\left(\frac{x+1}{2}\right) \quad ■$$

**問 4.16** 次の不定積分を求めよ．

(1) $\displaystyle\int \frac{1}{x^2+4x+7}dx$     (2) $\displaystyle\int \frac{2x-5}{x^2-6x+11}dx$

● **無理関数の不定積分**

根号 $\sqrt{\phantom{a}}$ のある式の積分の計算方法のうち代表的なものを学ぼう．

Ⅰ．(有理関数)$\times\sqrt{ax+b}$ および (有理関数)$\times\dfrac{1}{\sqrt{ax+b}}$ の積分

$\sqrt{ax+b}=t$ とおくと，$t$ の有理式の積分に帰着できる．

【例題 4.19】 次の不定積分を求めよ．

(1) $\displaystyle\int \frac{1}{x\sqrt{x+1}}dx$     (2) $\displaystyle\int \frac{\sqrt{x+2}}{x+1}dx$

［解］

(1) $\sqrt{x+1}=t$ とおくと，$x+1=t^2$ より $x=t^2-1$ だから $\dfrac{dx}{dt}=2t$．ゆえに

$$\int \frac{1}{x\sqrt{x+1}}dx = \int \frac{2t}{(t^2-1)t}dt = \int \frac{2}{t^2-1}dt$$

$$= \int \left(\frac{1}{t+1} + \frac{1}{t-1}\right)dt = \log\left|\frac{t-1}{t+1}\right| = \log\left|\frac{\sqrt{x+1}-1}{\sqrt{x+1}+1}\right|$$

(2) $\sqrt{x+2}=t$ とおくと，$x+2=t^2$ より $x=t^2-2$ だから $\dfrac{dx}{dt}=2t$．ゆえに

$$\int \frac{\sqrt{x+2}}{x+1}dx = \int \frac{t}{t^2-1}\cdot 2t\, dt = \int \frac{2t^2}{t^2-1}dt$$

$$= \int \left(2+\frac{2}{t^2-1}\right)dt = \int \left(2+\frac{-1}{t+1}+\frac{1}{t-1}\right)dt$$

$$= 2t + \log\left|\frac{t-1}{t+1}\right| + C = 2\sqrt{x+2} + \log\left|\frac{\sqrt{x+2}-1}{\sqrt{x+2}+1}\right| + C \quad \blacksquare$$

**問 4.17** 次の不定積分を求めよ．

(1) $\displaystyle\int \frac{1}{x\sqrt{1-x}} dx$ 　　(2) $\displaystyle\int \frac{\sqrt{x+1}}{x} dx$

**II．$\sqrt{x^2+bx+c}$ が入った式**

$\sqrt{x^2+bx+c}+x=t$ とおく．

**【例題 4.20】** $\displaystyle\int \frac{1}{\sqrt{x^2+1}} dx$ を求めよ．

[解] $\sqrt{x^2+1}+x=t$ とおく．$\sqrt{x^2+1}=t-x$ だから両辺を 2 乗して $x^2+1=t^2-2tx+x^2$．したがって，$x=\dfrac{t^2-1}{2t}$，$\sqrt{x^2+1}=t-\dfrac{t^2-1}{2t}=\dfrac{t^2+1}{2t}$，$\dfrac{dx}{dt}=\dfrac{t^2+1}{2t^2}$ より，

$$\int \frac{1}{\sqrt{x^2+1}} dx = \int \frac{1}{\frac{t^2+1}{2t}} \cdot \frac{t^2+1}{2t^2} dt$$

$$= \int \frac{1}{t} dt = \log|t| = \log|x+\sqrt{x^2+1}| = \log(x+\sqrt{x^2+1}) \quad \blacksquare$$

**問 4.18** 次の不定積分を求めよ．

(1) $\displaystyle\int \frac{1}{\sqrt{x^2+4}} dx$ 　　(2) $\displaystyle\int \sqrt{x^2+1}\, dx$

● **三角関数の不定積分**

$R(u, v)$ が $u$，$v$ の有理関数であるとき，$R(\sin x, \cos x)$ の不定積分は，$\tan\dfrac{x}{2}=t$ とおいて置換積分することにより有理関数の不定積分に帰着させる．このとき，

$$\sin x = \frac{2t}{1+t^2}, \qquad \cos x = \frac{1-t^2}{1+t^2}, \qquad \frac{dx}{dt} = \frac{2}{1+t^2}$$

上の関係式は，以下のようにして出す．

$$\sin x = 2\sin\frac{x}{2}\cos\frac{x}{2} = 2\tan\frac{x}{2}\cos^2\frac{x}{2} = \frac{2\tan\frac{x}{2}}{1+\tan^2\frac{x}{2}} = \frac{2t}{1+t^2}$$

$$\cos x = 2\cos^2\frac{x}{2} - 1 = \frac{2}{1+\tan^2\frac{x}{2}} - 1 = \frac{2}{1+t^2} - 1 = \frac{1-t^2}{1+t^2}$$

$$\frac{x}{2} = \tan^{-1} t \quad より \quad \frac{dx}{dt} = \frac{2}{1+t^2}$$

**注意 4.2** $R(\sin x, \cos x)$ が周期 $\pi$ の周期関数の場合は，$\tan x = t$ とおいて置換積分するとよい．

【例題 4.21】 次の不定積分を求めよ．

(1) $\displaystyle\int \frac{1}{\sin x} dx$ 　　(2) $\displaystyle\int \frac{1}{1+\cos^2 x} dx$

［解］

(1) $\tan\dfrac{x}{2} = t$ とおくと，$\sin x = \dfrac{2t}{1+t^2}$，$\dfrac{dx}{dt} = \dfrac{2}{1+t^2}$ より

$$\int \frac{1}{\sin x} dx = \int \frac{1+t^2}{2t} \cdot \frac{2}{1+t^2} dt = \int \frac{1}{t} dt$$
$$= \log|t| = \log\left|\tan\frac{x}{2}\right|$$

(2) $\tan x = t$ とおく．$\cos^2 x = \dfrac{1}{1+\tan^2 x} = \dfrac{1}{1+t^2}$，また，$x = \tan^{-1} t$ より $\dfrac{dx}{dt} = \dfrac{1}{1+t^2}$．ゆえに

$$\int \frac{1}{1+\cos^2 x} dx = \int \frac{1}{1+\dfrac{1}{1+t^2}} \cdot \frac{1}{1+t^2} dt = \int \frac{1}{2+t^2} dt$$
$$= \frac{1}{\sqrt{2}} \tan^{-1}\frac{t}{\sqrt{2}} = \frac{1}{\sqrt{2}} \tan^{-1}\left(\frac{\tan x}{\sqrt{2}}\right) \qquad \blacksquare$$

**問 4.19** 次の不定積分を求めよ．

(1) $\displaystyle\int \frac{1}{\cos x}dx$ 　　(2) $\displaystyle\int \frac{1}{1+\sin^2 x}dx$

## 4.5　定積分

関数 $f(x)$ は，閉区間 $[a, b]$ で定義されているとする．$[a, b]$ を分割し，分点を $a = x_0 < x_1 < x_2 < \cdots < x_{i-1} < x_i < \cdots < x_n = b$ とする．各小区間 $[x_{i-1}, x_i]$ $(i = 1, 2, \cdots, n)$ 内に，任意の点 $\xi_i$ を取り，次の和（**リーマン和**）を考える．

$$f(\xi_1)(x_1 - x_0) + f(\xi_2)(x_2 - x_1) + \cdots + f(\xi_n)(x_n - x_{n-1}) = \sum_{i=1}^{n} f(\xi_i) \Delta x_i$$

ここで，$\Delta x_i = x_i - x_{i-1}$ $(i = 1, 2, \cdots, n)$（図 4.1 参照）．

$\Delta x$ を $\Delta x_1, \Delta x_2, \cdots, \Delta x_n$ の最大値とする，すなわち，$\Delta x$ は**分割の最大幅**とする．区間 $[a, b]$ の分割を限りなく細かくしたときの極限値

$$\lim_{\Delta x \to 0} \sum_{i=1}^{n} f(\xi_i) \Delta x_i$$

が，$x_i$ $(i = 1, 2, \cdots, n-1)$ と，$\xi_i$ $(i = 1, 2, \cdots, n)$ の取りかたによらず一定値として存在するとき，$f(x)$ は $[a, b]$ で積分可能という．その一定値を $\displaystyle\int_a^b f(x)dx$ という記号で表し，$f(x)$ の区間 $[a, b]$ における**定積分**という．すなわち，

$$\int_a^b f(x)dx = \lim_{\Delta x \to 0} \sum_{i=1}^{n} f(\xi_i) \Delta x_i$$

区間 $[a, b]$ を**積分区間**といい，関数 $f(x)$ を**被積分関数**という．次の定理が知られている．

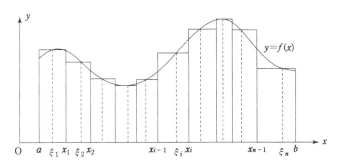

図 4.1　定積分の定義

【定理 4.4】 $f(x)$ が，区間 $[a, b]$ で連続であるとき，$f(x)$ は $[a, b]$ で積分可能である．

注意 4.3　以後この章では，広義積分の場合を除いて，考える関数はすべて連続であるとする．

● 定積分と面積

定積分の図形的意味について考えることにしよう．

【定理 4.5】 区間 $[a, b]$ 上で，$f(x) \geqq 0$ とする．曲線：$y = f(x)$ と $x$ 軸，および 2 直線 $x = a$，$x = b$ で囲まれた部分の面積 $S = \int_a^b f(x)dx$

［証明］　区間 $[a, b]$ の分割：$a = x_0 < x_1 < x_2 < \cdots < x_{i-1} < x_i < \cdots < x_n = b$ において，曲線：$y = f(x)$ と $x$ 軸，および 2 直線 $x = x_{i-1}$，$x = x_i$ で囲まれた部分の面積を $S_i$ とする（図 4.2 参照）．

区間 $[x_{i-1}, x_i]$ での $f(x)$ の最大値を $f(\alpha_i)$，最小値を $f(\beta_i)$ とすると，
$$f(\beta_i)\Delta x_i \leqq S_i \leqq f(\alpha_i)\Delta x_i$$
$i = 1, 2, \cdots, n$ にわたって，この不等式の各辺を加え，$S = S_1 + S_2 + \cdots + S_n$ に注意すると，
$$\sum_{i=1}^n f(\beta_i)\Delta x_i \leqq S \leqq \sum_{i=1}^n f(\alpha_i)\Delta x_i$$
ここで，$\Delta x \to 0$ とすると，定積分の定義より
$$\int_a^b f(x)\,dx \leqq S \leqq \int_a^b f(x)dx$$
ゆえに，
$$S = \int_a^b f(x)dx$$
∎

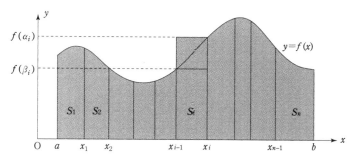

図 4.2 定積分と面積

【例題 4.22】 図形的考察によって，次の定積分を求めよ．

(1) $\int_0^1 (2x+1)dx$   (2) $\int_0^2 \sqrt{4-x^2}\,dx$

［解］
(1) 求める値＝「上辺の長さ＝1，下辺の長さ＝3，高さ＝1」の台形の面積＝2
(2) 求める値＝$\dfrac{1}{4}\times$（半径2の円の面積）＝$\pi$ ∎

問 4.20 図形的考察によって，次の定積分を求めよ．

(1) $\int_{-1}^2 |x|\,dx$   (2) $\int_0^2 (|x-1|+1)dx$

● 微積分の基本定理

定積分は，常に面積から直接求めるわけにはいかない．定積分は次の定理をもとにして求める．

【定理 4.6】 微積分の基本定理  関数 $f(x)$, $f'(x)$ は，区間 $[a,b]$ で連続であるとする．このとき
$$\int_a^b f'(x)dx = f(b)-f(a) \equiv \Big[f(x)\Big]_a^b$$

［証明］ 区間 $[a,b]$ の分割を，$a=x_0<x_1<x_2<\cdots<x_{i-1}<x_i<\cdots<x_n=b$

とする．平均値の定理より
$$f(x_1) - f(a) = f'(\xi_1)(x_1 - a) \quad (a < \xi_1 < x_1)$$
$$f(x_2) - f(x_1) = f'(\xi_2)(x_2 - x_1) \quad (x_1 < \xi_2 < x_2)$$
$$\vdots \quad \vdots$$
$$f(b) - f(x_{n-1}) = f'(\xi_n)(b - x_{n-1}) \quad (x_{n-1} < \xi_n < b)$$
これらの式の各辺を加えて
$$f(b) - f(a) = f'(\xi_1)(x_1 - a) + f'(\xi_2)(x_2 - x_1) + \cdots + f'(\xi_n)(b - x_{n-1})$$
$$= \sum_{i=1}^{n} f'(\xi_i)(x_i - x_{i-1})$$
ここで，$x_0 = a$, $x_n = b$ に注意する．したがって，分割の最大幅 $\varDelta x \to 0$ のとき，$f(b) - f(a)$ が一定であることより，
$$f(b) - f(a) = \lim_{\varDelta x \to 0}(f(b) - f(a)) = \lim_{\varDelta x \to 0} \sum_{i=1}^{n} f'(\xi_i)(x_i - x_{i-1})$$
$$= \int_a^b f'(x)dx \qquad\blacksquare$$

微積分の基本定理を用いて定積分の値を求めることができる．

---

**【定理 4.7】** $F(x)$ を $f(x)$ の原始関数とする．このとき
$$\int_c^b f(x)dx = F(b) - F(a) \equiv \Big[ F(x) \Big]_a^b$$

---

[証明] $F'(x) = f(x)$ より
$$\int_a^b f(x)dx = \int_a^b F'(x)dx = F(b) - F(a)$$
ここで，$F(x)$ に対して微積分の基本定理を適用した． $\blacksquare$

上の定理より，定積分と不定積分の関係は以下のように書ける．
$$\int_a^b f(x)dx = \Big[ \int f(x)dx \Big]_a^b$$

**【例 4.23】**
(1) $\displaystyle\int_0^1 x^2 dx = \int_0^1 \Big(\frac{1}{3}x^3\Big)' dx = \Big[\frac{1}{3}x^3\Big]_0^1 = \frac{1}{3} - 0 = \frac{1}{3}$

(2) $\displaystyle\int_0^{\frac{\pi}{2}} \cos x\, dx = \int_0^{\frac{\pi}{2}} (\sin x)'\, dx = \Big[\sin x\Big]_0^{\frac{\pi}{2}} = \sin\frac{\pi}{2} - \sin 0 = 1 - 0 = 1$

(3) $\displaystyle\int_0^1 \frac{1}{x^2+1}\, dx = \int_0^1 (\tan^{-1} x)'\, dx = \Big[\tan^{-1} x\Big]_0^1 = \tan^{-1} 1 - \tan^{-1} 0$
$\qquad\qquad = \dfrac{\pi}{4} - 0 = \dfrac{\pi}{4}$ ∎

**問 4.21** 次の定積分を求めよ．

(1) $\displaystyle\int_0^2 x^3\, dx$   (2) $\displaystyle\int_0^{\pi} \sin x\, dx$   (3) $\displaystyle\int_0^{\frac{1}{2}} \frac{1}{\sqrt{1-x^2}}\, dx$

(4) $\displaystyle\int_1^e \frac{1}{x}\, dx$   (5) $\displaystyle\int_0^1 e^{-x}\, dx$

● 定積分の基本性質

これまでは，定積分を考える際に $a < b$ であるとしてきたが，ここで
$$\int_a^a f(x)\, dx = 0$$
また，$a > b$ の場合
$$\int_a^b f(x)\, dx = -\int_b^a f(x)\, dx$$
と定める．このとき，定理 4.6 と定理 4.7 が，$a$，$b$ の大小にかかわらず成立する（読者はこれを確かめてみよ）．また，次が成立する．

---

**【定理 4.8】 定積分の基本性質**

(1) $\displaystyle\int_a^b \{f(x) \pm g(x)\}\, dx = \int_a^b f(x)\, dx \pm \int_a^b g(x)\, dx$

(2) $\displaystyle\int_a^b kf(x)\, dx = k\int_a^b f(x)\, dx$  （$k$ は定数）

(3) $\displaystyle\int_a^b f(x)\, dx = \int_a^c f(x)\, dx + \int_c^b f(x)\, dx$

(4) $a \leqq b$ とする．区間 $[a, b]$ で $f(x) \leqq g(x)$ ならば
$$\int_a^b f(x)\, dx \leqq \int_a^b g(x)\, dx$$

[証明]　(1)〜(3)は不定積分に関する定理 4.2 と定理 4.7 からすぐわかる．(4)の証明にはリーマン和を用いる．$g(x)-f(x) \geqq 0$ より，

$$\int_a^b g(x)dx - \int_a^b f(x)dx = \int_a^b \{g(x)-f(x)\}dx$$
$$= \lim_{\Delta x \to 0} \sum_{i=1}^n \{g(\xi_i)-f(\xi_i)\}\Delta x_i \geqq 0$$

ここで，$g(\xi_i)-f(\xi_i) \geqq 0\ (i=1, 2, \cdots, n)$ を用いた．
したがって，

$$\int_a^b f(x)dx \leqq \int_a^b g(x)dx \qquad ∎$$

【例 4.3】　$G(x)=\int_a^x t^2 dt$ を考えると，$G(x)=\dfrac{x^3}{3}-\dfrac{a^3}{3}$ だから $G'(x)=x^2$　∎

この例を定理の形で述べると次のようになる．

【定理 4.9】　関数 $f(x)$ が，区間 $[a, b]$ で連続であれば，

$$\frac{d}{dx}\int_a^x f(t)dt = f(x)$$

[証明]　$F(x)$ を $f(x)$ の原始関数とする．$G(x)=\int_a^x f(t)dt$ とおくと定理 4.6 より $G(x)=F(x)-F(a)$．ゆえに $G'(x)=F'(x)=f(x)$．

【例題 4.24】　次の定積分を求めよ．
(1)　$\int_0^\pi (2\sin x + 3\cos x)dx$　　(2)　$\int_0^2 |x-1|dx$

[解]
(1)　$\int_0^\pi (2\sin x + 3\cos x)dx$

$\quad = \int_0^\pi 2\sin x\, dx + \int_0^\pi 3\cos x\, dx$ 　　（定理 4.8 (1)）

$$= 2\int_0^\pi \sin x\, dx + 3\int_0^\pi \cos x\, dx \quad \text{(定理 4.8 (2))}$$

$$= 2\Big[-\cos x\Big]_0^\pi + 3\Big[\sin x\Big]_0^\pi = 4$$

(2) $\displaystyle\int_0^2 |x-1|dx$

$$= \int_0^1 |x-1|dx + \int_1^2 |x-1|dx \quad \text{(定理 4.8 (3))}$$

$$= \int_0^1 (1-x)dx + \int_1^2 (x-1)dx$$

$$= \Big[x - \frac{1}{2}x^2\Big]_0^1 + \Big[\frac{1}{2}x^2 - x\Big]_1^2 = 1 \qquad \blacksquare$$

**問 4.22** 次の定積分を求めよ．

(1) $\displaystyle\int_{-1}^1 (x^2+1)dx$  (2) $\displaystyle\int_1^2 (x^3-2x)dx$  (3) $\displaystyle\int_0^\pi (\sin x - \cos x)dx$

(4) $\displaystyle\int_0^{2\pi} |\sin x|dx$

● 定積分の部分積分

この節では，定積分の部分積分の原理と計算法について説明する．

**公式 4.5 （部分積分）**

$$\int_a^b f'(x)g(x)dx = [f(x)g(x)]_a^b - \int_a^b f(x)g'(x)dx$$

$$\int_a^b f(x)g'(x)dx = [f(x)g(x)]_a^b - \int_a^b f'(x)g(x)dx$$

[証明] $\{f(x)g(x)\}' = f'(x)g(x) + f(x)g'(x)$ の両辺を区間 $[a, b]$ で積分して

$$\int_a^b \{f(x)g(x)\}'dx = \int_a^b f'(x)g(x)dx + \int_a^b f(x)g'(x)dx$$

微積分の基本定理 4.6 より，左辺 $=[f(x)g(x)]_a^b$ だから

$$[f(x)g(x)]_a^b = \int_a^b f'(x)g(x)dx + \int_a^b f(x)g'(x)dx \qquad \blacksquare$$

**【例題 4.25】** 次の定積分を求めよ．不定積分の例題 4.6 と比較せよ．

(1) $\int_0^1 xe^x dx$     (2) $\int_0^{\frac{\pi}{2}} x\cos x\, dx$     (3) $\int_0^1 x(x-1)^4 dx$

[解]

(1) $\int_0^1 xe^x dx = \int_0^1 x(e^x)' dx = [xe^x]_0^1 - \int_0^1 (x)' e^x dx$

$\qquad\qquad = e - \int_0^1 e^x dx = e - [e^x]_0^1 = 1$

(2) $\int_0^{\frac{\pi}{2}} x\cos x\, dx = \int_0^{\frac{\pi}{2}} x(\sin x)' dx = [x\sin x]_0^{\frac{\pi}{2}} - \int_0^{\frac{\pi}{2}} (x)' \sin x\, dx$

$\qquad\qquad = \frac{\pi}{2} - \int_0^{\frac{\pi}{2}} \sin x\, dx = \frac{\pi}{2} - [-\cos x]_0^{\frac{\pi}{2}} = \frac{\pi}{2} - 1$

(3) $\int_0^1 x(x-1)^4 dx = \int_0^1 x\left(\frac{1}{5}(x-1)^5\right)' dx$

$\qquad\qquad = \left[x \cdot \frac{1}{5}(x-1)^5\right]_0^1 - \int_0^1 (x)' \cdot \frac{1}{5}(x-1)^5 dx$

$\qquad\qquad = -\frac{1}{5}\int_0^1 (x-1)^5 dx = -\frac{1}{5} \cdot \left[\frac{1}{6}(x-1)^6\right]_0^1 = \frac{1}{30}$ ∎

**問 4.23** 次の定積分を求めよ．

(1) $\int_{-\pi}^{\pi} x\sin x\, dx$     (2) $\int_1^2 x(x-1)^4 dx$     (3) $\int_0^1 x^2 e^x dx$

● 定積分の置換積分

この節では，定積分の置換積分の原理と計算法について説明する．

---

**公式 4.6（置換積分）** $F(x)$ を $f(x)$ の1つの原始関数とする．
$\int_a^b f(\phi(x))\phi'(x) dx = F(\phi(b)) - F(\phi(a))$

---

[証明] 不定積分の置換積分の公式 4.4 より $F(\phi(x))$ は $f(\phi(x))\phi'(x)$ の原始関数である．定理 4.7 より $\int_a^b f(\phi(x))\phi'(x) dx = F(\phi(b)) - F(\phi(a))$ ∎

不定積分の置換積分と同様に次のように計算する．

**【例題 4.26】** $\int_0^1 (x^2+1)^3 \cdot x\, dx$ を求めよ．

**［解］** $x^2+1=t$ とおく．$2x=\dfrac{dt}{dx}$ より $x\,dx=\dfrac{1}{2}dt$．$x=0$ のとき $t=1$，$x=1$ のとき $t=2$ だから

$$\int_0^1 (x^2+1)^3 \cdot x\, dx = \int_1^2 t^3 \cdot \frac{1}{2}\,dt = \frac{1}{2}\cdot\left[\frac{1}{4}t^4\right]_1^2 = \frac{15}{8}$$ ∎

**問 4.24** 次の定積分を求めよ．

(1) $\int_1^2 x(x^2+1)^2\,dx$ 　　(2) $\int_0^{\frac{\pi}{2}} \sin^4 x \cos x\, dx$

**【例題 4.27】** 次の定積分を求めよ．不定積分の例題 4.10 と比較せよ．

(1) $\int_0^3 \dfrac{x}{\sqrt{1+x}}\,dx$ 　　(2) $\int_0^{\frac{\pi}{2}} \sin^3 x\, dx$

**［解］**
(1) $1+x=t$ とおく．$dx=dt$．$x=0$ のとき $t=1$，$x=3$ のとき $t=4$ だから

$$\int_0^3 \frac{x}{\sqrt{1+x}}\,dx = \int_1^4 \frac{t-1}{\sqrt{t}}\,dt = \int_1^4 (t^{\frac{1}{2}} - t^{-\frac{1}{2}})\,dt = \left[\frac{2}{3}t^{\frac{3}{2}} - 2t^{\frac{1}{2}}\right]_1^4 = \frac{8}{3}$$

(2) $\int_0^{\frac{\pi}{2}} \sin^3 x\, dx = \int_0^{\frac{\pi}{2}} \sin^2 x \cdot \sin x\, dx = \int_0^{\frac{\pi}{2}} (1-\cos^2 x)\sin x\, dx$．ここで $\cos x = t$ とおく．$\sin x\, dx = -dt$．$x=0$ のとき $t=1$，$x=\dfrac{\pi}{2}$ のとき $t=0$．ゆえに

$$\int_0^{\frac{\pi}{2}} \sin^3 x\, dx = \int_1^0 (1-t^2)\cdot(-1)\,dt = \int_0^1 (1-t^2)\,dt = \left[t-\frac{1}{3}t^3\right]_0^1 = \frac{2}{3}$$ ∎

**問 4.25** 次の定積分を求めよ．

(1) $\int_0^{\frac{3}{4}} \dfrac{x}{\sqrt{1-x}}\,dx$ 　　(2) $\int_0^{\frac{\pi}{2}} \cos^3 x\, dx$

【例題 4.28】 $\int_0^{\frac{1}{2}} \sqrt{1-x^2}\, dx$ を求めよ．不定積分の例題 4.13 と比較せよ．

［解］ $x = \sin t$ とおく．$\sqrt{1-x^2} = \sqrt{1-\sin^2 t} = \sqrt{\cos^2 t} = \cos t$, $dx = \cos t\, dt$. $t=0$ のとき $x=0$, $t=\frac{\pi}{6}$ のとき $x=\frac{1}{2}$ である．

積分区間の対応：

| $x$ | 0 | $\frac{1}{2}$ |
|---|---|---|
| $t$ | 0 | $\frac{\pi}{6}$ |

したがって

$$\int_0^{\frac{1}{2}} \sqrt{1-x^2}\, dx = \int_0^{\frac{\pi}{6}} \cos t \cdot \cos t\, dt$$

$$= \int_0^{\frac{\pi}{6}} \frac{\cos 2t + 1}{2}\, dx = \frac{1}{2}\left[\frac{1}{2}\sin 2t + t\right]_0^{\frac{\pi}{6}} = \frac{\sqrt{3}}{8} + \frac{\pi}{12} \quad \blacksquare$$

問 4.26 $\int_0^1 \sqrt{4-x^2}\, dx$ を求めよ．

【例題 4.29】 **偶関数，奇関数の定積分** 次の式を示せ．$a > 0$ は定数とする．

(1) $\int_{-a}^{a} f(x)dx = \int_0^a \{f(x) + f(-x)\}dx$

(2) $f(x) = f(-x)$ $(-a \leqq x \leqq a)$

をみたす関数を**偶関数**，

$f(x) = -f(-x)$ $(-a \leqq x \leqq a)$

をみたす関数を**奇関数**という．

(2-1) $f(x)$ が偶関数のとき，$\int_{-a}^{a} f(x)dx = 2\int_0^a f(x)dx$

(2-2) $f(x)$ が奇関数のとき，$\int_{-a}^{a} f(x)dx = 0$

［解］ (1)

$$\int_{-a}^{a} f(x)dx = \int_{-a}^{0} f(x)dx + \int_0^a f(x)dx \tag{4.1}$$

右辺第1項で，$x = -t$ とおいて置換積分する．$dx = -dt$.

積分区間の対応：

| $x$ | $-a$ | $0$ |
|---|---|---|
| $t$ | $a$ | $0$ |

したがって
$$\int_{-a}^{0} f(x)dx = -\int_{a}^{0} f(-t)dt = \int_{0}^{a} f(-t)dt = \int_{0}^{a} f(-x)dx \tag{4.2}$$
(4.5), (4.6) より求める式を得る.

(2) $f(x)$ が偶関数のとき $f(x)+f(-x)=2f(x)$, $f(x)$ が奇関数のとき $f(x)+f(-x)=0$. したがって, (2-1), (2-2)は(1)より導かれる. ∎

**【例 4.4】**

(1) $\displaystyle\int_{-1}^{1}(x^3+x^2)dx = \int_{-1}^{1}x^3 dx + \int_{-1}^{1}x^2 dx = 2\int_{0}^{1}x^2 dx = \frac{2}{3}$

(2) $\displaystyle\int_{-\frac{\pi}{2}}^{\frac{\pi}{2}}(\sin x + \cos x)dx = \int_{-\frac{\pi}{2}}^{\frac{\pi}{2}}\sin x\, dx + \int_{-\frac{\pi}{2}}^{\frac{\pi}{2}}\cos x\, dx = 2\int_{0}^{\frac{\pi}{2}}\cos x\, dx = 2$

## 4.6 広義積分

区間上の有限個の点で定義されてないか，または，連続でない関数に対して定積分の意味を拡張して定める．たとえば，積分 $\displaystyle\int_{0}^{1}\sqrt{\frac{1}{x}}dx$ はどのように定めるか．この場合，被積分関数は $x=0$ で値をもたない．次に，$\displaystyle\int_{1}^{\infty}\frac{1}{x^2}dx$ のように，積分範囲が有限でない場合の積分値はどのように定めればよいか．

このような積分は，**広義積分**と呼ばれ，以下のように極限値によって定める．広義積分の値が確定するとき，その広義積分は**収束**するといい，確定しないとき**発散**するという．

● **有限区間における広義積分**

(a) $f(x)$ が区間 $(a, b]$ で連続で，$x=a$ で定義されてないか，連続でない場合．特に，$\displaystyle\lim_{x\to a+0}f(x)=\pm\infty$ の場合．

$$\int_{a}^{b}f(x)dx = \lim_{r\to a+0}\int_{r}^{b}f(x)dx$$

図 4.5(a)と，例題 4.30(1)(2)を見よ．

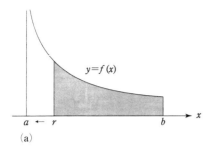
(a)

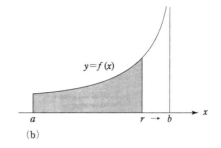
(b)

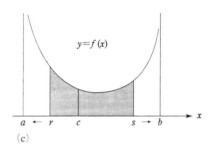
(c)

**図 4.5** 有限区間における広義積分


(b) $f(x)$ が区間 $[a, b)$ で連続で，$x=b$ で定義されてないか，連続でない場合．特に，$\lim_{x \to b-0} f(x) = \pm\infty$ の場合．

$$\int_a^b f(x)dx = \lim_{r \to b-0} \int_a^r f(x)dx$$

図 4.5(b) と，例題 4.30 (3)を見よ．

(c) $f(x)$ が区間 $(a, b)$ で連続で，$x=a$, $x=b$ で定義されてないか，連続でない場合．特に，$\lim_{x \to a+0} f(x) = \pm\infty$, $\lim_{x \to b-0} f(x) = \pm\infty$ の場合．

$$\int_a^b f(x)dx = \lim_{r \to a+0} \int_r^c f(x)dx + \lim_{s \to b-0} \int_c^s f(x)dx$$

図 4.5(c) と，例題 4.33 を見よ．ここで，$c$ は区間 $(a, b)$ 内の任意の定数であり，上の積分の値は（もし存在すれば），区間 $(a, b)$ 内の $c$ の選びかたによらず一定である．証明は読者にまかせる．

【例題 4.30】 広義積分を求めよ．

(1) $\displaystyle\int_0^1 \log x \, dx$  (2) $\displaystyle\int_0^1 \frac{1}{\sqrt{x}} dx$  (3) $\displaystyle\int_0^1 \frac{1}{\sqrt{1-x}} dx$

[解]

(1) $\displaystyle\int_0^1 \log x \, dx = \lim_{r \to +0} \int_r^1 \log x \, dx = \lim_{r \to +0} \Big[ x \log x - x \Big]_r^1$
$= \lim_{r \to +0} (-1 - r \log r + r) = -1$ （例題 3.6 (4) 参照）

(2) $\displaystyle\int_0^1 \frac{1}{\sqrt{x}} dx = \lim_{r \to +0} \int_r^1 \frac{1}{\sqrt{x}} dx = \lim_{r \to +0} (2 - 2\sqrt{r}) = 2$

(3) $\displaystyle\int_0^1 \frac{1}{\sqrt{1-x}} dx = \lim_{r \to 1-0} \int_0^r \frac{1}{\sqrt{1-x}} dx$
$= \lim_{r \to 1-0} (-2\sqrt{1-r} + 2) = 2$  ∎

**問 4.27** 広義積分の値を求めよ．

(1) $\displaystyle\int_0^1 \frac{1}{\sqrt[3]{x}} dx$  (2) $\displaystyle\int_0^2 \frac{1}{\sqrt{2-x}} dx$  (3) $\displaystyle\int_0^1 \frac{1}{\sqrt{1-x^2}} dx$

● **無限区間における広義積分**

積分範囲が有限でない場合，次のように広義積分を定める（図 4.6 参照）．

$$\int_a^\infty f(x) dx = \lim_{r \to \infty} \int_a^r f(x) dx, \qquad \int_{-\infty}^a f(x) dx = \lim_{r \to -\infty} \int_r^a f(x) dx$$

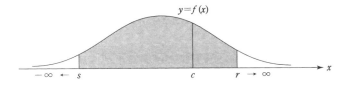

図 4.6 無限区間における広義積分

$$\int_{-\infty}^{\infty} f(x)dx = \lim_{r \to \infty} \int_c^r f(x)dx + \lim_{s \to -\infty} \int_s^c f(x)dx \quad (c\text{ は定数})$$

最後の式の値は（もし存在すれば）$c$ の選びかたによらずに一定であり，問題に応じて $c$ の値は自由に設定してよい．

**【例題 4.31】** 広義積分を求めよ．

(1) $\displaystyle\int_0^\infty xe^{-x}dx$　　(2) $\displaystyle\int_{-\infty}^\infty \frac{1}{x^2+1}dx$

[解]

(1) $\displaystyle\int_0^\infty xe^{-x}dx = \lim_{r \to \infty}\int_0^r xe^{-x}dx = \lim_{r \to \infty}\Big[-xe^{-x} - e^{-x}\Big]_0^r$
$\qquad = \lim_{r \to \infty}(-re^{-r} - e^{-r} + 1) = 1 \quad$ （例題 3.6 (3) 参照）

(2) $\displaystyle\int_{-\infty}^\infty \frac{1}{x^2+1}dx = \lim_{r \to \infty}\int_0^r \frac{1}{x^2+1}dx + \lim_{s \to -\infty}\int_s^0 \frac{1}{x^2+1}dx$
$\qquad = \lim_{r \to \infty}\Big[\tan^{-1}x\Big]_0^r + \lim_{s \to -\infty}\Big[\tan^{-1}x\Big]_s^0$
$\qquad = \lim_{r \to \infty}\tan^{-1}r + \lim_{s \to -\infty}(-\tan^{-1}s) = \dfrac{\pi}{2} + \dfrac{\pi}{2} = \pi$ ∎

**問 4.28** 広義積分の値を求めよ．

(1) $\displaystyle\int_0^\infty xe^{-x^2}dx$　　(2) $\displaystyle\int_0^\infty \frac{x}{x^4+1}dx$

● **広義積分の収束と発散**

広義積分の収束性を調べる．基本となるのは，次の例題の広義積分である．

**【例題 4.32】** $a$ を定数とする．

(1) $a < b$ のとき

$$\int_a^b (x-a)^{\alpha-1}dx = \int_a^b (b-x)^{\alpha-1}dx$$
$$= \begin{cases} \dfrac{(b-a)^\alpha}{\alpha} & (\alpha > 0) \\ \infty & (\alpha \leq 0) \end{cases}$$

(2) $a > 0$ のとき

$$\int_a^\infty \frac{1}{x^\alpha}dx = \begin{cases} \dfrac{a^{1-\alpha}}{\alpha-1} & (\alpha>1) \\ \infty & (\alpha \leqq 1) \end{cases}$$

[解]

(1) $\displaystyle\int_a^b (x-a)^{\alpha-1}dx = \lim_{r \to a+0}\int_r^b (x-a)^{\alpha-1}dx$

$$= \begin{cases} \displaystyle\lim_{r \to a-0}\frac{1}{\alpha}\{(b-a)^\alpha - (r-a)^\alpha\} & (\alpha \neq 0) \\ \displaystyle\lim_{r \to a+0}\{\log(b-a) - \log(r-a)\} & (\alpha = 0) \end{cases}$$

$$= \begin{cases} \dfrac{(b-a)^\alpha}{\alpha} & (\alpha > 0) \\ \infty & (\alpha \leqq 0) \end{cases}$$

広義積分 $\displaystyle\int_a^b (b-x)^{\alpha-1}dx$ も同様に計算できる．

(2) $\displaystyle\int_a^\infty \frac{1}{x^\alpha}dx = \lim_{r \to \infty}\int_a^r \frac{1}{x^\alpha}dx$

$$= \begin{cases} \displaystyle\lim_{r \to \infty}\frac{1}{1-\alpha}(r^{1-\alpha} - a^{1-\alpha}) & (\alpha \neq 1) \\ \displaystyle\lim_{r \to \infty}(\log r - \log a) & (\alpha = 1) \end{cases}$$

$$= \begin{cases} \dfrac{a^{1-\alpha}}{\alpha-1} & (\alpha > 1) \\ \infty & (\alpha \leqq 1) \end{cases}$$ ∎

広義積分の値を直接計算しなくても，収束性は次のように判定できる．

---

**【定理 4.10】 比較判定法**

(1) 区間 $I$ 上で，$0 \leqq g(x) \leqq f(x)$ が成立するとき

(a) $f(x)$ の $I$ 上の広義積分が収束 $\Longrightarrow$ $g(x)$ の $I$ 上の広義積分が収束

(b) $g(x)$ の $I$ 上の広義積分が発散 $\Longrightarrow$ $f(x)$ の $I$ 上の広義積分が発散

(2) 区間 $I$ 上で，$|g(x)| \leqq f(x)$ が成立するとき

$f(x)$ の $I$ 上の広義積分が収束 $\Longrightarrow$ $g(x)$ の $I$ 上の広義積分が収束

[証明] $I = (a, b]$ として証明する，他の区間の場合も同様である．

(1)—(a) $a < r < b$ のとき
$$\int_r^b g(x)dx \leqq \int_r^b f(x)dx \leqq \int_a^b f(x)dx \quad (\text{定数}) \tag{4.3}$$

$r \to a+0$ につれて，$\left(\int_r^b g(x)dx \text{ の積分範囲がひろがり，また，} g(x) \geqq 0 \text{ である}\right.$
から$)$ $\int_r^b g(x)dx$ は単調に増大する．したがって，$\lim_{r \to a+0} \int_r^b g(x)dx = \infty$，または，$\lim_{r \to a+0} \int_r^b g(x)dx$ は収束する．式 (4.3) より $\lim_{r \to a+0} \int_r^b g(x)dx = \infty$ はありえないから，$\lim_{r \to a+0} \int_r^b g(x)dx$ は収束する．

(1)—(b) これは，(1)—(a)の対偶であるから正しい．

(2) $g^+(x) = \max(g(x), 0)$，$g^-(x) = \max(-g(x), 0)$ とおく．ここで，実数 $\alpha$，$\beta$ に対して，$\max(\alpha, \beta)$ は $\alpha$，$\beta$ の最大値を表す．このとき，$g(x) = g^+(x) - g^-(x)$ であるから，
$$\int_r^b g(x)dx = \int_r^b g^+(x)dx - \int_r^b g^-(x)dx \quad (a < r < b) \tag{4.4}$$

区間 $(a, b]$ 上 $0 \leqq g^\pm(x) \leqq |g(x)| \leqq f(x)$ である．広義積分 $\int_a^b f(x)dx$ が収束することと(1)—①より，広義積分 $\int_a^b g^\pm(x)dx$ は収束する．すなわち，$\lim_{r \to a+0} \int_r^b g^\pm(x)dx$ は収束する．したがって，式 (4.4) より $\lim_{r \to a+0} \int_r^b g(x)dx$ は収束する． ■

【例題 4.33】 ベータ関数 広義積分 $\int_0^1 x^{p-1}(1-x)^{q-1}dx$ は，$p > 0$，$q > 0$ のとき収束する．
$$B(p, q) = \int_0^1 x^{p-1}(1-x)^{q-1}dx \quad (p > 0, \ q > 0)$$
を，ベータ関数という．

[解]
$$\int_0^1 x^{p-1}(1-x)^{q-1}dx = \int_0^{\frac{1}{2}} x^{p-1}(1-x)^{q-1}dx + \int_{\frac{1}{2}}^1 x^{p-1}(1-x)^{q-1}dx \tag{4.5}$$

$0 \leqq x \leqq \frac{1}{2}$ のときの $(1-x)^{q-1}$ の最大値を $L(L > 0)$ とすると

$$0 < x^{p-1}(1-x)^{q-1} \leqq Lx^{p-1}$$

$p > 0$ より，$\int_0^{\frac{1}{2}} Lx^{p-1}dx$ は収束する（例題 4.32 (1)）から，定理 4.10 (1)—(a) より，式 (4.5) の右辺第 1 項は収束する．

$\frac{1}{2} \leqq x \leqq 1$ のときの $x^{p-1}$ の最大値を $M$ $(M > 0)$ とすると

$$0 < x^{p-1}(1-x)^{q-1} \leqq M(1-x)^{q-1}$$

$q > 0$ より，$\int_{\frac{1}{2}}^1 M(1-x)^{q-1}dx$ は収束する（例題 4.32 (1)）から，定理 4.8 (1)—(a) より，式 (4.5) の右辺第 2 項も収束する．したがって，この例題の広義積分は収束する． ■

【例題 4.34】 **ガンマ関数** 広義積分 $\int_0^\infty x^{s-1}e^{-x}dx$ は，$s > 0$ のとき収束する．

$$\Gamma(s) = \int_0^\infty x^{s-1}e^{-x}dx \qquad (s > 0)$$

を，ガンマ関数という．

[解]

$$\int_0^\infty x^{s-1}e^{-x}dx = \int_0^1 x^{s-1}e^{-x}dx + \int_1^\infty x^{s-1}e^{-x}dx \tag{4.6}$$

$0 < x \leqq 1$ の場合．

$$0 < x^{s-1}e^{-x} < x^{s-1} \qquad (0 < x \leqq 1)$$

$s > 0$ より，$\int_0^1 x^{s-1}dx$ は収束する（例題 4.32 (1)）から，定理 4.8 (1)—(a) より，式 (4.6) の右辺第 1 項は収束する．

$1 \leqq x < \infty$ の場合．$s \leqq n$ をみたす自然数 $n$ を 1 つとると，$x^{s-1} \leqq x^{n-1}$．また，$e^x$ のマクローリン展開（公式 3.10）より $e^x > \frac{x^{n+1}}{(n+1)!}$ だから，$e^{-x} < \frac{(n+1)!}{x^{n+1}}$．したがって

$$0 < x^{s-1}e^{-x} < x^{n-1}\frac{n!}{x^{n+1}} = \frac{h!}{x^2} \qquad (1 \leqq x < \infty)$$

$\int_1^\infty \frac{n!}{x^2}dx$ は収束する（例題 4.32 (2)）から，定理 4.8 (1)—(a) より，式 (4.16) の右辺第 2 項は収束する．したがって，例題の広義積分は収束する． ■

## 章末問題

**問 1** 次の不定積分を求めよ．

(1) $\displaystyle\int \frac{\log x}{\sqrt{x}}\,dx$  (2) $\displaystyle\int x\tan^{-1}x\,dx$  (3) $\displaystyle\int x(\log x)^2\,dx$

(4) $\displaystyle\int \frac{\log x}{x^2}\,dx$  (5) $\displaystyle\int e^x\cos x\,dx$  (6) $\displaystyle\int \sin x\sqrt{1+\cos x}\,dx$

(7) $\displaystyle\int \frac{x}{(x^2+1)^5}\,dx$  (8) $\displaystyle\int x^3 e^{x^2}\,dx$

**問 2** 次の $I_n\,(n=0,\ 1,\ 2,\ \cdots)$ の漸化式を証明せよ．

(1) $I_n=\int x^n e^x dx$ のとき $I_n=x^n e^x - nI_{n-1}$

(2) $I_n=\int (\log x)^n dx$ のとき $I_n=x(\log x)^n - nI_{n-1}$

**問 3** 以下の等式が成り立つような定数 $A,\ B,\ C$ を求めよ．

(1) $\displaystyle\frac{1}{(x-1)(x-2)(x-3)}=\frac{A}{x-1}+\frac{B}{x-2}+\frac{C}{x-3}$

(2) $\displaystyle\frac{4x+3}{(x^2+1)(x+2)}=\frac{Ax+B}{x^2+1}+\frac{C}{x+2}$

(3) $\displaystyle\frac{1}{(x+1)^2(x+2)}=\frac{A}{x+1}+\frac{B}{(x+1)^2}+\frac{C}{x+2}$

(4) $\displaystyle\frac{1}{x^3+1}=\frac{A}{x+1}+\frac{Bx+C}{x^2-x+1}$

**問 4** 上の問の答えを参考にして，次の不定積分を求めよ．

(1) $\displaystyle\int \frac{1}{(x-1)(x-2)(x-3)}\,dx$  (2) $\displaystyle\int \frac{4x+3}{(x^2+1)(x+2)}\,dx$

(3) $\displaystyle\int \frac{1}{(x+1)^2(x+2)}\,dx$  (4) $\displaystyle\int \frac{1}{x^3+1}\,dx$

【例題】 $\displaystyle\int \frac{1}{(x^2+1)^2}\,dx$ を求めよ．

[解]

$$\int \frac{1}{(x^2+1)^2}\,dx = \int \frac{x^2+1-x^2}{(x^2+1)^2}\,dx = \int \frac{1}{x^2+1}\,dx - \int \frac{x^2}{(x^2+1)^2}\,dx$$

$$= \tan^{-1}x + \int x\left\{\frac{1}{2}(x^2+1)^{-1}\right\}'\,dx$$

$$=\tan^{-1}x+\frac{x}{2(x^2+1)}-\int\frac{1}{2(x^2+1)}dx$$

$$=\tan^{-1}x+\frac{x}{2(x^2+1)}-\frac{1}{2}\tan^{-1}x$$

$$=\frac{1}{2}\tan^{-1}x+\frac{x}{2(x^2+1)}$$

∎

**問5** $I_n=\int\frac{1}{(x^2+1)^n}dx$ とおいたとき，次の漸化式を証明せよ．

$$I_n=\frac{1}{2(n-1)}\left\{(2n-3)I_{n-1}+\frac{x}{(x^2+1)^{n-1}}\right\} \quad (n=2,\ 3,\ \cdots)$$

**問6** 次の不定積分を求めよ．

(1) $\displaystyle\int\frac{1}{3+2\cos x}dx$  (2) $\displaystyle\int\tan^3 x\,dx$ （$\tan x=t$ とおく）

**問7** 三角関数の積を和で表す公式を用いて次の定積分を求めよ．$m,\ n$ は正の整数とする．

(1) $\displaystyle\int_{-\pi}^{\pi}\sin mx\sin nx\,dx$

(2) $\displaystyle\int_{-\pi}^{\pi}\cos mx\cos nx\,dx$

(3) $\displaystyle\int_{-\pi}^{\pi}\sin mx\cos nx\,dx$

**問8** $I_n=\displaystyle\int_0^{\frac{\pi}{2}}\sin^n x\,dx$ とおいたとき次の漸化式

$$I_n=\frac{n-1}{n}I_{n-2},\ n=2,\ 3,\ 4,\ \cdots$$

を証明せよ．さらに $m=1,\ 2,\ 3,\ \cdots$ に対して

$$I_{2m}=\frac{2m-1}{2m}\cdot\frac{2m-3}{2m-2}\cdots\frac{1}{2}\cdot\frac{\pi}{2},$$

$$I_{2m+1}=\frac{2m}{2m+1}\cdot\frac{2m-2}{2m-1}\cdots\frac{2}{3}$$

を証明せよ．

**問9** 次の定積分を求めよ．

(1) $\displaystyle\int_0^2\frac{1}{x^2+4}dx$  (2) $\displaystyle\int_0^1\frac{1}{\sqrt{4-x^2}}dx$

(3) $\displaystyle\int_{-2}^{2} |x(x-1)|\, dx$

(4) $\displaystyle\int_{1}^{e} \log x\, dx$

(5) $\displaystyle\int_{0}^{\pi} \sin x \sqrt{1+\cos x}\, dx$

(6) $\displaystyle\int_{0}^{1} \tan^{-1} x\, dx$

(7) $\displaystyle\int_{-1}^{1} x \sin^{-1} x\, dx$

(8) $\displaystyle\int_{0}^{1} \sqrt{1+\sqrt{x}}\, dx$

(9) $\displaystyle\int_{0}^{4} \log(\sqrt{x}+1)\, dx$

(10) $\displaystyle\int_{0}^{1} e^{2x} \log(1+e^x)\, dx$

**問 10** 広義積分の値を求めよ．

(1) $\displaystyle\int_{0}^{1} x \log x\, dx$

(2) $\displaystyle\int_{0}^{1} \frac{1}{(x+1)\sqrt{x}}\, dx$

(3) $\displaystyle\int_{1}^{\infty} \frac{\log x}{x^2}\, dx$

(4) $\displaystyle\int_{0}^{\infty} \frac{e^x}{e^{2x}+1}\, dx$

(5) $\displaystyle\int_{1}^{\infty} \frac{1}{x(x^2+1)}\, dx$

(6) $\displaystyle\int_{0}^{\infty} x^3 e^{-x^2}\, dx$

**問 11** ガンマ関数 $\varGamma(s)$ について，部分積分を使って次の(1), (2)を示せ．

(1) $\varGamma(s+1) = s\varGamma(s)\quad (s>0)$

(2) $\varGamma(n) = (n-1)!\quad (n=1,\ 2,\ \cdots)$

# 第5章
# 積分の応用

いくつかの幾何学的量や物理学的量を積分で表すことを考えよう．その場合の方法としては，次の2通りがある．

(1) 求める量をリーマン和で近似して，極限をとることにより，その量を積分で表す．
(2) 求める量の導関数がわかる場合，その量を積分で表す（微積分の基本定理）．

厳密な理論では(1)が用いられることが多いが，ここでは主として(2)を用いる方法について述べる．

## 5.1 面積

● グラフで囲まれた領域の面積

関数 $f(x)$, $g(x)$ は，区間 $[a, b]$ で連続であるとする．第4章4.5節の定理4.5で面積を求める式を導いたのと同様の論法によって次のことがわかる．

> 2曲線 $y = f(x)$, $y = g(x)$ $(a \leq x \leq b)$ と2直線 $x = a$, $x = b$ で囲まれた図形の面積 $S = \int_a^b |f(x) - g(x)| dx$ （図5.1参照）．

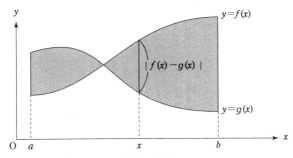

図 5.1　曲線に囲まれた図形の面積

【例題 5.1】
(1) 曲線 $y = \cos x$ および $x$ 軸と，2 直線 $x = 0$, $x = \pi$ で囲まれた図形の面積を求めよ．
(2) 放物線 $y = x^2$ と，直線 $y = x + 2$ によって囲まれた図形の面積を求めよ．

[解]
(1) 求める面積 $= \int_0^\pi |\cos x| dx = \int_0^{\frac{\pi}{2}} \cos x\, dx + \int_{\frac{\pi}{2}}^\pi -\cos x\, dx$

$$= \Big[\sin x\Big]_0^{\frac{\pi}{2}} + \Big[-\sin x\Big]_{\frac{\pi}{2}}^\pi = 2$$

(2) 交点は $x^2 = x + 2$ を解いて，$x = -1$, $2$ である．$-1 \leqq x \leqq 2$ のとき，$x + 2 \geqq x^2$ であるから

$$\text{求める面積} = \int_{-1}^2 \{(x+2) - x^2\} dx = \Big[-\frac{x^3}{3} + \frac{x^2}{2} + 2x\Big]_{-1}^2 = \frac{9}{2} \qquad ∎$$

問 5.1　次の曲線と $x$ 軸によって囲まれた図形の面積を求めよ．
(1) $y = -x^2 + 4$
(2) $y = \sin x\, (0 \leqq x \leqq \pi)$

問 5.2　次の 2 曲線によって囲まれた図形の面積を求めよ．
(1) $y = x^2$, $y = 2x$
(2) $y = x^2$, $y = -x^2 - 4x$

【例 5.1】　半径 1 の円の面積を積分を使って求めてみよう．
これは曲線 $x^2 + y^2 = 1$ で囲まれた図形の面積のことだから，曲線 $y = \sqrt{1 - x^2}$

と $x$ 軸によって囲まれた図形の面積を $S$ としたとき，求める円の面積は $2S$ である．

$$S = \int_{-1}^{1} \sqrt{1-x^2}\, dx = 2\int_{0}^{1} \sqrt{1-x^2}\, dx$$
$$= 2\left[\frac{1}{2}\left(x\sqrt{1-x^2} + \sin^{-1} x\right)\right]_{0}^{1} = \frac{\pi}{2}$$
(例題 4.13)

ゆえに求める円の面積は $\pi$ ∎

● パラメータ表示された曲線

ここでは円の面積を上の例とは別の方法で求めてみよう．この方法は他の図形の面積を求めるときにも応用できる．

【例 5.2】 パラメータ表示された曲線 $x = \cos t$，$y = \sin t$ $(0 \leq t \leq \pi)$ と $x$ 軸によって囲まれた図形の面積を $S$ とすると，$2S$ が半径 $1$ の円の面積になる．

$S = \int_{-1}^{1} y\, dx$ であるが，この積分を置換積分を使って $t$ に書き直すことを考える．

$dx = -\sin t\, dt$．$x = -1$ のとき $t = \pi$，$x = 1$ のとき $t = 0$ だから

$$S = \int_{\pi}^{0} \sin t(-\sin t)\, dt = \int_{0}^{\pi} \sin^2 t\, dt = \int_{0}^{\pi} \frac{1-\cos 2x}{2}\, dt$$
$$= \frac{1}{2}\left[t - \frac{1}{2}\sin 2t\right]_{0}^{\pi} = \frac{\pi}{2}$$

よって求める円の面積は $\pi$ ∎

問 5.3 半径 $r$ の円の面積が $\pi r^2$ であることを積分を使って求めよ．

問 5.4 楕円 $\dfrac{x^2}{a^2} + \dfrac{y^2}{b^2} = 1$ $(a, b > 0)$ によって囲まれた図形の面積を求めよ．楕円のパラメータ表示については §2.6 を見よ．

## 5.2 体積

立体を，$x$ 軸上の点 $x$ において $x$ 軸に垂直な平面で切った断面を $R(x)$，断面積（$R(x)$ の面積）を $S(x)$ とする（図 5.2 参照）．$x$ が区間 $[a, b]$ で変化するとき，断

面 $R(x)$ は連続的に変化するとする．$a, b$ を通り $x$ 軸に垂直な 2 つの平面にはさまれた立体部分（図 5.2 参照）の体積 $V$ は，

$$V = \int_a^b S(x)dx \tag{5.9}$$

で表される．この式は以下のようにして導かれる．

$a, x$ を通り $x$ 軸に垂直な 2 つの平面にはさまれた立体部分の体積を $V(x)$ とする．$V(a) = 0$, $V(b) = V$ であるから，微積分の基本定理（定理 4.5）より

$$V = V(b) - V(a) = \int_a^b V'(x)dx \tag{5.10}$$

である．

次に $V'(x)$ を求める．$\varepsilon > 0$ を任意にとる．$\overline{R}$ を，断面 $R(x)$ を含み面積 $S(x) + \varepsilon$ の図形とする．$\underline{R}$ を，断面 $R(x)$ に含まれ面積 $S(x) - \varepsilon$ の図形とする．$\Delta x > 0$ が十分小さいとき，$x, x + \Delta x$ を通り $x$ 軸に垂直な 2 つの平面にはさまれた立体部分（その体積 $= V(x + \Delta x) - V(x)$）は

- 側面 $\overline{R}$，幅 $\Delta x$ の柱体（その体積 $= (S(x) + \varepsilon)\Delta x$）に含まれ，
- 側面 $\underline{R}$，幅 $\Delta x$ の柱体（その体積 $= (S(x) - \varepsilon)\Delta x$）を含む．

図 5.3 を参照せよ．

ゆえに

$$(S(x) - \varepsilon)\Delta x \leq V(x + \Delta x) - V(x) \leq (S(x) + \varepsilon)\Delta x$$

したがって，$S(x) - \varepsilon \leq \dfrac{V(x + \Delta x) - V(x)}{\Delta x} \leq S(x) + \varepsilon$ より

$$S(x) - \varepsilon \leq \lim_{\Delta x \to +0} \frac{V(x + \Delta x) - V(x)}{\Delta x} \leq S(x) + \varepsilon$$

となり，$\varepsilon \to +0$ として

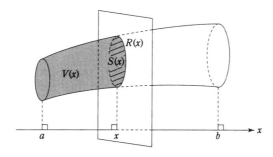

図 5.2　立体を $x$ 軸に垂直な平面で切った図

$$\lim_{\Delta x \to +0} \frac{V(x+\Delta x) - V(x)}{\Delta x} = S(x)$$

同様にして

$$\lim_{\Delta x \to -0} \frac{V(x+\Delta x) - V(x)}{\Delta x} = S(x)$$

ゆえに，$V'(x) = \lim_{\Delta x \to 0} \dfrac{V(x+\Delta x) - V(x)}{\Delta x} = S(x)$ となり，この式を式 (5.10) に代入して式 (5.9) を得る．

【例題 5.2】 関数 $f(x)$ は，$a \leq x \leq b$ で連続とする．曲線 $y = f(x)$ $(a \leq x \leq b)$ を $x$ 軸のまわりに 1 回転した回転体の体積を $V$ とするとき

$$V = \pi \int_a^b f(x)^2 dx$$

［解］ $x$ 軸上の点 $x$ において，$x$ 軸に垂直な平面で回転体を切った断面積は $\pi f(x)^2$ だから，求める式を得る． ∎

【例題 5.3】 半径 1 の球の体積 $V$ を求めよ．

［解］ 求める体積は半円 $y = \sqrt{1-x^2}$ $(-1 \leq x \leq 1)$ を $x$ 軸のまわりに 1 回転して得られる回転体の体積と同じだから

$$V = \pi \int_{-1}^{1} \left(\sqrt{1-x^2}\right)^2 dx = 2\pi \int_0^1 (1-x^2) dx = 2 \cdot \left[x - \frac{1}{3}x^3\right]_0^1 = \frac{4\pi}{3}$$ ∎

問 5.5 半径 $r$ の球の体積が $\dfrac{4\pi r^3}{3}$ であることを積分を使って求めよ．

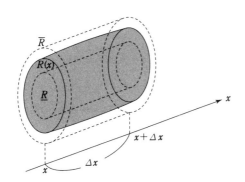

図 5.3 微小体積

【例題 5.4】 円 $x^2+(y-2)^2 \leq 1$ を $x$ 軸のまわりに 1 回転した回転体（**トーラス**）の体積 $V$ を求めよ（図 5.4 参照）．

[解] $V_1$ を，曲線 $y=2+\sqrt{1-x^2}$ $(-1 \leq x \leq 1)$ を $x$ 軸のまわりに 1 回転した回転体の体積とし，$V_2$ を，曲線 $y=2-\sqrt{1-x^2}$ $(-1 \leq x \leq 1)$ を $x$ 軸のまわりに 1 回転した回転体の体積とする．

$$V = V_1 - V_2$$
$$= \pi \int_{-1}^{1} (2+\sqrt{1-x^2})^2 dx - \pi \int_{-1}^{1} (2-\sqrt{1-x^2})^2 dx$$
$$= 8\pi \int_{-1}^{1} \sqrt{1-x^2}\, dx = 4\pi^2 \qquad\blacksquare$$

**問 5.6** 次の図形を $x$ 軸のまわりに回転して得られる回転体の体積を求めよ．
(1) $y=\sqrt{1+x^2}$ $(0 \leq x \leq 1)$
(2) $y=e^{-x}$, $x=0$, $x=a$ $(a>0)$ と $x$ 軸によって囲まれた部分

## 5.3 曲線の長さ

平面内のパラメータ表示された曲線 $C: x=x(t)$, $y=y(t)$ $(a \leq t \leq b)$ の長さ $L$ は，次の式で表される．ただし，関数 $x'(t)$, $y'(t)$ は，区間 $[a, b]$ で連続とする．

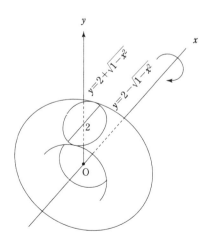

図 5.4 トーラス

$$L = \int_a^b \sqrt{x'(t)^2 + y'(t)^2}\, dt$$
$$= \int_a^b \sqrt{\left(\frac{dx}{dt}\right)^2 + \left(\frac{dy}{dt}\right)^2}\, dt \tag{5.11}$$

この式は以下のようにして導かれる（図5.5参照）．

点 $A(x(a), y(a))$ と，点 $P(x(t), y(t))$ の間にある曲線 $C$ の部分の長さを $L(t)$ と表す．$L(a)=0$，$L(b)=L$ であるから，微積分の基本定理（定理4.6）より

$$L = L(b) - L(a) = \int_a^b L'(t)\, dt \tag{5.12}$$

$L'(t)$ を求める．$t$ の増分を $\Delta t > 0$ とし，$C$ 上の点 $P'(f(t+\Delta t), g(t+\Delta t), h(t+\Delta t))$ をとる（図5.5参照）．

このとき

$$\lim_{\Delta t \to +0} \frac{L(t+\Delta t) - L(t)}{\Delta t} = \lim_{\Delta t \to 0}\left\{ \frac{L(t+\Delta t) - L(t)}{\overline{PP'}} \cdot \frac{\overline{PP'}}{\Delta t} \right\} \tag{5.13}$$

$\Delta t \to +0$ のとき，点 $P'$ は点 $P$ に近づき，線分 $PP'$ は曲線 $C$ の $P$ と $P'$ に挟まれた部分（その長さ $= L(t+\Delta t) - L(t)$）に近づく．したがって

$$\lim_{\Delta t \to +0} \frac{L(t+\Delta t) - L(t)}{\overline{PP'}} = 1 \tag{5.14}$$

一方，

$$\frac{\overline{PP'}}{\Delta t}$$
$$= \frac{1}{\Delta t}\sqrt{(x(t+\Delta t) - x(t))^2 + (y(t+\Delta t) - y(t))^2}$$
$$= \sqrt{\left\{\frac{x(t+\Delta t) - x(t)}{\Delta t}\right\}^2 + \left\{\frac{y(t+\Delta t) - y(t)}{\Delta t}\right\}^2}$$

より

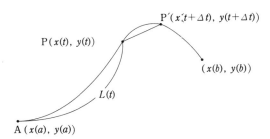

図5.5 曲線の長さ

$$\lim_{\Delta t \to +0} \frac{\overline{PP'}}{\Delta t} = \sqrt{x'(t)^2 + y'(t)^2} \tag{5.15}$$

式 (5.13)，式 (5.14) および式 (5.15) より

$$\lim_{\Delta t \to +0} \frac{L(t+\Delta t) - L(t)}{\Delta t} = \sqrt{x'(t)^2 + y'(t)^2}$$

同様にして

$$\lim_{\Delta t \to -0} \frac{L(t+\Delta t) - L(t)}{\Delta t} = \sqrt{x'(t)^2 + y'(t)^2}$$

ゆえに

$$L'(t) = \lim_{\Delta t \to 0} \frac{L(t+\Delta t) - L(t)}{\Delta t} = \sqrt{x'(t)^2 + y'(t)^2}$$

この式を，式 (5.12) に代入して式 (5.11) を得る．

特に，曲線：$y = y(x)$ $(a \leq x \leq b)$ の長さ $L$ は，この曲線が変数 $t$ を用いて $x = t$, $y = f(t)$ $(a \leq t \leq b)$ と表されることより

$$L = \int_a^b \sqrt{1 + f'(t)^2}\, dt = \int_a^b \sqrt{1 + f'(x)^2}\, dx = \int_a^b \sqrt{1 + \left(\frac{dy}{dt}\right)^2}\, dx$$

【例題 5.5】 半径 1 の円の円周の長さ $L$ を求めよ．

［解］ パラメータ表示された曲線 $C: x = \cos t$, $y = \sin t$ $(0 \leq t \leq 2\pi)$ の長さを求めるのと同じことである．$\dfrac{dx}{dt} = -\sin t$, $\dfrac{dy}{dt} = \cos t$ であるから

$$L = \int_0^{2\pi} \sqrt{\sin^2 t + \cos^2 t}\, dt = \int_0^{2\pi} dx = 2\pi \qquad \blacksquare$$

問 5.7 半径 $r$ の円の円周の長さが $2\pi r$ であることを積分を使って求めよ．

【例題 5.6】 放物線 $y = \dfrac{x^2}{2}$ $(0 \leq x \leq a)$ の長さを求めよ．$a$ は正の定数とする．

［解］ $\dfrac{dy}{dx} = x$ であるから，求める長さは

$$\int_0^a \sqrt{1 + x^2}\, dx = \frac{1}{2}\left[ x\sqrt{1 + x^2} + \log(x + \sqrt{1 + x^2}) \right]_0^a \qquad \text{(問 4.18 参照)}$$

$$= \frac{1}{2}\left\{ a\sqrt{1 + a^2} + \log(a + \sqrt{1 + a^2}) \right\} \qquad \blacksquare$$

**問 5.8** 曲線 $y = \dfrac{2}{3}x^{\frac{3}{2}}$ ($0 \leqq x \leqq 1$) の長さを求めよ．

**注意 5.1** 楕円の長さ，双曲線の長さは楕円積分を用いて表され，初等関数の積分によっては求まらない．

## 5.4 回転面の表面積

関数 $f(x)$，$f'(x)$ は区間 $[a, b]$ で連続で，$f(x) \geqq 0$ ($a \leqq x \leqq b$) であるとする．曲線：$y = f(x)$ ($a \leqq x \leqq b$) を，$x$ 軸のまわりに 1 回転した回転面の表面積を $S$ とするとき

$$S = \int_a^b 2\pi f(x)\sqrt{1 + f'(x)^2}\, dx \tag{5.6}$$

この式は以下のようにして導かれる．まず，次のことに注意する．

**注意 5.2** 線分を，ある回転軸のまわりに 1 回転した図 5.6 のような直円錐台の側面積は，展開図（図 5.7）を考えると，$\pi(a+b)l$ である． ■

$a \leqq t \leqq b$ とする．曲線 $y = f(x)$ ($a \leqq x \leqq t$) を，$x$ 軸のまわりに 1 回転した回転面の表面積を $S(t)$ とする（図 5.8 参照）．

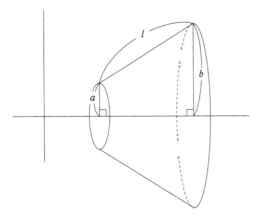

図 5.6　直円錐台

148 ──── 第5章 積分の応用

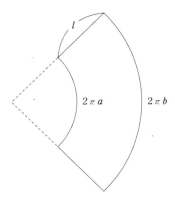

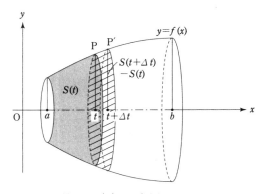

図 5.7  直円錐台の展開図  　　図 5.8  曲線 $y=f(x)$ の回転図

$S(a)=0$, $S(b)=S$ であるから，微積分の基本定理（定理 4.6）より

$$S=S(b)-S(a)=\int_a^b S'(t)dt \tag{5.7}$$

である．

次に $S'(t)$ を求める．$\Delta t>0$ とする．$S(t+\Delta t)-S(t)$ は，図 5.8 の斜線部の回転体の表面積を表す．一方，曲線 $y=f(x)$ 上の 2 点 $\mathrm{P}(t, f(t))$, $\mathrm{P}'(t+\Delta t, f(t+\Delta t))$ について，線分 $\mathrm{PP}'$（図 5.8 参照）を $x$ 軸のまわりに 1 回転した回転体の表面積を $S_{\mathrm{PP}'}$ とすると，注意 5.2 より

$$\begin{aligned}
S_{\mathrm{PP}'} &= \pi\{f(t+\Delta t)+f(t)\}\sqrt{(\Delta t)^2+(f(t+\Delta t)-f(t))^2} \\
&= \pi\{f(t+\Delta t)+f(t)\}\sqrt{1+\left(\frac{f(t+\Delta t)-f(t)}{\Delta t}\right)^2}\Delta t
\end{aligned} \tag{5.8}$$

図 5.5 より，$\Delta t \to +0$ のとき $\mathrm{P}'$ は $\mathrm{P}$ に近づき，$S_{\mathrm{PP}'}$ は $S(t+\Delta t)-S(t)$ に近づくから，

$$\lim_{\Delta t \to +0}\frac{S(t+\Delta t)-S(t)}{S_{\mathrm{PP}'}}=1$$

したがって

$$\begin{aligned}
&\lim_{\Delta t \to +0}\frac{S(t+\Delta t)-S(t)}{\Delta t} \\
&= \lim_{\Delta t \to +0}\left\{\frac{S(t+\Delta t)-S(t)}{S_{\mathrm{PP}'}}\cdot\frac{S_{\mathrm{PP}'}}{\Delta t}\right\} \\
&= \lim_{\Delta t \to +0}\frac{S_{\mathrm{PP}'}}{\Delta t} \quad \text{（ここで，式 (5.8) を用いる）}
\end{aligned}$$

$$= \lim_{\Delta t \to +0} \pi\{f(t+\Delta t)+f(t)\}\sqrt{1+\left(\frac{f(t+\Delta t)-f(t)}{\Delta t}\right)^2}$$
$$= 2\pi f(t)\sqrt{1+f'(t)^2}$$

同様にして，
$$\lim_{\Delta t \to -0}\frac{S(t+\Delta t)-S(t)}{\Delta t} = 2\pi f(t)\sqrt{1+f'(t)^2}$$

であるから，
$$S'(t) = \lim_{\Delta t \to 0}\frac{S(t+\Delta t)-S(t)}{\Delta t} = 2\pi f(t)\sqrt{1+f'(t)^2}$$

ゆえに，式 (5.7) より
$$S = \int_a^b 2\pi f(t)\sqrt{1+f'(t)^2}\,dt$$
$$= \int_a^b 2\pi f(x)\sqrt{1+f'(x)^2}\,dx$$

【例題 5.7】 半径 1 の球の表面積 $S$ を求めよ．

[解] これは，半円：$y=\sqrt{1-x^2}$ ($-1 \leq x \leq 1$) を $x$ 軸のまわりに 1 回転した回転体の表面積である．$y' = \dfrac{-x}{\sqrt{1-x^2}}$ より

$$S = \int_{-1}^{1} 2\pi\sqrt{1-x^2}\sqrt{1+\left(\frac{-x}{\sqrt{1-x^2}}\right)^2}\,dx = \int_{-1}^{1} 2\pi\,dx = 4\pi \qquad \blacksquare$$

**注意 5.3** $y=\sqrt{1-x^2}$ は $x=\pm 1$ で微分可能でないから，厳密にいうと，この球の表面積は $\displaystyle\lim_{a \to 1-0}\int_{-a}^{a} y\sqrt{1+y'^2}\,dx$ で求める． $\blacksquare$

**問 5.9** 半径 $r$ の球の表面積 $S$ が $4\pi r^2$ であることを積分を使って求めよ．

**問 5.10** 直線 $y=x$ ($0 \leq x \leq 1$) を $x$ 軸のまわりに 1 回転した円錐の側面積を求めよ．

**問 5.11** 放物線 $y=\sqrt{x}$ ($0 \leq x \leq 1$) を $x$ 軸のまわりに 1 回転した回転面の表面積を求めよ．

## 5.5 速度，加速度と距離

直線上を動く点Pを考えよう．時刻 $t$ におけるPの座標 $x$ は $x=f(t)$ で与えられているとする．このとき時刻 $t$ における速度 $v$，加速度 $a$ はそれぞれ

$$v=\frac{dx}{dt}=f'(t), \qquad a=\frac{dv}{dt}=f''(t)$$

である．逆に，加速度 $a=h(t)$ が与えられているとき

$$\text{速度 } v=\int h(t)dt$$

であり，不定積分における任意定数の値は，特定の時刻における $v$ の値によって定まる．速度 $v=g(t)$ が与えられているとき

$$\text{位置 } x=\int g(t)dt$$

$$\text{時刻 } t=a \text{ から時刻 } t=b \text{ までの位置の変化}=\int_a^b g(t)dt$$

$$\text{時刻 } t=a \text{ から時刻 } t=b \text{ までの移動距離}=\int_a^b |g(t)|dt$$

である．不定積分における任意定数の値は，特定の時刻における $x$ の値によって定まる．

【例題 5.8】 直線上を動く点Pの時刻 $t$ における加速度が $t+\sin t$ であり，時刻 $t=0$ における位置が $x=1$，速度が $v=0$ であるとき，時刻 $t$ における点Pの位置を求めよ．

［解］
$$v=\int(t+\sin t)dt=\frac{t^2}{2}-\cos t+C$$

$t=0$ のとき $v=0$ であるから，$0=-1+C$ より $C=1$ である．
ゆえに，$v=\dfrac{t^2}{2}-\cos t+1$ となり

$$x=\int\left(\frac{t^2}{2}-\cos t+1\right)dt=\frac{t^3}{6}-\sin t+t+C$$

$t=0$ のとき $x=1$ であるから $1=C$ である．ゆえに，
$$x=\frac{t^3}{6}-\sin t+t+1$$
∎

**問 5.12** 直線上を動く点 P の時刻 $t$ における速度 $v$ が $v = \sin t + \cos t$ であるとき

(1) 時刻 $t = 0$ から $t = 2\pi$ までの P の位置の変化を求めよ．

(2) 時刻 $t = 0$ から $t = 2\pi$ までの P の移動距離を求めよ．

# 章末問題

**問1** 曲線 $y = x^3 - 6x^2 + 9x$ と $x$ 軸によって囲まれた図形の面積を求めよ．

**問2** サイクロイド $x = a(t - \sin t)$, $y = a(1 - \cos t)$ $(0 \leq t \leq 2\pi, \ a > 0)$ と $x$ 軸によって囲まれた図形の面積を求めよ．

**問3** 次の2曲線によって囲まれた図形の面積を求めよ．
  (1) $y = x^2$, $\quad y^2 = -x$
  (2) $y = \sin x$, $\quad y = \cos x \quad (0 \leq x \leq 2\pi)$

**問4** 楕円 $\dfrac{x^2}{a^2} + \dfrac{y^2}{b^2} = 1$ $(a > 0, \ b > 0)$ を $x$ 軸のまわりに回転して得られる回転体の体積を求めよ．

**問5** 次の曲線の長さを求めよ．$a$ は正の定数とする．
  (1) $x = a(t - \sin t)$, $\quad y = a(1 - \cos t) \quad (0 \leq t \leq 2\pi)$
  (2) $x = a\cos^3 t$, $\quad y = a\sin^3 t \quad (0 \leq t \leq 2\pi)$
  (3) $y = \cosh x = \dfrac{e^x + e^{-x}}{2} \quad (0 \leq x \leq 1)$
  (4) $y = e^x \quad (0 \leq x \leq 1)$

**問6** 次の図形の回転面の表面積を求めよ．$a, b$ は正の定数とする．
  (1) 曲線：$y = \sin x \ (0 \leq x \leq \pi)$ を $x$ 軸のまわりに1回転した回転面．
  (2) 曲線：$y = \cosh x = \dfrac{e^x + e^{-x}}{2} \ (0 \leq x \leq 1)$ を $x$ 軸のまわりに1回転した回転面．

**閉曲線で囲まれた領域の面積**

自分自身と交わらない閉曲線 $C: x = x(t), \ y = y(t) \ (a \leq t \leq b)$ で囲まれた図形の面積 $S$ を求める以下の公式がある．($x(a) = x(b), \ y(a) = y(b)$ に注意しよう）．ここで，$t$ が増加するにつれて**点 $P(x(t), y(t))$ は反時計回りに回転すると**する．$x'(t), \ y'(t)$ が $[a, b]$ で連続であるとき，面積 $S$ は

$$S = \frac{1}{2} \int_a^b \{x(t)y'(t) - x'(t)y(t)\} \, dt$$

この公式を使うと半径 $r$ の円の面積は次のようにして求まる．

原点中心，半径 $r$ の円は $x = r\cos t, \ y = r\sin t \ (0 \leq t \leq 2\pi)$ とパラメータ表

示されるから

$$S = \frac{1}{2}\int_0^{2\pi}(r\cos t \cdot r\cos t - (-r\sin t)\cdot r\sin t)\,dt = \frac{1}{2}r^2\int_0^{2\pi}dt = \pi r^2$$

**問 7** 次の閉曲線によって囲まれた図形の面積を求めよ．$a, b$ は正の定数とする．

(1) カージオイド
$x = 2a\cos\theta - a\cos 2\theta, \qquad y = 2a\sin\theta - a\sin 2\theta \quad (0 \leqq \theta \leqq 2\pi)$

(2) アステロイド
$x = a\cos^3\theta, \qquad y = a\sin^3\theta \quad (0 \leqq \theta \leqq 2\pi)$

# 第6章
# 偏微分

独立変数の個数が2つ以上の関数の値の変化を調べるには，1つの変数のみを変化させたときの関数の導関数，すなわち偏導関数を用いる．この章では，主として2変数関数の偏微分法とその応用について説明するが，その方法は3変数以上の関数に対しても一般化され得るものである．

## 6.1　2変数関数

変数 $x, y$ のとる値に応じて，変数 $z$ のとる値がただ一つ定まるとき，$z$ を $x, y$ の **2変数関数** という．変数 $x, y$ から変数 $z$ への対応規則を記号 $f$ で表すとき，$z = f(x, y)$ と書く．

関数 $z = f(x, y)$ において，$x, y$ を **独立変数**，$z$ を **従属変数** という．$x, y$ の変化する範囲を **定義域**，$z$ の変化する範囲を **値域** という．$x, y$ の変化する範囲（定義域）は，座標平面内で点 $(x, y)$ が動く領域である．

【例 6.1】 関数 $z = \sqrt{1 - x^2 - y^2}$ の定義域は，円 $x^2 + y^2 \leqq 1$ であり，値域は $0 \leqq z \leqq 1$ である． ∎

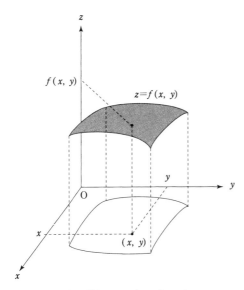

**図 6.1** 2 変数関数 $z = f(x, y)$ のグラフ

$(x, y)$ が動けば，点 $(x, y, f(x, y))$ は座標空間内の曲面を描く．これを $z = f(x, y)$ の**グラフ**という（図 6.1 参照）．

● 極限，連続性

平面内の動点 $\mathrm{P}(x, y)$ と定点 $\mathrm{A}(a, b)$（ただし $\mathrm{P} \neq \mathrm{A}$）との距離が限りなく 0 に近づくとき，すなわち $\sqrt{(x-a)^2 + (y-b)^2} \to 0$ であるとき，点 P は点 A に限りなく近づくといい，$\mathrm{P} \to \mathrm{A}$ あるいは，$(x, y) \to (a, b)$ と表す．

$(x, y) \to (a, b)$ のとき，関数 $f(x, y)$ の値が一定値 $\alpha$ に限りなく近づくことを，「$(x, y) \to (a, b)$ のとき $f(x, y)$ は $\alpha$ に**収束**する」といい

$$\lim_{(x,y) \to (a,b)} f(x, y) = \alpha$$

または，

$(x, y) \to (a, b)$ のとき $f(x, y) \to \alpha$

と表す．$\alpha$ を $(x, y) \to (a, b)$ のときの $f(x, y)$ の**極限値**という．

【例題 6.1】 次の関数 $f(x, y)$ について，$\lim_{(x,y)\to(0,0)} f(x, y)$ を求めよ．

(1) $f(x, y) = \dfrac{x^4 + y^4}{x^2 + y^2}$  (2) $f(x, y) = \dfrac{2xy}{x^2 + y^2}$

[解]

(1) $x = r\cos\theta$, $y = r\sin\theta$ とおく．

$(x, y) \to (0, 0)$ のとき $r = \sqrt{x^2 + y^2} \to 0$ であるから

$$0 < f(x, y) = \frac{r^4(\cos^4\theta + \sin^4\theta)}{r^2} = r^2(\cos^4\theta + \sin^4\theta) \leq 2r^2 \to 0$$

ゆえに

$$\lim_{(x,y)\to(0,0)} f(x, y) = 0$$

(2) $m$ を定数とする．点 $(x, y)$ が直線 $y = mx$ 上で $(0, 0)$ に近づくとき

$$f(x, y) = f(x, mx) = \frac{2mx^2}{(1 + m^2)x^2} = \frac{2m}{1 + m^2}$$

この値は $m$ によって異なるから，$\lim_{(x,y)\to(0,0)} f(x, y)$ は存在しない． ∎

$\lim_{(x,y)\to(a,b)} f(x, y) = f(a, b)$ が成立するとき，関数 $f(x, y)$ は点 $(a, b)$ で**連続**であるという．$f(x, y)$ が領域 $D$ 内のすべての点で連続であるとき，$f(x, y)$ は**領域 $D$ で連続**であるという．1変数関数の場合と同様に，連続関数について次の定理が成立する．

---

【定理 6.1】

(1) 関数 $f(x, y)$, $g(x, y)$ が点 $(a, b)$ で連続とする．
$f(x, y) \pm g(x, y)$, $f(x, y)g(x, y)$ は点 $(a, b)$ で連続である．また，$g(a, b) \neq 0$ ならば，$\dfrac{f(x, y)}{g(x, y)}$ は点 $(a, b)$ で連続である．

(2) 関数 $f(x, y)$ が有界閉領域 $D$ で連続であれば，$f(x, y)$ は $D$ で最大値と最小値を持つ．ここで，領域 $D$ が**有界閉領域**であるとは性質：
● $D$ は，ある長方形領域に含まれる
● $D$ は，$D$ の境界を含む
がみたされることである．

【例題 6.2】 次の関数 $f(x, y)$ が点 $(0, 0)$ で連続かどうかを調べよ．

(1) $f(x, y) = \begin{cases} \dfrac{x^4 + y^4}{x^2 + y^2} & (x, y) \neq (0, 0) \\ 0 & (x, y) = (0, 0) \end{cases}$

(2) $f(x, y) = \begin{cases} \dfrac{2xy}{x^2 + y^2} & (x, y) \neq (0, 0) \\ 0 & (x, y) = (0, 0) \end{cases}$

[解] 例題 6.1 において $\lim_{(x,y)\to(0,0)} f(x, y) = f(0, 0)$ となっているかどうかを確認すればよい．

(1) $\lim_{(x,y)\to(0,0)} f(x, y) = f(0, 0)$．ゆえに $f(x, y)$ は $(0, 0)$ で連続である．

(2) $\lim_{(x,y)\to(0,0)} f(x, y)$ は存在しない．ゆえに $f(x, y)$ は $(0, 0)$ で連続ではない．■

**問 6.1** 次の関数 $f(x, y)$ に対して，$\lim_{(x,y)\to(0,0)} f(x, y)$ を求めよ．

(1) $f(x, y) = \dfrac{x^3 + y^3}{x^2 + y^2}$ (2) $f(x, y) = \dfrac{2xy}{\sqrt{x^2 + y^2}}$

## 6.2 偏導関数

● **偏微分係数**

関数 $z = f(x, y)$ の定義域内に定点 $(a, b)$ を取る．$y = b$ と固定し，$x$ だけを変化させたときの極限値

$$\lim_{\Delta x \to 0} \frac{f(a + \Delta x, b) - f(a, b)}{\Delta x}$$

が存在するとき，$z = f(x, y)$ は $(a, b)$ において **$x$ について偏微分可能**であるという．この極限値を $z = f(x, y)$ の $(a, b)$ における **$x$ についての偏微分係数**といい，$f_x(a, b)$ あるいは $\dfrac{\partial f}{\partial x}(a, b)$ と表す．すなわち

$f_x(a, b) : x$ の関数 $z = f(x, b)$ の，$x = a$ における微分係数

逆に，$x = a$ と固定し，$y$ だけを変化させたときの極限値

$$\lim_{\Delta y \to 0} \frac{f(a, b + \Delta y) - f(a, b)}{\Delta y}$$

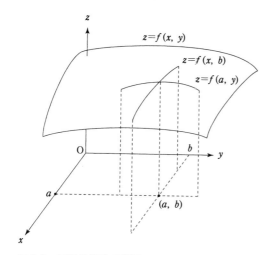

図 6.2 偏微分係数の説明

が存在するとき,$z=f(x, y)$ は $(a, b)$ において **$y$ について偏微分可能**であるという.この極限値を $z=f(x, y)$ の $(a, b)$ における **$y$ についての偏微分係数**といい,$f_y(a, b)$ あるいは $\dfrac{\partial f}{\partial y}(a, b)$ と表す.すなわち

$\qquad f_y(a, b):y$ の関数 $z=f(a, y)$ の,$y=b$ における微分係数

関数 $z=f(x, y)$ が,$(a, b)$ において $x$ についても,$y$ についても偏微分可能であるとき,$z=f(x, y)$ は $(a, b)$ で**偏微分可能**であるという(図 6.2 参照).

● 偏導関数

関数 $z=f(x, y)$ が,定義域内のすべての点 $(x, y)$ で $x$ について偏微分可能であるとき,$f_x(x, y)$ を $(x, y)$ の関数とみなして,$z=f(x, y)$ の **$x$ についての偏導関数**という.すなわち

$$f_x(x, y) = \lim_{\Delta x \to 0} \frac{f(x+\Delta x, y) - f(x, y)}{\Delta x}$$

$\qquad\qquad = f(x, y)$ を,$y$ を定数とみて,$x$ で微分したもの

$f_x(x, y)$ を

$\qquad \dfrac{\partial f}{\partial x}(x, y), \qquad z_x, \qquad \dfrac{\partial z}{\partial x}$

などと表すこともある.

関数 $z=f(x, y)$ の **$y$ についての偏導関数** $f_y(x, y)$ も同様に定める．すなわち

$$f_y(x, y) = \lim_{\Delta y \to 0} \frac{f(x, y+\Delta y) - f(x, y)}{\Delta y}$$

$\qquad\qquad = f(x, y)$ を，$x$ を定数とみて，$y$ で微分したもの

$f_y(x, y)$ を

$$\frac{\partial f}{\partial y}(x, y), \qquad z_y, \qquad \frac{\partial z}{\partial y}$$

などと表すこともある．

関数 $z=f(x, y)$ が，$x$ についても $y$ についても偏微分可能であるとき，$z=f(x, y)$ は**偏微分可能**といい，関数 $z=f(x, y)$ について，偏導関数 $f_x(x, y)$，$f_y(x, y)$ を求めることを**偏微分する**という．また，$f_x(x, y)$ と $f_y(x, y)$ が共に連続であるとき，関数 $z=f(x, y)$ は**連続微分可能**であるという．

**【例題 6.3】** 次の関数を偏微分せよ．

(1) $z = x^2 - 3xy + 4y^2$ (2) $z = (3x+4y)^5$ (3) $z = \tan^{-1}\dfrac{x}{y}$

［解］
(1) $z_x = 2x - 3y$，$z_y = -3x + 8y$
(2) $z_x = 15(3x+4y)^4$，$z_y = 20(3x+4y)^4$
(3) $z_x = \dfrac{1}{1+\left(\dfrac{x}{y}\right)^2} \dfrac{1}{y} = \dfrac{y}{x^2+y^2}$，$z_y = \dfrac{1}{1+\left(\dfrac{x}{y}\right)^2} \dfrac{-x}{y^2} = \dfrac{-x}{x^2+y^2}$ ∎

**【例題 6.4】** $z = \tan^{-1}\dfrac{x}{y}$ ならば，$xz_x + yz_y = 0$ であることを示せ．

［解］ $z_x = \dfrac{y}{x^2+y^2}$，$z_y = \dfrac{-x}{x^2+y^2}$ であるから

$$xz_x + yz_y = x \cdot \frac{y}{x^2+y^2} + y \cdot \frac{-x}{x^2+y^2} = 0$$ ∎

3 変数関数 $f(x, y, z)$ についても，偏微分および偏導関数が考えられる．$x$ について偏微分するときは，$y$，$z$ を定数とみて $x$ について微分すればよい．$y$ についての偏微分，$z$ についての偏微分についても同様である．

**【例 6.2】** $f(x, y, z) = \log(x^2 + y^2 + z^2 + 1)$ とすると

$$f_x(x, y, z) = \frac{2x}{x^2 + y^2 + z^2 + 1}$$

$$f_y(x, y, z) = \frac{2y}{x^2 + y^2 + z^2 + 1}$$

$$f_z(x, y, z) = \frac{2z}{x^2 + y^2 + z^2 + 1}$$

∎

**問 6.2** 次の関数を偏微分せよ．

(1) $z = x^3 + y^3 - 3xy$ 　　(2) $z = (x^2 + y^3)^4$

(3) $z = \sin(2x + 3y)$ 　　(4) $z = \dfrac{2x - y}{x + 2y}$

(5) $z = \log(x^2 + y^2)$ 　　(6) $z = \tan^{-1}(xy)$

**問 6.3** $z = x^2 + y^2 - xy$ とすると，$xz_x + yz_y = 2z$ が成立することを示せ．

## 6.3 高階偏導関数

関数 $z = f(x, y)$ の偏導関数 $\dfrac{\partial z}{\partial x}$，$\dfrac{\partial z}{\partial y}$ がまた偏微分可能であれば，これらの偏導関数

$$\frac{\partial}{\partial x}\left(\frac{\partial z}{\partial x}\right), \quad \frac{\partial}{\partial y}\left(\frac{\partial z}{\partial x}\right), \quad \frac{\partial}{\partial x}\left(\frac{\partial z}{\partial y}\right), \quad \frac{\partial}{\partial y}\left(\frac{\partial z}{\partial y}\right)$$

を得る．このとき $z = f(x, y)$ は 2 回偏微分可能であるという．また，上の式の各々を $z = f(x, y)$ の **2 階偏導関数** といって以下のような記号で表す．

$z_{xx}, \quad z_{xy}, \quad z_{yx}, \quad z_{yy}$

$\dfrac{\partial^2 z}{\partial x^2}, \quad \dfrac{\partial^2 z}{\partial y \partial x}, \quad \dfrac{\partial^2 z}{\partial x \partial y}, \quad \dfrac{\partial^2 z}{\partial y^2}$

$f_{xx}(x, y), \quad f_{xy}(x, y), \quad f_{yx}(x, y), \quad f_{yy}(x, y)$

$\dfrac{\partial^2 f(x, y)}{\partial x^2}, \quad \dfrac{\partial^2 f(x, y)}{\partial y \partial x}, \quad \dfrac{\partial^2 f(x, y)}{\partial x \partial y}, \quad \dfrac{\partial^2 f(x, y)}{\partial y^2}$

このように偏微分をくりかえし，$z = f(x, y)$ を $n$ 回偏微分して得られる関数を $z = f(x, y)$ の **$n$ 階偏導関数** という．$n \geq 2$ のとき，$n$ 階偏導関数をまとめて **高階偏導関数** という．

$z = f(x, y)$ の $n$ 階までのすべての偏導関数が存在して，すべて連続であるとき，$z = f(x, y)$ は **$n$ 回連続微分可能**であるという．

【例 6.3】
(1) $z = x^2 - 2xy + 4y^2$ とする．
 $z_x = 2x - 2y$, $z_y = -2x + 8y$ より $z_{xx} = 2$, $z_{xy} = z_{yx} = -2$, $z_{yy} = 8$
(2) $z = x^3 - 3xy + y^3$ とする．
 $z_x = 3x^2 - 3y$, $z_y = -3x + 3y^2$ より $z_{xx} = 6x$, $z_{xy} = z_{yx} = -3$, $z_{yy} = 6y$ ■

上の例では $z_{xy} = z_{yx}$ であるが，この等式が常に成立するとは限らない．偏微分の順序の交換については次の定理がある．証明は省く．

【定理 6.2】 **偏微分の順序交換** $z = f(x, y)$ が 2 回連続微分可能ならば
$$z_{xy} = z_{yx}$$

この定理から，$z = f(x, y)$ が $n$ 回連続微分可能であるとき，$z = f(x, y)$ の $n$ 階までの偏導関数は偏微分する順序に関係なく，$x$, $y$ それぞれについて偏微分した回数によって定まる．たとえば，$z = f(x, y)$ が 3 回連続微分可能であるとき，$z_{xxy}$, $z_{xyx}$, $z_{yxx}$ はすべて等しい．

$z_{xy} \neq z_{yx}$ となる関数は応用上まれであるから，偏微分の順序は交換できると考えてよい．

**問 6.4** 次の関数 $z$ の 2 階偏導関数 $z_{xx}$, $z_{xy}$, $z_{yx}$, $z_{yy}$ を求めよ．そしてすべて $z_{xy} = z_{yx}$ となっていることを確認せよ．

(1) $z = x^3 - 5x^2 y^4 + y^6$ (2) $z = \dfrac{x-y}{x+y}$
(3) $z = e^{2x - 3y}$ (4) $z = \sin(x + y^2)$
(5) $z = \sin(xy)$ (6) $z = e^{xy}$

## 6.4 全微分と接平面

● **全微分**

関数 $z=f(x, y)$ について，$x$ または $y$ のうち一方のみを変化させたときの $f(x, y)$ の変化を調べるのが偏微分であった．$x, y$ を同時に変化させたときの $f(x, y)$ の変化を調べるのが，以下で述べる全微分である．

関数 $z=f(x, y)$ の定義域内の点を $(a, b)$ とする．$f(x, y)$ が $(a, b)$ で偏微分可能で

$$\lim_{(\Delta x, \Delta y) \to (0,0)} \frac{f(a+\Delta x, b+\Delta y) - f(a, b) - \{f_x(a, b)\Delta x + f_y(a, b)\Delta y\}}{\sqrt{(\Delta x)^2 + (\Delta y)^2}} = 0 \tag{6.1}$$

が成立するとき，$z=f(x, y)$ は点 $(a, b)$ で**全微分可能**であるという．

**注意 6.1** 式 (6.1) は，1 変数関数における微分の式

$$\lim_{\Delta x \to 0} \frac{f(a+\Delta x) - f(a) - f'(a)\Delta x}{\Delta x} = 0$$

に相当する．

関数 $z=f(x, y)$ は $(a, b)$ で全微分可能とする．$(x, y)$ が $(a, b)$ から $(a+\Delta x, b+\Delta y)$ に変化するときの $z$ の変化量 $f(a+\Delta x, b+\Delta y) - f(x, y)$ を調べよう．

$$\varepsilon(\Delta x, \Delta y) = \frac{f(a+\Delta x, b+\Delta y) - f(a, b) - \{f_x(a, b)\Delta x + f_y(a, b)\Delta y\}}{\sqrt{(\Delta x)^2 + (\Delta y)^2}}$$

とおき，分母をはらって移項すると

$$f(a+\Delta x, b+\Delta y) - f(a, b)$$
$$= f_x(a, b)\Delta x + f_y(a, b)\Delta y + \varepsilon(\Delta x, \Delta y)\sqrt{(\Delta x)^2 + (\Delta y)^2} \tag{6.2}$$

ここで，式 (6.1) より

$$\lim_{(\Delta x, \Delta y) \to (0,0)} \varepsilon(\Delta x, \Delta y) = 0 \tag{6.3}$$

式 (6.2)，式 (6.3) より，$\Delta x, \Delta y$ が小さいとき，次の近似式が成立する．

$$f(a+\Delta x, b+\Delta y) - f(a, b) \fallingdotseq f_x(a, b)\Delta x + f_y(a, b)\Delta y \tag{6.4}$$

この近似式に対応して，$\Delta x$ と $\Delta y$ の 1 次式

$$f_x(a, b)\Delta x + f_y(a, b)\Delta y$$

を，$z=f(x, y)$ の $(a, b)$ における**全微分**といい，$df(a, b)$ と表す．すなわち
$$df(a, b) = f_x(a, b)\Delta x + f_y(a, b)\Delta y \tag{6.5}$$
全微分可能性について次の 2 つの定理が成立する．

---

**【定理 6.3】** 関数 $z=f(x, y)$ が点 $(a, b)$ で全微分可能ならば，$z=f(x, y)$ は点 $(a, b)$ で連続である．

---

［証明］ 式 (6.2)，式 (6.3) より明らか． ∎

---

**【定理 6.4】** 関数 $z=f(x, y)$ が定義域において 1 回連続微分可能ならば，定義域内のすべての点で全微分可能である．

---

証明は省くが，この定理より，よく現れる関数は全微分可能と考えてよい． ∎

関数 $z=f(x, y)$ が定義域内のすべての点 $(x, y)$ で全微分可能であるとする．式 (6.5) で，$(a, b)$ の代わりに $(x, y)$ として
$$df(x, y) = f_x(x, y)\Delta x + f_y(x, y)\Delta y$$
特に，$f(x, y) = x$ のとき
$$dx = \frac{\partial x}{\partial x}\Delta x + \frac{\partial x}{\partial y}\Delta y = \Delta x$$
また，$f(x, y) = y$ のとき
$$dy = \frac{\partial y}{\partial x}\Delta x + \frac{\partial y}{\partial y}\Delta y = \Delta y$$
であるから
$$df(x, y) = f_x(x, y)dx + f_y(x, y)dy$$
この式は，近似式 $f(x+\Delta x, y+\Delta y) - f(x, y) \fallingdotseq f_x(x, y)\Delta x + f_y(x, y)\Delta y$ を $\Delta x \to 0$，$\Delta y \to 0$ の極限において表現したものと解釈する．

$z = f(x, y)$ を考慮して，$df(x, y)$ を $dz$ と表すこともある．この場合は
$$dz = f_x(x, y)dx + f_y(x, y)dy = z_x dx + z_y dy$$

## 6.4 全微分と接平面

【例題 6.5】 $z = xy^2 e^{xy}$ の全微分を求めよ.

[解] $z_x = y^2(1+xy)e^{xy}$, $z_y = xy(2+xy)e^{xy}$ であるから
$$dz = z_x dx + z_y dy = y^2(1+xy)e^{xy} dx + xy(2+xy)e^{xy} dy$$ ∎

**問 6.5** 次の関数の全微分を求めよ.
　　(1) $z = 2x^3 + y^2 - 6xy$ 　　(2) $z = \cos(x^2 + y^2)$

● 接平面

【定理 6.5】 関数 $z = f(x, y)$ が点 $(a, b)$ で全微分可能ならば
$$z = f(a, b) + f_x(a, b)(x-a) + f_y(a, b)(y-b) \tag{6.6}$$
は, 曲面 $z = f(x, y)$ 上の点 $(a, b, f(a, b))$ における**接平面**を表す.

[証明] 点 $A(a, b, f(a, b))$ に近い曲面上の点を $P(a+h, b+k, f(a+h, b+k))$, P から式 (6.6) で定められた平面 $T$ に下ろした垂線の足を H とする (図 6.3 参照). このとき $\lim_{P \to A} \angle PAH = 0$ となり, この意味で平面 $T$ は接平面である. $\lim_{P \to A} \angle PAH = 0$, すなわち, $\lim_{(h,k) \to (0,0)} \angle PAH = 0$ を示そう.

空間内の点と平面の間の距離の公式 (線形代数の定理) より
$$PH = \frac{|f(a+h, b+k) - f(a, b) - f_x(a, b)h - f_y(a, b)k|}{\sqrt{f_x(a, b)^2 + f_y(a, b)^2 + 1}}$$
$$\leq |f(a+h, b+k) - f(a, b) - f_x(a, b)h - f_y(a, b)k|$$

一方
$$\frac{1}{PA} = \frac{1}{\sqrt{h^2 + k^2 + (f(a+h, b+k) - f(a, b))^2}} \leq \frac{1}{\sqrt{h^2 + k^2}}$$

ゆえに
$$0 \leq \sin \angle PAH = \frac{PH}{PA}$$
$$\leq \frac{|f(a+h, b+k) - f(a, b) - f_x(a, b)h - f_y(a, b)k|}{\sqrt{h^2 + k^2}}$$

上の式の右辺は, 式 (6.1) で $\Delta x = h$, $\Delta y = k$ とおけばわかるように, $(h, k) \to (0, 0)$ のとき 0 に収束する. したがって, はさみうちの原理より $\lim_{(h,k) \to (0,0)} \sin \angle PAH$

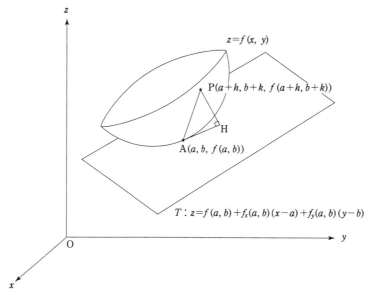

図 6.3 接平面

$=0$ となる．これより，
$$\lim_{P \to A} \angle \mathrm{PAH} = 0$$ ∎

曲面 $z=f(x, y)$ 上の点 $(a, b, f(a, b))$ を通り，接平面に直交する直線
$$\frac{x-a}{f_x(a, b)} = \frac{y-b}{f_y(a, b)} = \frac{z-f(a, b)}{-1} \tag{6.7}$$
を，曲面 $z=f(x, y)$ の点 $(a, b, f(a, b))$ での**法線**という．

【例題 6.6】 曲面 $z=x^2+y^2$ 上の点 $(1, 2, 5)$ での接平面と法線の方程式を求めよ．

［解］ $z=x^2+y^2$, $z_x=2x$, $z_y=2y$ より，$x=1$, $y=2$ のとき，$z=5$, $z_x=2$, $z_y=4$. したがって，接平面と法線の方程式は，それぞれ
$$z = 5 + 2(x-1) + 4(y-2) = 2x + 4y - 5$$
$$\frac{x-1}{2} = \frac{y-2}{4} = -z + 5$$ ∎

**問 6.6** 次の曲面の，与えられた $(a, b, c)$ での接平面の方程式を求めよ．
(1) $z = x^2 + y^3$, $(a, b, c) = (2, 1, 5)$
(2) $z = xy + 2x - y + 1$, $(a, b, c) = (2, 0, 5)$

## 6.5 合成関数の偏微分

● 合成関数の微分公式

**【定理 6.6】 合成関数の微分公式** $z = f(x, y)$ が全微分可能とする．
(1) $x = \phi(t)$, $y = \psi(t)$ が微分可能ならば，**合成関数** $z = f(\phi(t), \psi(t))$ も微分可能であり，次の微分公式が成立する．

$$\frac{dz}{dt} = f_x(\phi(t), \psi(t))\phi'(t) + f_y(\phi(t), \psi(t))\psi'(t) \tag{6.8}$$

ここで，$f_x(\phi(t), \psi(t))$ は $f_x(x, y)$ に $x = \phi(t)$, $y = \psi(t)$ を代入した式である．$f_y(\phi(t), \psi(t))$ は $f_y(x, y)$ に $x = \phi(t)$, $y = \psi(t)$ を代入した式である．
式 (6.8) は次のようにも表す．

$$\frac{dz}{dt} = \frac{\partial z}{\partial x} \cdot \frac{dx}{dt} + \frac{\partial z}{\partial y} \cdot \frac{dy}{dt} \tag{6.9}$$

(2) $x = \phi(u, v)$, $y = \psi(u, v)$ が偏微分可能ならば，$z = f(\phi(u, v), \psi(u, v))$ も偏微分可能であり，次の微分公式が成立する．

$$\frac{\partial z}{\partial u} = f_x(\phi(u, v), \psi(u, v))\phi_u(u, v)$$
$$\quad + f_y(\phi(u, v), \psi(u, v))\psi_u(u, v)$$
$$\frac{\partial z}{\partial v} = f_x(\phi(u, v), \psi(u, v))\phi_v(u, v)$$
$$\quad + f_y(\phi(u, v), \psi(u, v))\psi_v(u, v) \tag{6.10}$$

これらの式は，それぞれ次のようにも表す．

$$\frac{\partial z}{\partial u} = \frac{\partial z}{\partial x} \cdot \frac{\partial x}{\partial u} + \frac{\partial z}{\partial y} \cdot \frac{\partial y}{\partial u}$$
$$\frac{\partial z}{\partial v} = \frac{\partial z}{\partial x} \cdot \frac{\partial x}{\partial v} + \frac{\partial z}{\partial y} \cdot \frac{\partial y}{\partial v} \tag{6.11}$$

[証明] (1) $t$ の増分 $\Delta t$ に対応する $x = \phi(t)$, $y = \psi(t)$ の増分を
$$\Delta x = \phi(t+\Delta t) - \phi(t), \qquad \Delta y = \psi(t+\Delta t) - \psi(t)$$
$x$, $y$ の増分 $\Delta x$, $\Delta y$ に対応する $z = f(x, y)$ の増分を
$$\Delta z = f(x+\Delta x, y+\Delta y) - f(x, y)$$
$$= f(\phi(t)+\Delta x, \psi(t)+\Delta y) - f(\phi(t), \psi(t))$$
とする．$z = f(x, y)$ が $(\phi(t), \psi(t))$ で全微分可能だから，式 (6.2) より
$$\Delta z = f(\phi(t)+\Delta x, \psi(t)+\Delta y) - f(\phi(t), \psi(t))$$
$$= f_x(\phi(t), \psi(t))\Delta x + f_y(\phi(t), \psi(t))\Delta y$$
$$+ \varepsilon(\Delta x, \Delta y)\sqrt{(\Delta x)^2 + (\Delta y)^2}$$
ゆえに
$$\frac{dz}{dt} = \lim_{\Delta t \to 0}\frac{\Delta z}{\Delta t}$$
$$= f_x(\phi(t), \psi(t))\lim_{\Delta t \to 0}\frac{\Delta x}{\Delta t} + f_y(\phi(t), \psi(t))\lim_{\Delta t \to 0}\frac{\Delta y}{\Delta t}$$
$$+ \lim_{\Delta t \to 0}\varepsilon(\Delta x, \Delta y)\frac{|\Delta t|}{\Delta t}\sqrt{\left(\frac{\Delta x}{\Delta t}\right)^2 + \left(\frac{\Delta y}{\Delta t}\right)^2}$$
$\Delta t \to 0$ のとき，$\Delta x \to 0$，$\Delta y \to 0$ だから，式 (6.3) より
$$\lim_{\Delta t \to 0}\varepsilon(\Delta x, \Delta y) = \lim_{(\Delta x, \Delta y) \to (0,0)}\varepsilon(\Delta x, \Delta y) = 0$$
したがって
$$\frac{dz}{dt} = f_x(\phi(t), \psi(t))\frac{dx}{dt} + f_y(\phi(t), \psi(t))\frac{dy}{dt}$$
$$= f_x(\phi(t), \psi(t))\phi'(t) + f_y(\phi(t), \psi(t))\psi'(t)$$
ゆえに，$z = f(\phi(t), \psi(t))$ は微分可能であり，式 (6.8) が成立する．

(2) $v$ を定数とみて，$z$ を $u$ で微分すると(1)より $\frac{\partial z}{\partial u}$ についての式を得る．$\frac{\partial z}{\partial v}$ についても同様である． ∎

**注意 6.2** 全微分の式 $dz = \frac{\partial z}{\partial x}dx + \frac{\partial z}{\partial y}dy$ の両辺を形式的に $dt$ で割ると，合成関数の微分公式 $\frac{dz}{dt} = \frac{\partial z}{\partial x}\cdot\frac{dx}{dt} + \frac{\partial z}{\partial y}\cdot\frac{dy}{dt}$ を得る．

【例題 6.7】 $z = \sin(xy)$, $x = t^2$, $y = e^t$ のとき $\dfrac{dz}{dt}$ を求めよ.

[解] 合成関数の微分公式 (6.9) より
$$\dfrac{dz}{dt} = \dfrac{\partial z}{\partial x} \cdot \dfrac{dx}{dt} + \dfrac{\partial z}{\partial y} \cdot \dfrac{dy}{dt} = y\cos(xy) \cdot 2t + x\cos(xy) \cdot e^t$$
$$= (2yt + xe^t)\cos(xy) = t(t+2)e^t \cos(t^2 e^t) \qquad \blacksquare$$

**問 6.7** 合成関数の微分公式を用いて，次の合成関数について $\dfrac{dz}{dt}$ を求めよ.

(1) $z = x^2 - 2xy + 4y^2$, $x = \cos t$, $y = \sin t$

(2) $z = \dfrac{x-y}{x+y}$, $x = e^t$, $y = e^{-t}$

【例題 6.8】 $z = x^3 - 3xy + y^3$, $x = u + v$, $y = uv$ のとき $\dfrac{\partial z}{\partial u}$, $\dfrac{\partial z}{\partial v}$ を求めよ.

[解] 合成関数の微分公式 (6.11) より
$$\dfrac{\partial z}{\partial u} = \dfrac{\partial z}{\partial x} \cdot \dfrac{\partial x}{\partial u} + \dfrac{\partial z}{\partial y} \cdot \dfrac{\partial y}{\partial u} = (3x^2 - 3y) \cdot 1 + (-3x + 3y^2) \cdot v$$
$$= 3\{(u+v)^2 - uv\} + 3(-u - v + u^2 v^2)v = 3u^2(1 + v^3)$$
$$\dfrac{\partial z}{\partial v} = \dfrac{\partial z}{\partial x} \cdot \dfrac{\partial x}{\partial v} + \dfrac{\partial z}{\partial y} \cdot \dfrac{\partial y}{\partial v} = (3x^2 - 3y) \cdot 1 + (-3x + 3y^2) \cdot u$$
$$= 3\{(u+v)^2 - uv\} + 3(-u - v + u^2 v^2)u = 3v^2(1 + u^3) \qquad \blacksquare$$

**問 6.8** 合成関数の微分公式を用いて，次の合成関数について $\dfrac{\partial z}{\partial u}$, $\dfrac{\partial z}{\partial v}$ を求めよ.

(1) $z = x^2 + 2xy + 2y^2$, $x = u + v$, $y = u - v$

(2) $z = e^{xy}$, $x = u + v$, $y = uv$

(3) $z = \dfrac{x-y}{x+y}$, $x = e^u \cos v$, $y = e^u \sin v$

【例題 6.9】 **極座標変換** $z = f(x, y)$, $x = r\cos\theta$, $y = r\sin\theta$ のとき，次の式を示せ．極座標変換については，図 6.5 を参照せよ．

(1) $\dfrac{\partial z}{\partial r} = \cos\theta \dfrac{\partial z}{\partial x} + \sin\theta \dfrac{\partial z}{\partial y}$, $\qquad \dfrac{\partial z}{\partial \theta} = -r\sin\theta \dfrac{\partial z}{\partial x} + r\cos\theta \dfrac{\partial z}{\partial y}$

[解]

(1) 合成関数の微分公式 (6.11) より

$$\frac{\partial z}{\partial r} = \frac{\partial z}{\partial x} \cdot \frac{\partial x}{\partial r} + \frac{\partial z}{\partial y} \cdot \frac{\partial y}{\partial r} = \cos\theta \frac{\partial z}{\partial x} + \sin\theta \frac{\partial z}{\partial y}$$

$$\frac{\partial z}{\partial \theta} = \frac{\partial z}{\partial x} \cdot \frac{\partial x}{\partial \theta} + \frac{\partial z}{\partial y} \cdot \frac{\partial y}{\partial \theta} = -r\sin\theta \frac{\partial z}{\partial x} + r\cos\theta \frac{\partial z}{\partial y}$$ ■

**問 6.9** $z = x^3 + y^3$, $x = r\cos\theta$, $y = r\sin\theta$ のとき $\frac{\partial z}{\partial r}$, $\frac{\partial z}{\partial \theta}$ を求めよ．

## 6.6 極値問題

● 2次のテイラーの定理

合成関数の微分公式（定理 6.6）より，関数 $f(x, y)$ が 2 回連続微分可能ならば

$$F(t) = f(a + ht, b + kt) \quad (a, b, h, k は定数)$$

も 2 回連続微分可能であり，次の式が成立する．

$$F'(t) = f_x(a+ht, b+kt)h + f_y(a+ht, b+kt)k \tag{6.12}$$

$$\begin{aligned}F''(t) &= \{f_{xx}(a+ht, b+kt)h + f_{xy}(a+ht, b+kt)k\}h \\ &\quad + \{f_{yx}(a+ht, b+kt)h + f_{yy}(a+ht, b+kt)k\}k \\ &= f_{xx}(a+ht, b+kt)h^2 + 2f_{xy}(a+ht, b+kt)hk \\ &\quad + f_{yy}(a+ht, b+kt)k^2\end{aligned} \tag{6.13}$$

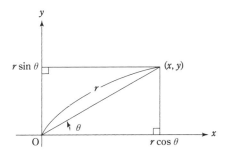

図 6.5 極座標変換

> **【定理 6.7】 2次のテイラーの定理**　関数 $f(x, y)$ が，点 $(a, b)$ と点 $(a+h, b+k)$ を結ぶ線分の近くで 2 回連続微分可能ならば
> $$f(a+h, b+k) = f(a, b) + f_x(a, b)h + f_y(a, b)k$$
> $$+ \frac{1}{2}\Big\{f_{xx}(a+\theta h, b+\theta k)h^2 + 2f_{xy}(a+\theta h, b+\theta k)hk$$
> $$+ f_{yy}(a+\theta h, b+\theta k)k^2\Big\} \qquad (0 < \theta < 1) \qquad (6.14)$$
> をみたす $\theta$ が存在する．

［証明］ $F(t) = f(a+ht, b+kt)$ とおき，1変数のマクローリンの定理を適用すると，
$$F(1) = F(0) + F'(0) + \frac{1}{2}F''(\theta) \qquad (0 < \theta < 1)$$
をみたす $\theta$ が存在することがわかる．

ここで，
$$F(1) = f(a+h, b+k), \qquad F(0) = f(a, b)$$
であり，式 (6.12) と式 (6.13) より
$$F'(0) = f_x(a, b)h + f_y(a, b)k$$
$$F''(\theta) = f_{xx}(a+\theta h, b+\theta k)h^2 + 2f_{xy}(a+\theta h, b+\theta k)hk$$
$$+ f_{yy}(a+\theta h, b+\theta k)k^2$$
である．したがって，式 (6.14) が成立する． ■

● 極値問題

$(a, b)$ の近くのすべての $(x, y)$ に対して
$$f(x, y) \leq f(a, b) \qquad (\text{または} \quad f(x, y) \geq f(a, b))$$
が成立するとき，関数 $f(x, y)$ は $(a, b)$ において**極大**（または**極小**）であるといい，$f(a, b)$ を**極大値**（または**極小値**）という．極大値と極小値を併せて**極値**という．$f(x, y)$ が $(a, b)$ において極大あるいは極小であるとき，$f(x, y)$ は $(a, b)$ において極値をとるという．

> **【定理 6.8】 極値の必要条件**　関数 $f(x, y)$ が $(a, b)$ で偏微分可能とする．$f(x, y)$ が $(a, b)$ で極値をとれば，
> $$f_x(a, b) = f_y(a, b) = 0 \tag{6.15}$$
> が成立する．

［証明］　$f(x, y)$ が $(a, b)$ で極大（極小）であれば，$x$ の関数 $\phi(x) = f(x, b)$ は $x = a$ で極大（極小），かつ $y$ の関数 $\psi(y) = f(a, y)$ は $y = b$ で極大（極小）である．ゆえに，
$$\phi'(a) = f_x(a, b) = 0$$
$$\psi'(b) = f_y(a, b) = 0$$
∎

$a$, $b$ が式 (6.15) をみたしても，関数 $f(x, y)$ が $(a, b)$ において極値をとるとは限らない．

**【例 6.4】**　$f(x, y) = x^2 - y^2$ とする．$f_x(0, 0) = f_y(0, 0) = 0$ であるが，$f(x, y)$ は $(0, 0)$ で極値をとらない（図 6.6 参照）．∎

ここで，2 階偏微分係数による極値判定法を示す．証明には，2 次のテイラーの定理を用いる．

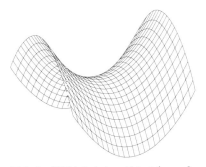

図 6.6　極値をとらないグラフ ($z = x^2 - y^2$)

【定理 6.9】 **極値の判定条件** 関数 $f(x, y)$ が $(a, b)$ の近くで2回連続微分可能であり，$f_x(a, b) = f_y(a, b) = 0$ とする．
$$H(x, y) = f_{xx}(x, y)f_{yy}(x, y) - f_{xy}(x, y)^2 \tag{6.16}$$
とおく．そのとき
(1) $H(a, b) > 0$ ならば，$f(a, b)$ は極値である．さらに，
　① $f_{xx}(a, b) > 0$ ならば，$f(a, b)$ は極小値である．
　② $f_{xx}(a, b) < 0$ ならば，$f(a, b)$ は極大値である．
(2) $H(a, b) < 0$ ならば，$f(a, b)$ は極値ではない．

**注意 6.3** $H(a, b) = 0$ の場合，これだけでは極値の判定はできない．

［証明］ $f_x(a, b) = f_y(a, b) = 0$ であるから，定理 6.7 より
$$\begin{aligned}&f(a+h, b+k) - f(a, b) \\ &= \frac{1}{2}\Big\{f_{xx}(a+\theta h, b+\theta k)h^2 + 2f_{xy}(a+\theta h, b+\theta k)hk \\ &\qquad + f_{yy}(a+\theta h, b+\theta k)k^2\Big\} \\ &= \frac{1}{2}\{A(h, k)h^2 + 2B(h, k)hk + C(h, k)k^2\}\end{aligned} \tag{6.17}$$
となる $0 < \theta < 1$ が存在する．ここで，
$$\left.\begin{aligned}A(h, k) &= f_{xx}(a+\theta h, b+\theta k) \\ B(h, k) &= f_{xy}(a+\theta h, b+\theta k) \\ C(h, k) &= f_{yy}(a+\theta h, b+\theta k)\end{aligned}\right\} \tag{6.18}$$

**(1)-①　$H(a, b) > 0$ かつ $f_{xx}(a, b) > 0$ の場合．**
式 (6.18) および式 (6.16) と仮定より
$$A(0, 0)C(0, 0) - B(0, 0)^2 = f_{xx}(a, b)f_{yy}(a, b) - f_{xy}(a, b)^2 = H(a, b) > 0$$
また，式 (6.18) と仮定より
$$A(0, 0) = f_{xx}(a, b) > 0$$
したがって，連続性より，$h, k$ が十分小さいとき
$$A(h, k)C(h, k) - B(h, k)^2 > 0 \quad \text{かつ} \quad A(h, k) > 0 \tag{6.19}$$

ゆえに，式 (6.17) の右辺を整理すると，$h$, $k$ が十分小さいとき

$$f(a+h, b+k) - f(a, b)$$
$$= \frac{1}{2A(h, k)} \left[ \{A(h, k)h + B(h, k)k\}^2 + \{A(h, k)C(h, k) - B(h, k)^2\}k^2 \right]$$
$$\geqq 0 \tag{6.20}$$

ゆえに，$h$, $k$ が十分小さいとき，$f(a+h, b+k) \geqq f(a, b)$ が成立し，$f(a, b)$ は極小値である．

**(1)-② $H(a, b) > 0$ かつ $f_{xx}(a, b) < 0$ の場合．**

(1)-①の場合と同様の論法による．式 (6.20) で $A(h, k) < 0$ であることから，$h$, $k$ が十分小さいとき $f(a+h, b+k) \leqq f(a, b)$ となり，$f(a, b)$ は極大値である．

**(2) $H(a, b) < 0$ の場合．**

$$\left. \begin{array}{l} A(0, 0)\alpha_1^2 + 2B(0, 0)\alpha_1 + C(0, 0) > 0 \\ A(0, 0)\alpha_2^2 + 2B(0, 0)\alpha_2 + C(0, 0) < 0 \end{array} \right\} \tag{6.21}$$

となる $\alpha_1$, $\alpha_2$ ($\alpha_1 \neq \alpha_2$) が存在する．このことは次のようにして示される．

式 (6.18) より，

$A(0, 0) = f_{xx}(a, b)$
$B(0, 0) = f_{xy}(a, b)$
$C(0, 0) = f_{yy}(a, b)$

となる．

$A(0, 0) \neq 0$ の場合．

$A(0, 0)C(0, 0) - B(0, 0)^2 = H(a, b) < 0$ より $4B(0, 0)^2 - 4A(0, 0)C(0, 0) > 0$ であるから，$t$ の 2 次方程式 $A(0, 0)t^2 + 2B(0, 0)t + C(0, 0) = 0$ は異なる 2 実解を持ち，2 次関数 $A(0, 0)t^2 + 2B(0, 0)t + C(0, 0)$ の符号は一定ではない．したがって，式 (6.21) をみたす $\alpha_1$ と $\alpha_2$ が存在する．

$A(0, 0) = 0$ の場合．

$A(0, 0)C(0, 0) - B(0, 0)^2 = -B(0, 0)^2 < 0$ であるから，$B(0, 0) \neq 0$ である．ゆえに，1 次関数 $2B(0, 0)t + C(0, 0)$ の符号は一定ではない．したがって，式 (6.21) をみたす $\alpha_1$ と $\alpha_2$ が存在する．

式 (6.17) で $h = \alpha_i k$ ($i = 1, 2$) とすると

$$f(a + \alpha_i k, b + k) - f(a, b)$$

$$= \frac{k^2}{2}\{A(\alpha_i k,\ k)\alpha_i^2 + 2B(\alpha_i k,\ k)\alpha_i + C(\alpha_i k,\ k)\} \qquad (i=1,\ 2) \tag{6.22}$$

連続性と式 (6.21) より

$$\lim_{k\to 0}\{A(\alpha_i k,\ k)\alpha_i^2 + 2B(\alpha_i k,\ k)\alpha_i + C(\alpha_i k,\ k)\}$$

$$= A(0,\ 0)\alpha_i^2 + 2B(0,\ 0)\alpha_i + C(0,\ 0)\begin{cases} >0 & (i=1) \\ <0 & (i=2) \end{cases} \tag{6.23}$$

したがって，式 (6.22) より，$k \neq 0$ かつ $k$ が十分小さいとき

$$f(a+\alpha_1 k,\ b+k) - f(a,\ b) > 0, \qquad f(a+\alpha_2 k,\ b+k) - f(a,\ b) < 0$$

となり，$f(a,\ b)$ は極値ではない． ∎

【例題 6.10】 関数 $f(x,\ y) = x^3 - 3xy + y^3$ の極値を求めよ．

[解] 連立方程式 $f_x(x,\ y) = 3x^2 - 3y = 0$, $f_y(x,\ y) = -3x + 3y^2 = 0$ を解いて，$x = y = 0$ または $x = y = 1$
$f_{xx}(x,\ y) = 6x$, $f_{xy}(x,\ y) = -3$, $f_{yy}(x,\ y) = 6y$ より

$$H(x,\ y) = f_{xx}(x,\ y)f_{yy}(x,\ y) - f_{xy}(x,\ y)^2 = (6x)\cdot(6y) - (-3)^2$$
$$= 36xy - 9$$

(1) $x = y = 0$ のとき，$H(0,\ 0) = -9 < 0$．したがって，$f(0,\ 0) = 0$ は極値ではない．

(2) $x = y = 1$ のとき，$H(1,\ 1) = 27 > 0$．また，$f_{xx}(1,\ 1) = 6 > 0$ である．したがって，$f(1,\ 1) = -1$ は極小値である． ∎

**問 6.10** 次の関数 $f(x,\ y)$ の極値を求めよ．

(1) $f(x,\ y) = x^3 + 3xy + y^3$ (2) $f(x,\ y) = x^2 + 2xy + 2y^2 - 4x - 6y$

(3) $f(x,\ y) = x^3 + y^3 - 3x - 27y$ (4) $f(x,\ y) = x^2 + xy^2 - x$

## 6.7 陰関数

$x$, $y$ の関係式 $f(x,\ y) = 0$ について，関数 $y = \phi(x)$ が定まって $f(x,\ \phi(x)) = 0$ が成立するとき，$y = \phi(x)$ を $f(x,\ y) = 0$ から定まる**陰関数**という．同様に，$f(\psi(y),\ y) = 0$ が成立するとき，関数 $x = \psi(y)$ を $f(x,\ y) = 0$ から定まる**陰関数**と

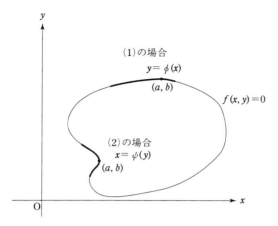

図 6.7　陰関数定理

いう．

　$x^2 + y^2 = 1$ を $y$ について解くと $y = \pm\sqrt{1-x^2}$ が得られ，ただ一つには定まらない．しかし，たとえば，$x = 1/2$ のとき $y = \sqrt{3}/2$ となる陰関数 $y = \sqrt{1-x^2}$ が，$x = 1/2$ の近くでただ一つに定まる．

　陰関数の存在と微分可能性に関して，次の定理が成立する．証明は省略する（図 6.7 参照）．

---

**【定理 6.10】　陰関数定理**　関数 $f(x, y)$ は連続微分可能であるとする．

(1)　$f(a, b) = 0$ かつ $f_y(a, b) \neq 0$ とする．このとき，$f(x, y) = 0$ をみたす微分可能な陰関数 $y = \phi(x)$ で，$\phi(a) = b$ をみたすものが $x = a$ の近くでただ一つ存在して，次の微分公式が成立する．

$$\frac{dy}{dx} = -\frac{f_x(x, y)}{f_y(x, y)} \quad \text{すなわち} \quad \phi'(x) = -\frac{f_x(x, \phi(x))}{f_y(x, \phi(x))} \tag{6.24}$$

(2)　$f(a, b) = 0$ かつ $f_x(a, b) \neq 0$ とする．このとき，$f(x, y) = 0$ をみたす微分可能な陰関数 $x = \psi(y)$ で，$\psi(b) = a$ をみたすものが $y = b$ の近くでただ一つ存在して，次の微分公式が成立する．

$$\frac{dx}{dy} = -\frac{f_y(x, y)}{f_x(x, y)} \quad \text{すなわち} \quad \psi'(y) = -\frac{f_y(\psi(y), y)}{f_x(\psi(y), y)} \tag{6.25}$$

微分公式 (6.24) は，$f(x, \phi(x)) = 0$ の両辺を $x$ で微分した式
$$f_x(x, \phi(x)) + f_y(x, \phi(x))\phi'(x) = 0$$
より導かれる．微分公式 (6.25) は，$f(\psi(y), y) = 0$ の両辺を $y$ で微分して導かれる．

【例題 6.11】 次の関係式で定まる陰関数 $y$ を微分せよ．
(1) $x^2 - y^2 = 1$   (2) $y^3 + y^2 - x^2 = 0$

［解］
(1) $f(x, y) = x^2 - y^2 - 1$ とおくと，$y$ は $f(x, y) = 0$ から定まる陰関数である．陰関数定理より $f_y(x, y) = -2y \neq 0$ のとき
$$y' = -\frac{f_x(x, y)}{f_y(x, y)} = -\frac{2x}{-2y} = \frac{x}{y}$$
あるいは，$x^2 - y^2 = 1$ の両辺を $x$ で微分して
$$2x - 2yy' = 0 \quad \text{ゆえに} \quad y' = \frac{x}{y}$$

(2) $f(x, y) = y^3 + y^2 - x^2$ とおくと，陰関数定理より $f_y(x, y) = 3y^2 + 2y \neq 0$ のとき
$$y' = -\frac{f_x(x, y)}{f_y(x, y)} = -\frac{-2x}{3y^2 + 2y} = \frac{2x}{3y^2 + 2y} \qquad ■$$

【例題 6.12】 $x^2 + y^2 = 1$ で定まる陰関数 $y$ について，$y'$，$y''$ を求めよ．

［解］ $f(x, y) = x^2 + y^2 - 1$ とおくと，$y$ は $f(x, y) = 0$ から定まる陰関数である．陰関数定理より
$$y' = -\frac{f_x(x, y)}{f_y(x, y)} = -\frac{x}{y} \qquad (y \neq 0)$$
したがって，$y \neq 0$ のとき
$$y'' = \frac{d}{dx}\left(\frac{dy}{dx}\right) = \frac{d}{dx}\left(-\frac{x}{y}\right) = -\frac{y - xy'}{y^2}$$
$$= -\frac{y - x(-x/y)}{y^2} = -\frac{y^2 + x^2}{y^3} = -\frac{1}{y^3} \qquad ■$$

問 6.11 次の関係式で定まる陰関数 $y$ を微分せよ．
(1) $x^3 + y^3 - 3xy = 0$   (2) $x^2 - 4xy + y^2 = 0$

問 6.12 次の関係式で定まる陰関数 $y$ について，$y'$，$y''$ を求めよ．
(1) $3x^2 + y^2 = 1$   (2) $x^2 - y^2 = 1$

曲線 $f(x, y) = 0$ 上の点 $(a, b)$ について，$f_x(a, b) \neq 0$ または $f_y(a, b) \neq 0$ であるとする．

$f_y(a, b) \neq 0$ の場合，陰関数定理(1)によって，この曲線は $x = a$ の近くで $y = \phi(x)$ と表される（図 6.7 参照）．したがって，この曲線上の点 $(a, b)$ における**接線**の方程式は，$y = \phi'(a)(x - a) + b = -\dfrac{f_x(a, b)}{f_y(a, b)}(x - a) + b$ より

$$f_x(a, b)(x - a) + f_y(a, b)(y - b) = 0 \tag{6.26}$$

である．

$f_x(a, b) \neq 0$ の場合も，陰関数定理(2)によって，曲線 $f(x, y) = 0$ 上の点 $(a, b)$ における接線の方程式は式 (6.26) であることがわかる．

**【例題 6.13】** 曲線 $x^2 + 2xy + 2y^2 = 1$ 上の点 $(1, 0)$ における接線の方程式を求めよ．

［解］ $f(x, y) = x^2 + 2xy + 2y^2 - 1$，$a = 1$，$b = 0$ として，式 (6.26) をあてはめる．

$f_x(x, y) = 2x + 2y$，$f_y(x, y) = 2x + 4y$ より，$f_x(1, 0) = 2$，$f_y(1, 0) = 2$ である．ゆえに，接線の方程式は

$2(x - 1) + 2(y - 0) = 0$  すなわち  $x + y = 1$ ■

**問 6.13** 次の曲線の，点 $(a, b)$ での接線の方程式を求めよ．

(1) $x^2 - 2xy + 4y^2 = 1$，$a = 1$，$b = \dfrac{1}{2}$

(2) $x^3 + y^3 - 3xy = 0$，$a = b = \dfrac{3}{2}$

● 陰関数の極値

連続微分可能な関数 $f(x, y)$ について，$f(x, y) = 0$ の微分可能な陰関数 $y = \phi(x)$ が $x = a$ で極値 $y = b$ をとるとする．このとき，

$f(a, b) = 0$,    $\phi'(a) = 0$

である．また，$f(x, \phi(x)) = 0$ が成立するから，両辺を $x$ で微分すると，合成関数の微分公式（定理 6.6(1)）によって

$f_x(x, \phi(x)) + f_y(x, \phi(x))\phi'(x) = 0$

上の式で $x=a$ とおくと, $\phi(a)=b$, $\phi'(a)=0$ より,
$$f_x(a, b) + f_y(a, b)\cdot 0 = 0$$
であるから, $f_x(a, b)=0$ である.

以上のことから, 陰関数の極値を求めるには, 連立方程式
$$f(x, y) = f_x(x, y) = 0 \tag{6.28}$$
の解 $x=a$, $y=b$ を求め, $x=a$ で $y$ が極値 $b$ をとるかを調べればよい.

【例題 6.14】 $x^2 - xy + y^2 - 1 = 0$ で定まる陰関数 $y$ の極値を求めよ.

［解］ $f(x, y) = x^2 - xy + y^2 - 1$ とおくと, $f_x(x, y) = 2x - y$ である. 式(6.28)をあてはめて, 連立方程式
$$x^2 - xy + y^2 - 1 = 2x - y = 0$$
を得る. $2x - y = 0$ より,
$$x^2 - xy + y^2 - 1 = x^2 - 2x^2 + 4x^2 - 1 = 3x^2 - 1 = 0$$
ゆえに,
$$x = \pm\frac{1}{\sqrt{3}}, \qquad y = \pm\frac{2}{\sqrt{3}}$$

$x = \pm 1/\sqrt{3}$ で, 極値 $y = \pm 2/\sqrt{3}$ をとるかを調べる.

$f_y(x, y) = -x + 2y$ より, $f_y(\pm 1/\sqrt{3}, \pm 2/\sqrt{3}) = \pm\sqrt{3} \neq 0$ である. ゆえに, 陰関数定理 (定理 6.10 (1)) より $x = \pm 1/\sqrt{3}$ の近くで
$$y'' = (y')' = \left(\frac{2x-y}{x-2y}\right)' = \frac{(2x-y)'(x-2y) - (2x-y)(x-2y)'}{(x-2y)^2}$$
$$= \frac{(2-y')(x-2y) - (2x-y)(1-2y')}{(x-2y)^2}$$

$x = \pm 1/\sqrt{3}$, $y = \pm 2/\sqrt{3}$ のとき, $y' = 0$ であるから, 上の式より, $y'' = \dfrac{-3y}{(x-2y)^2}$ となる.

ゆえに, $x = 1/\sqrt{3}$, $y = 2/\sqrt{3}$ のとき, $y'' < 0$ であるから, $x = 1/\sqrt{3}$ のとき極大値 $y = 2/\sqrt{3}$

$x = -1/\sqrt{3}$, $y = -2/\sqrt{3}$ のとき, $y'' > 0$ であるから, $x = -1/\sqrt{3}$ のとき極小値 $y = -2/\sqrt{3}$ ∎

**問 6.14** 次の関係式で定まる陰関数 $y$ の極値を求めよ．
$$x^2 - 2xy + 2y^2 = 1$$

## 6.8 条件つき最大・最小問題

条件 $g(x, y) = 0$ の下で，$f(x, y)$ の最大値・最小値を求める問題を，**条件つき最大・最小問題**という．

---

**【定理 6.11】 最大値・最小値の必要条件**

条件 $g(x, y) = 0$ の下で $f(x, y)$ が $(a, b)$ で最大値または最小値をとるとする．
$g_x(a, b) \neq 0$ または $g_y(a, b) \neq 0$ ならば，次の式をみたす $\lambda$ が存在する．
$$f_x(a, b) + \lambda g_x(a, b) = 0, \qquad f_y(a, b) + \lambda g_y(a, b) = 0 \tag{6.29}$$
この $\lambda$ を**ラグランジュ乗数**という．

---

[証明]　$g_y(a, b) \neq 0$ の場合

陰関数定理 (定理 6.10 (1)) より，$g(x, y) = 0$ の陰関数 $y = \phi(x)$ で，$\phi(a) = b$ をみたすものが存在する．関数 $z = f(x, \phi(x))$ が $x = a$ で最大値または最小値をとるから，

$$x = a \quad \text{のとき} \quad \frac{dz}{dx} = 0 \tag{6.30}$$

ここで合成関数の微分公式 (定理 6.6 (1)) と陰関数の微分公式 (定理 6.10 (1)) より

$$\begin{aligned}
\frac{dz}{dx} &= f_x(x, \phi(x)) + f_y(x, \phi(x))\phi'(x) \\
&= f_x(x, \phi(x)) - f_y(x, \phi(x)) \frac{g_x(x, \phi(x))}{g_y(x, \phi(x))}
\end{aligned} \tag{6.31}$$

式 (6.31) で $x = a$ とおくと，式 (6.30) および $\phi(a) = b$ であることから

$$0 = f_x(a, b) - f_y(a, b) \frac{g_x(a, b)}{g_y(a, b)} = f_x(a, b) - \frac{f_y(a, b)}{g_y(a, b)} g_x(a, b) \tag{6.32}$$

ここで $\lambda = -\dfrac{f_y(a, b)}{g_y(a, b)}$ とおくと，

$$f_y(a, b) + \lambda g_y(a, b) = 0$$

さらに,式 (6.32) より

$$f_x(a, b) + \lambda g_x(a, b) = 0$$

$g_x(a, b) \neq 0$ の場合は陰関数定理(定理 6.10 (2))を用いて同様に証明できる.■

この定理の図形的意味は,

　条件 $g(x, y) = 0$ の下で $f(x, y)$ が点 $(a, b)$ で最大値または最小値をとるとき,2曲線 $g(x, y) = 0$ と $f(x, y) = f(a, b)$ は,点 $(a, b)$ で接する

ということである(図 6.8 参照).

条件 $g(x, y) = 0$ の下での $f(x, y)$ の最大・最小問題を解くには以下のようにする.

**第1段階** $F(x, y, \lambda) = f(x, y) + \lambda g(x, y)$ とおく.

**第2段階** $x, y, \lambda$ に関する連立方程式

$$\begin{cases} F_x(x, y, \lambda) = f_x(x, y) + \lambda g_x(x, y) = 0 \\ F_y(x, y, \lambda) = f_y(x, y) + \lambda g_y(x, y) = 0 \\ F_\lambda(x, y, \lambda) = g(x, y) = 0 \end{cases}$$

の解 $x = a, y = b, \lambda = \lambda_0$ を求める.ここで $(a, b)$ が $f(x, y)$ の最大値あるいは最小値を与える可能性のある点であり,$\lambda$ は $a, b$ を求めるための補助的な未知数である.

**第3段階** $f(a, b)$ が最大値であるか最小値であるかを調べる.

この方法を**ラグランジュの乗数法**といい,最大値あるいは最小値の存在がわかっている場合に有効である.

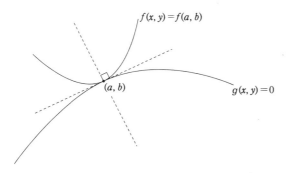

図 6.8　ラグランジュの式の図形的意味

最大値および最小値の存在については，次の事実が成立する．

> 関数 $g(x, y)$, $f(x, y)$ が連続とする．$g(x, y) = 0$ をみたす $x$, $y$ が有限の範囲内にあるとき，$g(x, y) = 0$ の条件下で $f(x, y)$ は最大値と最小値をとる．

**【例題 6.15】** $x^2 + y^2 = 1$ の下で $x + y$ の最大値と最小値を求めよ．

[解] $x^2 + y^2 - 1 = 0$ の下で $x + y$ の最大値と最小値を求めるのと同じである．$x^2 + y^2 - 1$ と $x + y$ は連続関数である．また，$x^2 + y^2 - 1 = 0$ のとき，$|x| \leq 1$, $|y| \leq 1$ となり，$x$, $y$ は有限の範囲で変化する．したがって，$x + y$ は最大値と最小値をとる．この最大値と最小値を，ラグランジュの乗数法を用いて求める．

(1) $F(x, y, \lambda) = x + y + \lambda(x^2 + y^2 - 1)$ とおく．

(2) $x$, $y$, $\lambda$ に関する次の連立方程式を解く．

$$F_x(x, y, \lambda) = 1 + 2\lambda x = 0 \tag{6.33}$$
$$F_y(x, y, \lambda) = 1 + 2\lambda y = 0 \tag{6.34}$$
$$F_\lambda(x, y, \lambda) = x^2 + y^2 - 1 = 0 \tag{6.35}$$

式 (6.33) − 式 (6.34) より，$2\lambda(x - y) = 0$ となり，$\lambda = 0$ または $x = y$ となる．$\lambda = 0$ は，式 (6.33) をみたさないから不適．ゆえに，$x = y$ である．これを式 (6.35) に代入して，$2x^2 - 1 = 0$ より $x = \pm \frac{1}{\sqrt{2}}$．

(3) $x = y = \frac{1}{\sqrt{2}}$ のとき，$x + y = \sqrt{2}$．$x = y = -\frac{1}{\sqrt{2}}$ のとき，$x + y = -\sqrt{2}$．ゆえに，最大値は $\sqrt{2}$ であり，最小値は $-\sqrt{2}$ である． ∎

**【例題 6.16】** $x^4 + y^4 = 1$ の下で $x^3 + y^3$ の最大値と最小値を求めよ．

[解] 前例題と同じ理由から，$x^4 + y^4 = 1$ の下で，$x^3 + y^3$ は最大値と最小値をとる．この最大値と最小値を，ラグランジュの乗数法を用いて求める．

(1) $F(x, y, \lambda) = x^3 + y^3 + \lambda(x^4 + y^4 - 1)$ とおく．

(2) $x$, $y$, $\lambda$ に関する次の連立方程式を解く．

$$F_x(x, y, \lambda) = 3x^2 + 4\lambda x^3 = 0 \tag{6.36}$$
$$F_y(x, y, \lambda) = 3y^2 + 4\lambda y^3 = 0 \tag{6.37}$$
$$F_\lambda(x, y, \lambda) = x^4 + y^4 - 1 = 0 \tag{6.38}$$

$y^3 \times$ 式 (6.36) $- x^3 \times$ 式 (6.37) より，$3x^2 y^2 (y - x) = 0$ となる．ゆえに，$x = 0$ または $y = 0$ または $x = y$ である．

$x=0$ の場合：式 (6.38) から $y^4-1=0$，ゆえに $y=\pm 1$

$y=0$ の場合：式 (6.38) から $x^4-1=0$，ゆえに $x=\pm 1$

$x=y$ の場合：式 (6.38) から $2x^4=1$，ゆえに $x=\pm\dfrac{1}{\sqrt[4]{2}}$

(3) $x=0$, $y=\pm 1$ のとき，$x^3+y^3=\pm 1$

$x=\pm 1$, $y=0$ のとき，$x^3+y^3=\pm 1$

$x=y=\pm\dfrac{1}{\sqrt[4]{2}}$ のとき，$x^3+y^3=\pm\sqrt[4]{2}$

以上より，最大値は $\sqrt[4]{2}$，最小値は $-\sqrt[4]{2}$ ■

**問 6.15** $g(x, y)=0$ の下で $f(x, y)$ の最大値と最小値を求めよ．

(1) $g(x, y)=x^2+y^2-1$, $\quad f(x, y)=2x+y$

(2) $g(x, y)=x^2+2xy+y^4-2$, $\quad f(x, y)=y$

## 章末問題

**問1** 次の関数 $f(x, y)$ について，$\lim_{(x,y)\to(0,0)} f(x, y)$ を求めよ．

(1) $f(x, y) = \dfrac{1 - \cos(\sqrt{x^2 + y^2})}{x^2 + y^2}$   (2) $f(x, y) = \dfrac{x^2 + 2xy + 2y^2}{x^2 + y^2}$

**問2** 次の関数の点 $(0, 0)$ での連続性を調べよ．

(1) $f(x, y) = \begin{cases} \dfrac{x^2 - y^2}{x^2 + y^2} & (x, y) \neq (0, 0) \\ 0 & (x, y) = (0, 0) \end{cases}$

(2) $f(x, y) = \begin{cases} \dfrac{\sin(x^2 + y^2)}{x^2 + y^2} & (x, y) \neq (0, 0) \\ 1 & (x, y) = (0, 0) \end{cases}$

**問3** 次の関数を偏微分せよ．

(1) $z = \dfrac{2xy}{x^2 - y^2}$   (2) $z = \sqrt{x} + \sqrt{y}$

(3) $z = xy e^{x^2 + y^2}$   (4) $z = e^{x+y} \cos(x - y)$

(5) $z = \sin^{-1}\left(\dfrac{x}{y}\right)$

**問4** 次の関数 $z$ の2階偏導関数 $z_{xx}$, $z_{xy}$, $z_{yx}$, $z_{yy}$ を求めよ．そしてすべて $z_{xy} = z_{yy}$ になっていることを確認せよ．

(1) $z = \dfrac{2x + y}{x + 3y}$   (2) $z = \sqrt{x^2 + y^2}$

(3) $z = \log(x^2 - y^2)$   (4) $z = e^x \cos(x + y)$

**問5** 次の関数の全微分を求めよ．

(1) $z = \dfrac{x - y}{x + y}$   (2) $z = \tan^{-1} \dfrac{y}{x}$

**問6** 次の曲面の，与えられた点 $(a, b, c)$ での接平面の方程式を求めよ．

(1) $z = 2x^2 + y^2$, $(a, b, c) = (1, 2, 6)$

(2) $z = \dfrac{1}{x + y}$, $(a, b, c) = \left(1, 1, \dfrac{1}{2}\right)$

(3) $z = \sqrt{30 - x^2 - y^2}$, $(a, b, c) = (2, 1, 5)$

**問 7** $z = f(x, y)$, $x = r\cos\theta$, $y = r\sin\theta$ のとき，次の式を示せ．

(1) $\dfrac{\partial^2 z}{\partial x^2} + \dfrac{\partial^2 z}{\partial y^2} = \dfrac{\partial^2 z}{\partial r^2} - \dfrac{1}{r} \cdot \dfrac{\partial z}{\partial r} + \dfrac{1}{r^2} \cdot \dfrac{\partial^2 z}{\partial \theta^2}$

(2) $\left(\dfrac{\partial z}{\partial x}\right)^2 + \left(\dfrac{\partial z}{\partial y}\right)^2 = \left(\dfrac{\partial z}{\partial r}\right)^2 + \dfrac{1}{r^2}\left(\dfrac{\partial z}{\partial \theta}\right)^2$

**問 8** $z = f(x, y)$, $x = u\cos\alpha - v\sin\alpha$, $y = u\sin\alpha + v\cos\alpha$ のとき

$$\left(\dfrac{\partial z}{\partial x}\right)^2 + \left(\dfrac{\partial z}{\partial y}\right)^2 = \left(\dfrac{\partial z}{\partial u}\right)^2 + \left(\dfrac{\partial z}{\partial v}\right)^2$$

を示せ．ただし，$\alpha$ は定数とする．

**問 9** 合成関数の微分公式を用いて，次の合成関数について $\dfrac{\partial z}{\partial u}$, $\dfrac{\partial z}{\partial v}$ を求めよ．

$z = \sin(x + y)$,  $x = u^2 + v^2$,  $y = 2uv$

**問 10** 次の関数 $f(x, y)$ の極値を求めよ．

(1) $f(x, y) = \sin x + \sin y + \sin(x + y)$  $(-\pi < x, y < \pi)$

(2) $f(x, y) = \dfrac{x - y}{x^2 + y^2 + 1}$  (3) $f(x, y) = (x + 2y)e^{-x^2 - y^2}$

**問 11** 次の関係式で定まる陰関数 $y$ を微分せよ．

(1) $xy = \tan^{-1}\dfrac{y}{x}$  (2) $x + y = \sin(xy)$

**問 12** 次の関係式で定まる陰関数 $y$ について，$y'$, $y''$ を求めよ．

$$\log(x^2 + y^2) = 2\tan^{-1}\dfrac{y}{x}$$

**問 13** 次の関係式で定まる陰関数 $y$ の極値を求めよ．

$xy(x - y) = 2$

**問 14** $g(x, y) = 0$ の下で $f(x, y)$ の最大値と最小値を求めよ．

(1) $g(x, y) = x^2 + xy + y^2 - 1$,  $f(x, y) = xy$

(2) $g(x, y) = x^4 + y^4 - 1$,  $f(x, y) = x^2 - xy + y^2$

$f(x, y, z) = 0$ に関する陰関数の存在についても，次の定理が成立する．証明は省略する．

【定理】 関数 $f(x, y, z)$ が $(a, b, c)$ の近くで連続微分可能で，$f(a, b, c) = 0$ かつ $f_z(a, b, c) \neq 0$ とする．このとき，$f(x, y, z) = 0$ をみたす連続微分可能な陰関数 $z = \phi(x, y)$ で，$\phi(a, b) = c$ となるものが唯 1 つ存在し，次の微

分公式が成り立つ．
$$\frac{\partial z}{\partial x} = -\frac{f_x(x, y, z)}{f_z(x, y, z)}, \qquad \frac{\partial z}{\partial y} = -\frac{f_y(x, y, z)}{f_z(x, y, z)}$$

【例題】 $\dfrac{y}{x} + \dfrac{z}{y} + \dfrac{x}{z} = 1$ で定まる陰関数 $z$ について，$z_x$, $z_y$ を求めよ．

［解］ $f(x, y, z) = \dfrac{y}{x} + \dfrac{z}{y} + \dfrac{x}{z} - 1$ とおく．$z$ は $f(x, y, z) = 0$ で定まる陰関数であるから，定理 (6.11) より $f_z(x, y, z) = \dfrac{z^2 - xy}{yz^2} \neq 0$ のとき

$$z_x = -\frac{f_x(x, y, z)}{f_z(x, y, z)} = -\frac{yz(x^2 - yz)}{x^2(z^2 - xy)}$$

$$z_y = -\frac{f_y(x, y, z)}{f_z(x, y, z)} = -\frac{z^2(y^2 - zx)}{xy(z^2 - xy)}$$
∎

関数 $f(x, y, z)$ と点 $(a, b, c)$ について，定理の条件がみたされるとき，関係式 $f(x, y, z) = 0$ をみたし，点 $(a, b, c)$ を通る曲面 $z = \phi(x, y)$ が定まる．この曲面の，点 $(a, b, c)$ における**接平面の式**は

$$z - c = \phi_x(a, b, c)(x - a) + \phi_y(a, b, c)(y - b)$$
$$= -\frac{f_x(a, b, c)}{f_z(a, b, c)}(x - a) - \frac{f_y(a, b, c)}{f_z(a, b, c)}(y - a)$$

より，次のようになる．

$$f_x(a, b, c)(x - a) + f_y(a, b, c)(y - b) + f_z(a, b, c)(z - c) = 0 \qquad (7)$$

【例題】 曲面：$x^2y + y^2z + z^2x = 2$ 上の点 $(1, 2, 0)$ での接平面の方程式を求めよ．

［解］ $f(x, y, z) = x^2y + y^2z + z^2x - 2$ とおくと，

$f_x(x, y, z) = z^2 + 2xy, \qquad f_y(x, y, z) = x^2 + 2yz$

$f_z(x, y, z) = y^2 + 2zx$

ゆえに，$f_x(1, 2, 0) = 4$, $f_y(1, 2, 0) = 1$, $f_z(1, 2, 0) = 4$ であり，式 (7) より，接平面の方程式は

$$4(x - 1) + 1(y - 2) + 4(z - 0) = 0 \quad \text{すなわち} \quad 4x + y + 4z = 6$$
∎

**問 15** 次の関係式で定まる陰関数 $z$ の偏導関数 $z_x$, $z_y$ を求めよ．

(1) $x^2y + y^2z + z^2x = 1$ 　　(2) $x^2 + xy + y^2 - z^2 = 1$

**問 16** 次の曲面の，点 $(a, b, c)$ での接平面の方程式を求めよ．

(1) $4xy + yz + zx = 2xyz + \dfrac{3}{2},$ 　　$a = b = \dfrac{1}{2},$ 　　$c = 1$

(2) $\tan^{-1}(xy) + \tan^{-1}(yz) + \tan^{-1}(zx) = \dfrac{11}{12}\pi$

　　$a = 1,$ 　　$b = \sqrt{3},$ 　　$c = 1$

(3) $e^{(x+y)z} = \sin x + \sin(y+z) + 1,$ 　　$a = b = c = 0$

# 第7章
# 重積分

2重積分と体積の間の関係を明らかにし，それに基いて
(1) 逐次積分の公式
(2) 変数変換の公式

を導く．

(1)によって，2重積分の値は1変数関数の定積分の繰り返しで求められる．3重積分の計算も2重積分の計算と同じようにできる．

## 7.1 2重積分の定義と基本性質

### ● 面積

これまで面積は直観的に明らかなものとしてきたが，ここで面積の正確な定義をする．まず，長方形の面積は，「縦の長さ×横の長さ」によって定める．一般の領域の面積は以下のように定める．

$xy$-平面内の領域 $D$ が，ある長方形領域に含まれるとき，$D$ は**有界領域**であるという．有界領域 $D$ を含む長方形領域を

$$R = \{(x, y) | a \leq x \leq b,\ c \leq y \leq d\}$$

とする．区間 $[a, b]$ と $[c, d]$ を $n$ 等分し，それによってできる $x$ 軸，$y$ 軸に平行

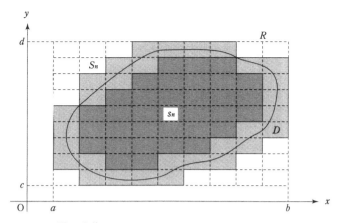

図 7.1 面積の定義

な直線群で，この長方形領域 $R$ を分割する．このとき，領域 $D$ に含まれるすべての小長方形の面積の和を $s_n$ とし，$D$ と交わるすべての小長方形の面積の和を $S_n$ とする（図 7.1 参照）．

$n \to \infty$ のとき（すなわち，等分点の個数を限りなく多くするとき），$s_n$ および $S_n$ が同じ極限値 $S$ に収束すれば，有界領域 $D$ は **面積確定** であるという．$D$ の面積を $S$ によって定め，記号 $|D|$ で表す．すなわち

$$D \text{ の面積} = |D| = \lim_{n \to \infty} s_n = \lim_{n \to \infty} S_n$$

● 2 重積分の定義

1 変数関数の定積分は区間を分割して定義された．2 変数関数の 2 重積分は，領域の分割によって定義される．

$xy$-平面内の領域 $D$ が **有界閉領域** であるとは，性質：
- $D$ は，ある長方形領域に含まれる
- $D$ は，$D$ の境界を含む

がみたされることである．

**注意 7.1**　以後，2 重積分を考察する際に現れる領域は，すべて面積確定の有界閉領域であるとする．

【例 7.1】
(1) 関数 $A(x)$, $B(x)$ は区間 $[a, b]$ で連続で，$[a, b]$ 上 $A(x) \leq B(x)$ であるとする．
領域 $\{(x, y) | a \leq x \leq b, \ A(x) \leq y \leq B(x)\}$ は面積確定の有界閉領域である．
(2) 関数 $C(y)$, $D(y)$ は区間 $[c, d]$ で連続で，$[c, d]$ 上 $C(y) \leq D(y)$ であるとする．
領域 $\{(x, y) | c \leq y \leq d, \ C(y) \leq x \leq D(y)\}$ は面積確定の有界閉領域である．■

$f(x, y)$ を，領域 $D$ で定義された連続関数とする．$D$ を小領域 $D_1$, $D_2$, $\cdots$, $D_n$ に分割し，各 $D_i$ 内に任意の点 $P_i(x_i, y_i)$ をとり，和（**リーマン和**）

$$\sum_{i=1}^{n} f(x_i, y_i) |D_i| \tag{7.1}$$

を考える．ここで，$|D_i|$ は領域 $D_i$ の面積を表す（図 7.2 参照）．

次に，分割を限りなく小さくするわけであるが，そのことを正確に表現するために

$\delta_i = $ 2 点 P, Q が領域 $D_i$ 内で変化するときの，距離 $\overline{PQ}$ の最大値

$\delta = \delta_1, \delta_2, \cdots, \delta_n$ の最大値

とおく．$\delta_i$ を領域 $D_i$ の幅，$\delta$ を**分割の最大幅**という．「$\delta \to 0$」は「分割を限りなく小さくする」ことを意味する．

関数 $f(x, y)$ が連続であることから，極限値

$$\lim_{\delta \to 0} \sum_{i=1}^{n} f(x_i, y_i) |D_i|$$

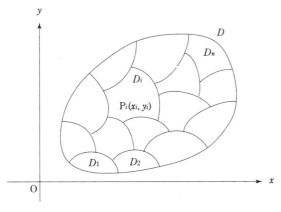

**図 7.2** 重積分における領域の分割

が，領域 $D$ の分割と $P_i(x_i, y_i)$ のとりかたによらず，一定の値として存在することが知られている．証明は省く．この極限値を $f(x, y)$ の領域 $D$ での **2 重積分** といい，

$\iint_D f(x, y) dxdy$ という記号で表す．すなわち

$$\iint_D f(x, y) dxdy = \lim_{\delta \to 0} \sum_{i=1}^{n} f(x_i, y_i)|D_i|$$

領域 $D$ を**積分領域**，関数 $f(x, y)$ を**被積分関数**という．

**注意 7.2** 以後，2 重積分において被積分関数は積分領域で連続であるものとする．

2 重積分の定め方から

$$\text{領域 } D \text{ の面積} = \iint_D 1\, dxdy$$

である．$\iint_D 1\, dxdy$ を $\iint_D dxdy$ と表すこともある．

【例題 7.1】 次の領域 $D$ を図示せよ．
(1) $D = \{(x, y) | x^2 + y^2 \leq 4,\ x + y \geq 2\}$
(2) $D = \{(x, y) | \sqrt{x} + \sqrt{y} \leq 1,\ x \geq 0,\ y \geq 0\}$

[解] 領域 $D$ は，図 7.3 の斜線部分である．

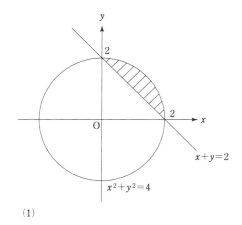
(1)

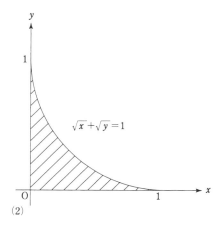
(2)

図 7.3

●2重積分の基本性質

1変数関数の定積分と同様の次の諸性質が成立する．証明は省く．

【定理 7.1】
(1) $\iint_D \{f(x, y) \pm g(x, y)\}dxdy = \iint_D f(x, y)dxdy \pm \iint_D g(x, y)dxdy$

(2) $\iint_D kf(x, y)dxdy = k\iint_D f(x, y)dxdy$ （$k$ は定数）

(3) $D$ 上 $f(x, y) \leqq g(x, y)$ ならば $\iint_D f(x, y)dxdy \leqq \iint_D g(x, y)dxdy$

(4) **積分領域の分割** $D_1 \cap D_2$ の面積が 0 であれば
$$\iint_{D_1 \cup D_2} f(x, y)dxdy = \iint_{D_1} f(x, y)dxdy + \iint_{D_2} f(x, y)dxdy$$

**問 7.1** 次の領域 $D$ を図示せよ．
(1) $D = \{(x, y)|x \geqq 0,\ y \geqq 0,\ x + y \leqq 1\}$
(2) $D = \{(x, y)|x^2 + y^2 \leqq 1,\ y \geqq 0\}$
(3) $D = \left\{(x, y)\,\middle|\, 0 \leqq x \leqq 1,\ \frac{1}{2}x \leqq y \leqq x\right\}$
(4) $D = \{(x, y)|y \leqq x - 2,\ x + y^2 \leqq 4\}$
(5) $D = \left\{(x, y)\,\middle|\, 1 \leqq x \leqq 2,\ \frac{1}{x} \leqq y \leqq 2\right\}$

## 7.2　2重積分と体積，質量

2重積分と体積の間には次の関係がある．

【定理 7.2】　領域 $D$ 上 $f(x, y) \geqq 0$ であるとする．
曲面 $z = f(x, y)$ と，領域 $D$ ではさまれた柱体の体積を $V$ とするとき
$$V = \iint_D f(x, y)dxdy$$

[証明] 領域 $D$ を，7.1 節図 7.2 のように分割する．曲面 $z=f(x, y)$ と，小領域 $D_i$ ではさまれた柱体 $T_i$ の体積を $V_i$ とする．このとき，$V$ は各 $V_i (1 \leq i \leq n)$ の総和に等しい．すなわち

$$V = \sum_{i=1}^{n} V_i \tag{7.2}$$

関数 $f(x, y)$ の $D_i$ における最大値と最小値をそれぞれ $f(p_i, q_i)$，$f(r_i, s_i)$ とする．このとき，$T_i$（その体積＝$V_i$）は

・$D_i$ を底面とする高さ $f(p_i, q_i)$ の柱体（その体積＝$f(p_i, q_i)|D_i|$）に含まれ，
・$D_i$ を底面とする高さ $f(r_i, s_i)$ の柱体（その体積＝$f(r_i, s_i)|D_i|$）を含む．

図 7.4 を参照せよ．

したがって，

$$f(r_i, s_i)|D_i| \leq V_i \leq f(p_i, q_i)|D_i|$$

$i$ について総和をとって，

$$\sum_{i=1}^{n} f(r_i, s_i)|D_i| \leq \sum_{i=1}^{n} V_i \leq \sum_{i=1}^{n} f(p_i, q_i)|D_i|$$

上の式と式 (7.2) より，

$$\sum_{i=1}^{n} f(r_i, s_i)|D_i| \leq V \leq \sum_{i=1}^{n} f(p_i, q_i)|D_i| \tag{7.3}$$

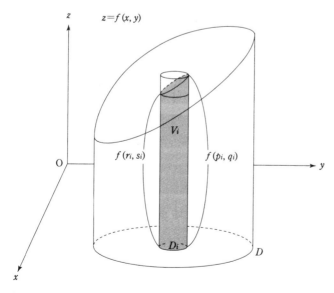

図 7.4 重積分と体積

2重積分の定義によって，分割の最大幅 $\delta \to 0$ のとき，式 (7.3) の左辺と右辺は共に $\iint_D f(x, y)dxdy$ に収束する．ゆえに，はさみうちの原理より
$$V = \iint_D f(x, y)dxdy$$
∎

同様の考察により次のことがわかる．

---

**【定理 7.3】** $xy$-平面内にある物体 $D$ の，点 $(x, y)$ における密度が $f(x, y)$ であるとき
$$\text{物体 } D \text{ の質量} = \iint_D f(x, y)dxdy$$

---

## 7.3 逐次積分

2重積分の計算は，次の定理の公式を用いて行う．

---

**【定理 7.4】** 逐次積分
(1) 関数 $A(x)$, $B(x)$ は区間 $[a, b]$ で連続で，$[a, b]$ 上 $A(x) \leqq B(x)$ であるとする．関数 $f(x, y)$ が領域 $D = \{(x, y) | a \leqq x \leqq b, \ A(x) \leqq y \leqq B(x)\}$ で連続ならば
$$\iint_D f(x, y)dxdy = \int_a^b \left\{ \int_{A(x)}^{B(x)} f(x, y)dy \right\} dx$$
(2) 関数 $C(y)$, $D(y)$ は区間 $[c, d]$ で連続で，$[c, d]$ 上 $C(y) \leqq D(y)$ であるとする．関数 $f(x, y)$ が領域 $D = \{(x, y) | c \leqq y \leqq d, \ C(y) \leqq x \leqq D(y)\}$ で連続ならば
$$\iint_D f(x, y)dxdy = \int_c^d \left\{ \int_{C(y)}^{D(y)} f(x, y)dx \right\} dy$$
図 7.5 参照．

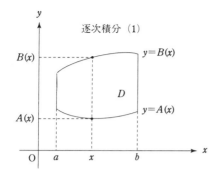 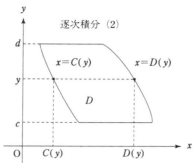

図 7.5 逐次積分の概念

定理 7.4(1) の右辺の計算法は以下の通り．

- まず，区間 $[a, b]$ 内の $x$ を固定し（$x$ を定数として），$f(x, y)$ を $y$ の関数とみて区間 $[A(x), B(x)]$ で積分する．
- 次に，得られた積分の値（これは $x$ の関数となる）を $[a, b]$ で積分する．

$\int_a^b \left\{ \int_{A(x)}^{B(x)} f(x, y) dy \right\} dx$ を，$\int_a^b dx \int_{A(x)}^{B(x)} f(x, y) dy$ と表すこともある．

定理 7.4(2) の右辺の計算法は以下の通り．

- まず，区間 $[c, d]$ 内の $y$ を固定し（$y$ を定数として），$f(x, y)$ を $x$ の関数とみて区間 $[C(y), D(y)]$ で積分する．
- 次に，得られた積分の値（これは $y$ の関数となる）を $[c, d]$ で積分する．

$\int_c^d \left\{ \int_{C(y)}^{D(y)} f(x, y) dx \right\} dy$ を，$\int_c^d dy \int_{C(y)}^{D(y)} f(x, y) dx$ と表すこともある．

[証明]　(1) の証明　（$D$ 上 $f(x, y) \geq 0$ である場合）

曲面 $z = f(x, y)$ と領域 $D$ ではさまれた柱体の体積を $V$ とする．定理 7.2 より

$$V = \iint_D f(x, y) dx dy \tag{7.4}$$

体積 $V$ を，第 5 章 5.2 節で述べた方法で求める．$x$ 軸上の点 $x$ において $x$ 軸に垂直な平面で柱体を切った断面積を $S(x)$ とする（図 7.6 参照）．このとき，

$$S(x) = \int_{A(x)}^{B(x)} f(x, y) dy$$

したがって

$$V = \int_a^b S(x) dx = \int_a^b \left\{ \int_{A(x)}^{B(x)} f(x, y) dy \right\} dx \tag{7.5}$$

式 (7.4)，式 (7.5) より，

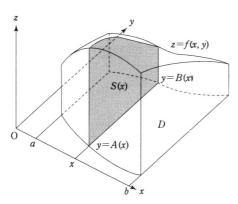 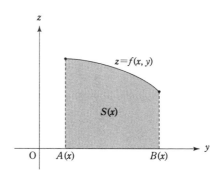

図 7.6　逐次積分公式の証明

$$\iint_D f(x,\ y)dxdy = \int_a^b \Big\{ \int_{A(x)}^{B(x)} f(x,\ y)dy \Big\} dx$$

特に，

$$D \text{ の面積} = \iint_D 1\,dxdy = \int_a^b \Big\{ \int_{A(x)}^{B(x)} 1\,dy \Big\} dx \tag{7.6}$$

**(1)の証明**（一般の場合）．

$f(x,\ y)$ の $D$ における最小値を $m$ とすると，$D$ 上 $f(x,\ y) - m \geqq 0$．したがって，すでに示したことから

$$\iint_D (f(x,\ y) - m)dxdy = \int_a^b \Big\{ \int_{A(x)}^{B(x)} (f(x,\ y) - m)dy \Big\} dx \tag{7.7}$$

式 (7.7) の左辺について，定理 7.1(1), (2) より

$$\iint_D (f(x,\ y) - m)dxdy = \iint_D f(x,\ y)dxdy - m \iint_D 1\,dxdy$$

$$= \iint_D f(x,\ y)dxdy - m|D| \quad (\text{式 (7.6) より})$$

式 (7.7) の右辺について，定積分の基本性質（定理 4.7(1), (2)）より

$$\int_a^b \Big\{ \int_{A(x)}^{B(x)} (f(x,\ y) - m)dy \Big\} dx$$

$$= \int_a^b \Big\{ \int_{A(x)}^{B(x)} f(x,\ y)dy - m \int_{A(x)}^{B(x)} 1\,dy \Big\} dx$$

$$= \int_a^b \Big\{ \int_{A(x)}^{B(x)} f(x,\ y)dy \Big\} dx - m \int_a^b \Big\{ \int_{A(x)}^{B(x)} 1\,dy \Big\} dx$$

$$= \int_a^b \left\{ \int_{A(x)}^{B(x)} f(x, y)\, dy \right\} dx - m|D| \quad (\text{式 (7.6) より})$$

ゆえに,
$$\iint_D f(x, y)\, dxdy - m|D| = \int_a^b \left\{ \int_{A(x)}^{B(x)} f(x, y)\, dy \right\} dx - m|D|$$

したがって,
$$\iint_D f(x, y)\, dxdy = \int_a^b \left\{ \int_{A(x)}^{B(x)} f(x, y)\, dy \right\} dx$$

(2)の証明.

$D$ 上 $f(x, y) \geqq 0$ である場合は，柱体の体積を求めるとき，柱体を $y$ 軸に直交する平面で切って求めれば(1)と同様に証明できる．一般の場合も，(1)と同様に証明できる． ∎

【例題 7.2】 次の逐次積分を計算せよ．

(1) $\int_0^1 dy \int_0^1 xy\, dx = \int_0^1 \left\{ \int_0^1 xy\, dx \right\} dy$

(2) $\int_0^1 dx \int_0^1 (x+y)\, dy = \int_0^1 \left\{ \int_0^1 (x+y)\, dy \right\} dx$

(3) $\int_3^4 dx \int_1^2 xy\, dy = \int_3^4 \left\{ \int_1^2 xy\, dy \right\} dx$

[解]

(1) $\int_0^1 dy \int_0^1 xy\, dx = \int_0^1 \left[ \dfrac{x^2 y}{2} \right]_0^1 dy = \int_0^1 \dfrac{y}{2}\, dy = \dfrac{1}{4}$

(2) $\int_0^1 dx \int_0^1 (x+y)\, dy = \int_0^1 \left[ xy + \dfrac{y^2}{2} \right]_0^1 dx = \int_0^1 \left( x + \dfrac{1}{2} \right) dy = 1$

(3) $\int_3^4 dx \int_1^2 xy\, dy = \int_0^1 \left[ \dfrac{xy^2}{2} \right]_1^2 dx = \int_3^4 \dfrac{3x}{2}\, dx = \dfrac{21}{4}$

問 7.2 次の逐次積分を計算せよ．

(1) $\int_1^2 dy \int_3^4 xy\, dx$  (2) $\int_1^3 dx \int_1^2 (x+y)\, dy$

(3) $\int_0^1 dy \int_0^1 x^2 y^3\, dx$  (4) $\int_0^1 dx \int_0^1 (x^2 + y^3)\, dx$

【例題 7.3】 次の逐次積分を計算せよ．

(1) $\displaystyle\int_0^1 dy\int_0^y xy\,dx = \int_0^1\left\{\int_0^y xy\,dx\right\}dy$

(2) $\displaystyle\int_0^1 dx\int_0^x (x+y)dy = \int_0^1\left\{\int_0^x (x+y)dy\right\}dx$

(3) $\displaystyle\int_0^1 dy\int_0^y e^{x-y}dx = \int_0^1\left\{\int_0^y e^{x-y}dx\right\}dy$

[解]

(1) $\displaystyle\int_0^1 dy\int_0^y xy\,dx = \int_0^1\left[\frac{x^2 y}{2}\right]_0^y dy = \frac{1}{2}\int_0^1 y^3 dy = \frac{1}{8}$

(2) $\displaystyle\int_0^1 dx\int_0^x (x+y)dy = \int_0^1\left[xy+\frac{y^2}{2}\right]_0^x dx = \int_0^1\left(x^2+\frac{x^2}{2}\right)dx = \frac{1}{2}$

(3) $\displaystyle\int_0^1 dy\int_0^y e^{x-y}dx = \int_0^1\left[e^{x-y}\right]_0^y dy = \int_0^1(1-e^{-y})dy = e^{-1}$ ∎

**問 7.3** 次の逐次積分を計算せよ.

(1) $\displaystyle\int_0^1 dx\int_0^x xy\,dy$  (2) $\displaystyle\int_0^1 dy\int_0^y (x+y)dx$

(3) $\displaystyle\int_0^1 dy\int_0^y xy^2 dx$  (4) $\displaystyle\int_0^1 dx\int_0^x (x^2+y^2)dy$

**【例題 7.4】** 次の2重積分を計算せよ.

(1) $\displaystyle\iint_D xy\,dxdy,\quad D=\{(x,y)\mid 0\leq x\leq 1,\ 0\leq y\leq 1\}$

(2) $\displaystyle\iint_D xy\,dxdy,\quad D=\{(x,y)\mid 0\leq x\leq 1,\ 0\leq y\leq x\}$

(3) $\displaystyle\iint_D (x+y)dxdy,\quad D=\{(x,y)\mid 0\leq x\leq 1,\ 0\leq y\leq 1-x\}$

(4) $\displaystyle\iint_D xy\,dxdy,\quad D=\{(x,y)\mid 0\leq y\leq 1,\ y\leq x\leq 2-y\}$

(5) $\displaystyle\iint_D y\,dxdy,\quad D=\{(x,y)\mid x^2+y^2\leq 1,\ y\geq 0\}$

(6) $\displaystyle\iint_D 2(y-x)dxdy,\quad D=\{(x,y)\mid 0\leq x\leq y\leq 2x,\ x+y\leq 6\}$

[解]

(1) $\displaystyle\iint_D xy\,dxdy = \int_0^1 dy\int_0^1 xy\,dx = \int_0^1\left[\frac{x^2 y}{2}\right]_0^1 dy = \int_0^1\frac{y}{2} = \frac{1}{4}$

(2) $\displaystyle\iint_D xy\,dxdy = \int_0^1 dx\int_0^x xy\,dy = \int_0^1 \left[\dfrac{xy^2}{2}\right]_0^x dx = \int_0^1 \dfrac{x^3}{2}dx = \dfrac{1}{8}$

(3) $\displaystyle\iint_D (x+y)dxdy = \int_0^1 dx\int_0^{1-x}(x+y)dy = \int_0^1 \left[xy + \dfrac{xy^2}{2}\right]_0^{1-x} dx$
$= \dfrac{1}{2}\int_0^1 (1-x^2)dx = \dfrac{1}{3}$

(4) $\displaystyle\iint_D xy\,dxdy = \int_0^1 dy\int_y^{2-y} xy\,dx = \int_0^1 dy\left[\dfrac{x^2 y}{2}\right]_0^{2-y} xy\,dy$
$= \dfrac{1}{2}\int_0^1 (y(2-y)^2 - y^3)dy = \dfrac{1}{3}$

(5) $\displaystyle\iint_D y\,dxdy = \int_{-1}^1 dx\int_0^{\sqrt{1-x^2}} y\,dy = \int_{-1}^1 \left[\dfrac{y^2}{2}\right]_0^{\sqrt{1-x^2}} dx$
$= \dfrac{1}{2}\int_{-1}^1 (1-x^2)dx = \dfrac{2}{3}$

(6) 積分領域 $D$ を，$D_1 = \{(x,y)\,|\,0 \leqq x \leqq 2,\ x \leqq y \leqq 2x\}$ と $D_2 = \{(x,y)\,|\,2 \leqq x \leqq 3,\ x \leqq y \leqq 6-x\}$ に分割する．
$\displaystyle\iint_D 2(y-x)dxdy = \iint_{D_1} 2(y-x)dxdy + \iint_{D_2} 2(y-x)dxdy$
$= \int_0^2 dx\int_x^{2x} 2(y-x)dy + \int_2^3 dx\int_x^{6-x} 2(y-x)dy$
$= \int_0^2 \left[(y-x)^2\right]_x^{2x} dx + \int_2^3 \left[(y-x)^2\right]_x^{6-x} dx$
$= \int_0^2 x^2 dx + \int_2^3 (6-2x)^2 dx = 4$ ∎

**問 7.4** 次の 2 重積分を計算せよ．

(1) $\displaystyle\iint_D (x+y)dxdy,\ D = \{(x,y)\,|\,0 \leqq x \leqq 1,\ 0 \leqq y \leqq 1\}$

(2) $\displaystyle\iint_D x^2 y\,dxdy,\ D = \{(x,y)\,|\,0 \leqq y \leqq 1,\ 0 \leqq x \leqq 1\}$

(3) $\displaystyle\iint_D xy(x-y)dxdy,\ D = \{(x,y)\,|\,0 \leqq x \leqq 1,\ 0 \leqq y \leqq x\}$

(4) $\displaystyle\iint_D xy\,dxdy,\ D = \{(x,y)\,|\,0 \leqq y \leqq 1,\ y \leqq x \leqq 2-y\}$

(5) $\displaystyle\iint_D y\,dxdy,\ D = \{(x,y)\,|\,x^2 \leqq y \leqq x,\ 0 \leqq x \leqq 1\}$

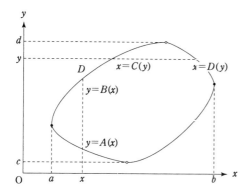

図 7.7 積分順序の変更

(6) $\iint_D y\, dxdy$, $D = \{(x, y)\,|\, x^2 + y^2 \leqq 1,\ x \leqq y,\ 0 \leqq x \leqq 1\}$

## 7.4 積分順序の変更

1つの領域 $D$ が
$$D = \{(x, y)\,|\, a \leqq x \leqq b,\ A(x) \leqq y \leqq B(x)\}$$
$$= \{(x, y)\,|\, c \leqq y \leqq d,\ C(y) \leqq x \leqq D(y)\}$$

と，2通りに表されているとする．ここで，関数 $A(x)$, $B(x)$ は区間 $[a, b]$ で連続で，$[a, b]$ 上 $A(x) \leqq B(x)$，また，関数 $C(y)$, $D(y)$ は区間 $[c, d]$ で連続で，$[c, d]$ 上 $C(y) \leqq D(y)$ であるとする．

このとき，
$$\int_a^b \left\{\int_{A(x)}^{B(x)} f(x, y) dy\right\} dx = \int_c^d \left\{\int_{C(y)}^{D(y)} f(x, y) dx\right\} dy$$
同じことであるが
$$\int_a^b dx \int_{A(x)}^{B(x)} f(x, y) dy = \int_c^d dy \int_{C(y)}^{D(y)} f(x, y) dx$$
が成立する (**積分順序の変更公式**)．なぜならば，前節の逐次積分の定理 (定理 7.4) より，両辺が $\iint_D f(x, y) dxdy$ に等しいから (図 7.7 参照)．

【例題 7.5】 次の積分の順序を変更せよ．

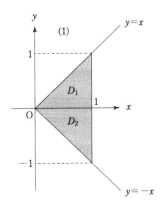 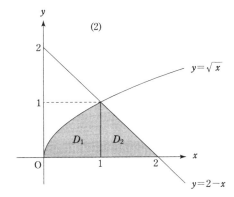

図 7.8 積分領域

(1) $\int_0^1 dx \int_{-x}^{x} f(x, y) dy$

(2) $\int_0^1 dy \int_{y^2}^{2-y} f(x, y) dx$

[解]

(1) 積分領域は，$D = \{(x, y) | 0 \leq x \leq 1, -x \leq y \leq x\}$．これを 2 つの領域に分けて

$D_1 = \{(x, y) | 0 \leq y \leq 1, y \leq x \leq 1\}$

$D_2 = \{(x, y) | -1 \leq y \leq 0, -y \leq x \leq 1\}$

図 7.8(1)を参照せよ．ゆえに

$$\int_0^1 dx \int_{-x}^{x} f(x, y) dy = \int_0^1 dy \int_y^1 f(x, y) dx + \int_{-1}^0 dy \int_{-y}^1 f(x, y) dx$$

(2) 積分領域は，$D = \{(x, y) | 0 \leq y \leq 1, y^2 \leq x \leq 2-y\}$．これを 2 つの領域に分けて

$D_1 = \{(x, y) | 0 \leq x \leq 1, 0 \leq y \leq \sqrt{x}\}$

$D_2 = \{(x, y) | 1 \leq x \leq 2, 0 \leq y \leq 2-x\}$

図 7.8(2)を参照せよ．ゆえに

$$\int_0^1 dy \int_{y^2}^{2-y} f(x, y) dx = \int_0^1 dx \int_0^{\sqrt{x}} f(x, y) dy + \int_1^2 dx \int_0^{2-x} f(x, y) dy \quad \blacksquare$$

**問 7.5** 次の積分の順序を変更せよ．

(1) $\displaystyle\int_0^1 dx \int_0^x f(x, y) dy$ 　　(2) $\displaystyle\int_0^1 dy \int_0^y f(x, y) dx$

(3) $\displaystyle\int_0^1 dx \int_x^{2x} f(x, y) dy$ 　　(4) $\displaystyle\int_0^1 dx \int_0^{x^2} f(x, y) dy$

## 7.5　置換積分

● **ヤコビアン**

変数 $u$, $v$ から変数 $x$, $y$ への変数変換
$$\begin{cases} x = \phi(u, v) \\ y = \psi(u, v) \end{cases}$$
が与えられたとき，行列式
$$\begin{vmatrix} \dfrac{\partial x}{\partial u} & \dfrac{\partial x}{\partial v} \\ \dfrac{\partial y}{\partial u} & \dfrac{\partial y}{\partial v} \end{vmatrix} = \dfrac{\partial x}{\partial u} \cdot \dfrac{\partial y}{\partial v} - \dfrac{\partial x}{\partial v} \cdot \dfrac{\partial y}{\partial u} = \phi_u(u, v)\psi_v(u, v) - \phi_v(u, v)\psi_u(u, v)$$
を**ヤコビアン**（**ヤコビ行列式**）といい，$J(u, v)$ または $\dfrac{\partial(x, y)}{\partial(u, v)}$ という記号で表す．

【例題 7.6】 次の変数変換のヤコビアンを求めよ．

(1) **1 次変換** $\begin{cases} x = au + bv + e \\ y = cu + dv + f \end{cases}$ 　　($a$, $b$, $c$, $d$, $e$, $f$ は定数)

(2) **2 次元の極座標変換** $\begin{cases} x = r\cos\theta \\ y = r\sin\theta \end{cases}$ 　　($r \geqq 0$, $0 \leqq \theta \leqq 2\pi$)

第 6 章の図 6.5 を参照せよ．

(3) **変数変換** $\begin{cases} x = uv \\ y = u - uv \end{cases}$

［解］

(1) $J(u, v) = \begin{vmatrix} \dfrac{\partial x}{\partial u} & \dfrac{\partial x}{\partial v} \\ \dfrac{\partial y}{\partial u} & \dfrac{\partial y}{\partial v} \end{vmatrix} = \begin{vmatrix} a & b \\ c & d \end{vmatrix} = ad - bc$

$$
(2)\quad J(r,\theta)=\begin{vmatrix}\dfrac{\partial x}{\partial r} & \dfrac{\partial x}{\partial \theta} \\ \dfrac{\partial y}{\partial r} & \dfrac{\partial y}{\partial \theta}\end{vmatrix}=\begin{vmatrix}\cos\theta & -r\sin\theta \\ \sin\theta & r\cos\theta\end{vmatrix}=r\cos^2\theta+r\sin^2\theta=r
$$

$$
(3)\quad J(u,v)=\begin{vmatrix}\dfrac{\partial x}{\partial u} & \dfrac{\partial x}{\partial v} \\ \dfrac{\partial y}{\partial u} & \dfrac{\partial y}{\partial v}\end{vmatrix}=\begin{vmatrix}v & u \\ 1-v & -u\end{vmatrix}=-uv-u(1-v)=-u \quad\blacksquare
$$

**問 7.6** 次の変数変換のヤコビアンを求めよ．

(1) $\begin{cases} x=u+v \\ y=u-v \end{cases}$ (2) $\begin{cases} x=r\cos 2\theta \\ y=r\sin 2\theta \end{cases}$ (3) $\begin{cases} x=u+v \\ y=uv \end{cases}$

● 置換積分

2 重積分について，1 変数関数の定積分の置換積分に相当するものを考えよう．$uv$-座標平面内の領域 $E$ から $xy$-座標平面内の領域 $D$ への変数変換

$$\begin{cases} x=\phi(u,v) \\ y=\psi(u,v) \end{cases}$$

を行う．$\phi(u,v)$ および $\psi(u,v)$ の 1 階偏導関数は $E$ で連続とする．また，$E$ 上でヤコビアン $J(u,v)\neq 0$，かつ，この変数変換により，$E$ 内の異なる 2 点は $D$ 内の異なる 2 点に写るとする（図 7.9 参照）．このとき，

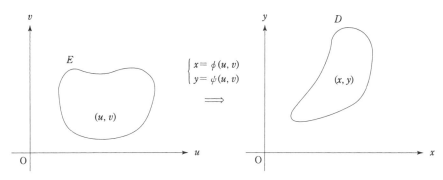

図 7.9 置換積分の領域対応

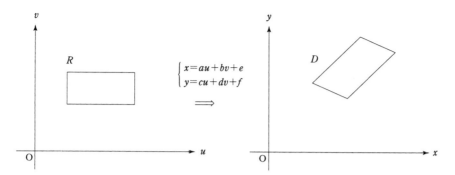

**図 7.10** 線形変換による領域の変化

---

**【定理 7.5】 置換積分**

$$\iint_D f(x,y)\,dxdy = \iint_E f(\phi(u,v),\ \psi(u,v))|J(u,v)|\,dudv$$

特に，$f(x,y)=1$ の場合，

$$D \text{ の面積} = \iint_D 1\,dxdy = \iint_E |J(u,v)|\,dudv$$

---

この式の左辺を右辺に置き換える方法は以下の通りである．

- 積分領域 $D$ を $E$ に置き換える．
- $f(x,y)$ を $u,\ v$ の式で表す．
- $dxdy = |J(u,v)|dudv$ とする．

［証明の概略］

最初に次の事実（線形代数の定理）に注意しておく．

$$\text{1 次変換}\quad \begin{cases} x = au + bv + e \\ y = cu + dv + f \end{cases} \quad (a,\ b,\ c,\ d,\ e,\ f \text{ は定数})$$

によって，

$uv$-座標平面内の長方形 $R$ は $xy$-座標平面内の平行四辺形 $D$ に写り，$D$ の面積 $= |ad - bc| \times R$ の面積（図 7.10 参照）．

$D$ 上 $f(x,y) \geqq 0$ である場合．

図 7.11 のように，$uv$-座標平面内で領域 $E$ を含む長方形を $R$ とする．$R$ を $x$

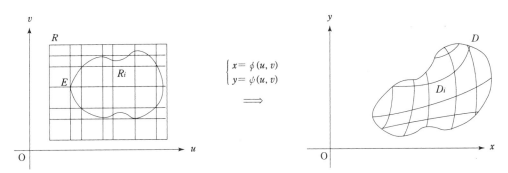

**図7.11** 置換積分公式の証明図

軸あるいは $y$ 軸に平行な直線群によって分割する．これによってできる各小長方形の対角線の長さの最大値を $\delta$ とする．また，この分割によってできた小長方形の中で，領域 $E$ に含まれるものを，$R_1$, $R_2$, $\cdots$, $R_n$ とする．変数変換 $x = \phi(u, v)$, $y = \psi(u, v)$ によって，小長方形 $R_i$ は $xy$-座標平面内の領域 $D_i$ に写り，$D_i$ は $D$ に含まれる（図7.11参照）．

領域 $D$ で考える．$D_i$ 内の点 $Q_i(x_i, y_i)$ をとり，$D_i$ を底面，$f(x_i, y_i)$ を高さとする柱体を $\overline{D_i}$ と表す．$\overline{D_1}$, $\overline{D_2}$, $\cdots$, $\overline{D_n}$ を集めてできる図形（その体積＝$\sum_{i=1}^{n} f(x_i, y_i)|D_i|$）は，$R$ の分割を限りなく小さくするにつれて（すなわち，$\delta \to 0$ のとき），曲面 $z = f(x, y)$ と領域 $D$ ではさまれた柱体（その体積＝$\iint_D f(x, y)dxdy$）に近づく．したがって

$$\lim_{\delta \to 0} \sum_{i=1}^{n} f(x_i, y_i)|D_i| = \iint_D f(x, y)dxdy \tag{7.8}$$

$R_i$ 内の点 $P_i(u_i, v_i)$ を，$x_i = \phi(u_i, v_i)$, $y_i = \psi(u_i, v_i)$ をみたすようにとる．このとき

$$f(x_i, y_i) = f(\phi(u_i, v_i), \psi(u_i, v_i))$$

だから式 (7.8) より

$$\lim_{\delta \to 0} \sum_{i=1}^{n} f(\phi(u_i, v_i), \psi(u_i, v_i))|D_i| = \iint_D f(x, y)dxdy \tag{7.9}$$

ここで，面積 $|D_i|$ と面積 $|R_i|$ の関係を調べる．$\delta \to 0$ のとき，小長方形 $R_i$ は点

$P_i(u_i, v_i)$ に近づくから，第6章の式 (6.4) より，$R_i$ において
$$\phi(u, v) \fallingdotseq \phi(u_i, v_i) + \phi_u(u_i, v_i)(u - u_i) + \phi_v(u_i, v_i)(v - v_i)$$
$$\psi(u, v) \fallingdotseq \psi(u_i, v_i) + \psi_u(u_i, v_i)(u - u_i) + \psi_v(u_i, v_i)(v - v_i)$$
となり，変換 $x = \phi(u, v)$, $y = \psi(u, v)$ は1次変換とみなせる．したがって，最初に述べた注意より
$$|D_i| \fallingdotseq |\phi_u(u_i, v_i)\psi_v(u_i, v_i) - \phi_v(u_i, v_i)\psi_u(u_i, v_i)| \times |R_i|$$
$$= |J(u_i, v_i)| \cdot |R_i|$$
上の式の両辺は，$\delta \to 0$ の極限において等しいから，上の式を式 (7.9) へ代入して
$$\lim_{\delta \to 0} \sum_{i=1}^{n} f(\phi(u_i, v_i), \psi(u_i, v_i))|J(u_i, v_i)| \cdot |R_i| = \iint_D f(x, y) dxdy \quad (7.10)$$
ここで
$$F(u, v) = f(\phi(u, v), \psi(u, v))|J(u, v)|$$
とおくと，式 (7.10) は次のように書ける．
$$\lim_{\delta \to 0} \sum_{i=1}^{n} F(u_i, v_i)|R_i| = \iint_D f(x, y) dxdy \quad (7.11)$$

領域 $E$ で考える．式 (7.8) を導いたのと同様の考察によって
$$\lim_{\delta \to 0} \sum_{i=1}^{n} F(u_i, v_i)|R_i| = \iint_E F(u, v) dudv$$
$$= \iint_E f(\phi(u, v), \psi(u, v))|J(u, v)| dudv \quad (7.12)$$
式 (7.11) と式 (7.12) より
$$\iint_D f(x, y) dxdy = \iint_E f(\phi(u, v), \psi(u, v))|J(u, v)| dudv$$

**一般の場合．**

$f(x, y)$ の $D$ における最小値を $m$ とすると，$D$ 上 $f(x, y) - m \geqq 0$ であるから，すでに示したように
$$\iint_D \{f(x, y) - m\} dxdy = \iint_E \{f(\phi(u, v), \psi(u, v)) - m\}|J(u, v)| dudv \quad (7.13)$$

定理 7.1(1), (2) より
$$\text{式 (7.13) の左辺} = \iint_D f(x, y) dxdy - m \iint_D 1 \, dxdy$$
$$\text{式 (7.13) の右辺} = \iint_E f(\phi(u, v), \psi(u, v))|J(u, v)| dudv$$

$$-m\iint_E |J(u,\ v)|\,dudv$$

ここで，すでに示したことから

$$\iint_D 1\,dxdy = \iint_E |J(u,\ v)|\,dudv$$

したがって

$$\iint_D f(x,\ y)\,dxdy = \iint_E f(\phi(u,\ v),\ \psi(u,\ v))|J(u,\ v)|\,dudv \qquad \blacksquare$$

【例 7.2】 極座標変換 $x = r\cos\theta,\ y = r\sin\theta$ の場合，

$dxdy = rdrd\theta$ $\blacksquare$

【例題 7.7】 極座標変換：$x = r\cos\theta,\ y = r\sin\theta$ により次の 2 重積分を求めよ．

(1) $\displaystyle\iint_D \sqrt{x^2+y^2}\,dxdy,\qquad D = \{(x,\ y)\,|\,x^2+y^2 \leqq 1\}$

(2) $\displaystyle\iint_D \frac{1}{\sqrt{1+x^2+y^2}}\,dxdy,\qquad D = \{(x,\ y)\,|\,x^2+y^2 \leqq 1\}$

[解] どちらの問題も積分領域 $D$ は，$E = \{(r,\ \theta)\,|\,0 \leqq r \leqq 1,\ 0 \leqq \theta \leqq 2\pi\}$ に置き変わる．ヤコビアン $J(r,\ \theta) = r$ より，$dxdy = rdrd\theta$

(1) $\displaystyle\iint_D \sqrt{x^2+y^2}\,dxdy = \iint_E \sqrt{r^2}\,r\,drd\theta = \int_0^1 dr\int_0^{2\pi} r^2\,d\theta = \int_0^1 2\pi r^2\,dr = \frac{2\pi}{3}$

(2) $\displaystyle\iint_D \frac{1}{\sqrt{1+x^2+y^2}}\,dxdy = \iint_E \frac{r}{\sqrt{1+r^2}}\,drd\theta$

$\displaystyle\qquad = \int_0^1 dr\int_0^{2\pi} \frac{r}{\sqrt{1+r^2}}\,d\theta$

$\displaystyle\qquad = \int_0^1 \frac{2\pi r}{\sqrt{1+r^2}}\,dr = \left[2\pi\sqrt{1+r^2}\right]_0^1 = 2(\sqrt{2}-1)\pi \qquad \blacksquare$

【例題 7.8】 極座標変換：$x = r\cos\theta,\ y = r\sin\theta$ により

$\displaystyle\iint_D x\,dxdy,\ D = \{(x,\ y)\,|\,x^2+y^2 \leqq 1,\ 0 \leqq x \leqq y\}$ を求めよ．

[解] 積分領域 $D$ は，$E = \left\{(r,\ \theta)\,\Big|\,0 \leqq r \leqq 1,\ \dfrac{\pi}{4} \leqq \theta \leqq \dfrac{\pi}{2}\right\}$ に置き換わる．ヤコビアン $J(r,\ \theta) = r$ より，$dxdy = rdrd\theta$

$$\iint_D x\,dxdy = \iint_E r^2\cos\theta\,drd\theta = \int_0^1 r^2\,dr \int_{\frac{\pi}{4}}^{\frac{\pi}{2}} \cos\theta\,d\theta$$
$$= \frac{1}{3}\left(1-\frac{1}{\sqrt{2}}\right) \qquad \blacksquare$$

**問 7.7** 極座標変換：$x=r\cos\theta$, $y=r\sin\theta$ により次の2重積分を求めよ．

(1) $\iint_D \sqrt{1-x^2-y^2}\,dxdy$,　　$D=(x,y)|x^2+y^2\leq 1\}$

(2) $\iint_D y\,dxdy$,　　$D=\{(x,y)|x^2+y^2\leq 1,\ y\geq 0\}$

(3) $\iint_D e^{-x^2-y^2}\,dxdy$,　　$D=\{(x,y)|x\geq 0,\ y\geq 0,\ x^2+y^2\leq 1\}$

(4) $\iint_D \dfrac{1}{x^2+y^2}\,dxdy$,　　$D=\{(x,y)|1\leq x^2+y^2\leq 4\}$

**【例題 7.9】** 変数変換によって次の2重積分を求めよ．

(1) $\iint_D (x+y)(x-y)^2\,dxdy$,　　$D=\{(x,y)|0\leq x+y\leq 1,\ 0\leq x-y\leq 1\}$

(2) $\iint_D xy\,dxdy$,　　$D=\{(x,y)|x\geq 0,\ y\geq 0,\ 4x^2+y^2\leq 1\}$

[解]

(1) 変数変換：$x+y=u$, $x-y=v$ を行うと，$x=\dfrac{u+v}{2}$, $y=\dfrac{u-v}{2}$

● 積分領域 $D$ は，$E=\{(u,v)|0\leq u\leq 1,\ 0\leq v\leq 1\}$ に置き換わる．

● 被積分関数は，$(x+y)(x-y)^2=uv^2$

● ヤコビアン $J(u,v) = \begin{vmatrix} \dfrac{1}{2} & \dfrac{1}{2} \\ \dfrac{1}{2} & -\dfrac{1}{2} \end{vmatrix} = -\dfrac{1}{2}$ より，

$$dxdy = \left|-\frac{1}{2}\right|dudv = \frac{1}{2}dudv$$

ゆえに，
$$\iint_D (x+y)(x-y)^2\,dxdy = \iint_E \frac{1}{2}uv^2\,dudv$$
$$= \int_0^1 du \int_0^1 \frac{1}{2}uv^2\,dv = \int_0^1 \frac{u}{6}\,du = \frac{1}{12}$$

(2) 変数変換 $2x = r\cos\theta$, $y = r\sin\theta$ を行うと，$x = \dfrac{r}{2}\cos\theta$, $y = r\sin\theta$

● 積分領域 $D$ は，$E = \left\{(r, \theta)\,\middle|\, 0 \leqq r \leqq 1,\ 0 \leqq \theta \leqq \dfrac{\pi}{2}\right\}$ に置き換わる．

● 被積分関数は，$xy = \dfrac{r^2}{2}\sin\theta\cos\theta$

● ヤコビアン $J(r, \theta) = \begin{vmatrix} \dfrac{1}{2}\cos\theta & -\dfrac{r}{2}\sin\theta \\ \sin\theta & r\cos\theta \end{vmatrix} = \dfrac{r}{2}$，より $dxdy = \dfrac{r}{2}drd\theta$

ゆえに，

$$\iint_D xy\,dxdy = \iint_E \dfrac{r^3}{4}\sin\theta\cos\theta\,drd\theta = \int_0^1 dr \int_0^{\frac{\pi}{2}} \dfrac{r^3}{4}\sin\theta\cos\theta\,d\theta$$

$$= \int_0^1 \left[\dfrac{r^3}{8}\sin^2\theta\right]_0^{\frac{\pi}{2}} dr = \int_0^1 \dfrac{r^3}{8}dr = \dfrac{1}{32} \qquad \blacksquare$$

【例題 7.10】 楕円柱 $4x^2 + y^2 \leqq 1$, $z \geqq 0$ を，平面 $z = 2x + y + 2$ で切った下側の部分の体積 $V$ を求めよ．

［解］ $4x^2 + y^2 \leqq 1$ のとき，$|2x| \leqq 1$，$|y| \leqq 1$ だから $2x + y + 2 \geqq 0$ であるから，平面 $z = 2x + y + 2$ は $z \geqq 0$ の範囲にある．したがって

$$V = \iint_D (2x + y + 2)dxdy, \quad D = \{(x, y)\,|\,4x^2 + y^2 \leqq 1\}$$

上の例題 7.9(2) と同じ変数変換をすると

$$V = \iint_E (r\cos\theta + r\sin\theta + 2)r\,drd\theta,\ E = \{(r, \theta)\,|\,0 \leqq r \leqq 1,\ 0 \leqq \theta \leqq 2\pi\}$$

$$= \int_0^1 dr \int_0^{2\pi} (r\cos\theta + r\sin\theta + 2)\dfrac{r}{2}d\theta = \int_0^1 2\pi r\,dr = \pi \qquad \blacksquare$$

問 7.8 以下の領域の体積を求めよ．

(1) 円柱：$x^2 + y^2 \leqq 1$, $z \geqq 0$ を，平面：$z = x + y + 2$ で切った下側の部分

(2) 円柱：$x^2 + y^2 \leqq 1$, $z \geqq 0$ を，平面：$z = x$ で切った下側の部分

(3) 角柱：$|x+y| \leqq 1$, $|x-y| \leqq 1$, $z \geqq 0$ を，平面：$z = x + 1$ で切った下側の部分

## 7.6　3重積分

● **体積**

　平面内の領域の面積を定めたのと同様にして，空間内の領域の体積を定める．まず，直方体の体積は，「縦の長さ×横の長さ×高さ」によって定める．$xyz$-空間内の領域 $D$ が，ある直方体領域に含まれるとき，$D$ は **有界領域** であるという．有界領域 $D$ を含む直方体領域を

$$R = \{(x, y, z) \mid a_1 \leq x \leq a_2, \ b_1 \leq y \leq b_2, \ c_1 \leq z \leq c_2\}$$

とする．区間 $[a_1, a_2]$, $[b_1, b_2]$, $[c_1, c_2]$ を $n$ 等分し，これらの分点を基に直方体 $R$ を，$x, y, z$ 軸に平行な辺をもつ小直方体に分割する．このとき，領域 $D$ に含まれるすべての小直方体の体積の和を $v_n$ とし，$D$ と交わるすべての小直方体の体積の和を $V_n$ とする．

　$n \to \infty$ のとき（すなわち，等分点の個数を限りなく多くするとき），$v_n$ および $V_n$ が同じ極限値 $V$ に収束するとき，有界領域 $D$ は **体積確定** であるという．$D$ の体積を $V$ によって定め，記号 $|D|$ で表す．すなわち

$$D \text{ の体積} = |D| = \lim_{n \to \infty} v_n = \lim_{n \to \infty} V_n$$

● **定義と基本性質**

　3重積分は，以下のように，2重積分と同様に定義される．

　$xyz$-空間内の領域 $D$ が **有界閉領域** であるとは，性質：
- $D$ は，ある直方体領域に含まれる
- $D$ は，$D$ の境界を含む

がみたされることである．

**注意 7.3**　以後，この節で現れる領域はすべて体積確定の有界閉領域であるとする．

　$f(x, y, z)$ を，領域 $D$ で定義された連続関数とする．$D$ を小領域 $D_1, D_2, \cdots, D_n$ に分割し，各 $D_i$ 内に任意の点 $\mathrm{P}_i(x_i, y_i, z_i)$ をとり，和（**リーマン和**）

$$\sum_{i=1}^{n} f(x_i, y_i, z_i) |D_i| \tag{7.14}$$

を考える．ここで，$|D_i|$ は領域 $D_i$ の体積を表す．

2重積分の場合と同様に

$\delta_i = $ 2点 P，Q が領域 $D_i$ 内で変化するときの，距離 $\overline{PQ}$ の最大値

$\delta = \delta_1$，$\delta_2$，$\cdots$，$\delta_n$ の最大値

とおく．$\delta_i$ を領域 $D_i$ の幅，$\delta$ を**分割の最大幅**という．「$\delta \to 0$」は「分割を限りなく小さくする」ことを意味する．

関数 $f(x, y, z)$ が連続であることから，極限値

$$\lim_{\delta \to 0} \sum_{i=1}^{n} f(x_i, y_i, z_i)|D_i|$$

が，領域 $D$ の分割と $P_i(x_i, y_i, z_i)$ のとりかたによらず，一定の値として存在することが知られている．証明は省く．この極限値を $f(x, y, z)$ の領域 $D$ での **3重積分**といい，

$\iiint_D f(x, y, z)dxdydz$ という記号で表す．すなわち

$$\iiint_D f(x, y, z)dxdydz = \lim_{\delta \to 0} \sum_{i=1}^{n} f(x_i, y_i, z_i)|D_i|$$

領域 $D$ を**積分領域**，関数 $f(x, y, z)$ を**被積分関数**という．

**注意 7.4** 以後，3重積分において被積分関数は積分領域で連続であるものとする．

このような3重積分の定め方から，3重積分には以下の(1)～(3)のような基本的性質がある．

(1) 領域 $D$ の体積 $= \iiint_D 1\, dxdydz$

$\iiint_D 1\, dxdydz$ を $\iiint_D dxdydz$ と表すこともある．

(2) (定理 7.1 に相当)

① $\iiint_D \{f(x, y, z) \pm g(x, y, z)\}dxdydz$

$= \iiint_D f(x, y, z)dxdydz \pm \iiint_D g(x, y, z)dxdydz$

② $\iiint_D kf(x, y, z)dxdydz = k\iiint_D f(x, y, z)dxdydz$ （$k$ は定数）

③ $D$ 上 $f(x, y, z) \leqq g(x, y, z)$ ならば

$$\iiint_D f(x, y, z)dxdydz \leqq \iiint_D g(x, y, z)dxdydz$$

④ （積分領域の分割） $D_1 \cap D_2$ の体積が 0 であれば
$$\iiint_{D_1 \cup D_2} f(x, y, z)dxdydz$$
$$= \iiint_{D_1} f(x, y, z)dxdydz + \iiint_{D_2} f(x, y, z)dxdydz$$

(3) （定理 7.3 に相当）
$xyz$-空間内にある物体 $D$ の，点 $(x, y, z)$ における密度を $f(x, y, z)$ とする．

$$\text{物体 } D \text{ の質量} = \iiint_D f(x, y, z)dxdydz$$

● 逐次積分

3 重積分の計算は次の定理の公式によって行う．そこで，$\Omega_1$, $\Omega_2$, $\Omega_3$ は，それぞれ $xy$-平面，$yz$-平面，$zx$-平面内の面積確定の有界閉領域であり，現れる関数はすべて連続関数とする．

【定理 7.6】 逐次積分 $\Omega_1$ 上 $A_1(x, y) \leqq B_1(x, y)$, $\Omega_2$ 上 $A_2(y, z) \leqq B_2(y, z)$, $\Omega_3$ 上 $A_3(z, x) \leqq B_3(z, x)$ であるとする．
(1)  $D_1 = \{(x, y, z) | (x, y) \in \Omega_1,\ A_1(x, y) \leqq z \leqq B_1(x, y)\}$ であるとき
$$\iiint_{D_1} f(x, y, z)dxdydz = \iint_{\Omega_1} \left\{ \int_{A_1(x,y)}^{B_1(x,y)} f(x, y, z)dz \right\} dxdy$$
(2)  $D_2 = \{(x, y, z) | (y, z) \in \Omega_2,\ A_2(y, z) \leqq x \leqq B_2(y, z)\}$ であるとき
$$\iiint_{D_2} f(x, y, z)dxdydz = \iint_{\Omega_2} \left\{ \int_{A_2(y,z)}^{B_2(y,z)} f(x, y, z)dx \right\} dydz$$
(3)  $D_3 = \{(x, y, z) | (z, x) \in \Omega_3,\ A_3(z, x) \leqq y \leqq B_3(z, x)\}$ であるとき
$$\iiint_{D_3} f(x, y, z)dxdydz = \iint_{\Omega_3} \left\{ \int_{A_3(z,x)}^{B_3(z,x)} f(x, y, z)dy \right\} dzdx$$

上の定理 7.6(1) で，$\Omega_1 = \{(x, y) | a \leqq x \leqq b,\ A(x) \leqq y \leqq B(x)\}$ である場合は，3 重積分は以下のように定積分を 3 回繰り返して求められる．

$$\iiint_{D_1} f(x, y, z)dxdydz = \int_a^b dx \int_{A(x)}^{B(x)} dy \int_{A_1(x,y)}^{B_1(x,y)} f(x, y, z)dz$$

定理 7.6(2), (3) の場合も同様である．

【例題 7.11】 次の 3 重積分を求めよ．

(1) $\iiint_D (x+y+z)dxdydz$
$D = \{(x, y, z) | 0 \leq x \leq 1,\ 0 \leq y \leq 1,\ 0 \leq z \leq x\}$

(2) $\iiint_D z\, dxdydz,\qquad D = \{(x, y, z) | x \geq 0,\ y \geq 0,\ z \geq 0,\ x+y+z \leq 1\}$

[解]

(1) $\iiint_D (x+y+z)dxdydz = \int_0^1 dx \int_0^1 dy \int_0^x (x+y+z)dz$
$= \int_0^1 dx \int_0^1 \left(x^2 + yx + \dfrac{x^2}{2}\right)dy$
$= \int_0^1 \left(x^2 + \dfrac{x}{2} + \dfrac{x^2}{2}\right)dx = \dfrac{3}{4}$

(2) $D = \{(x, y, z) | 0 \leq x \leq 1,\ 0 \leq y \leq 1-x,\ 0 \leq z \leq 1-x-y\}$ と表せるから，
$\iiint_D z\, dxdydz = \int_0^1 dx \int_0^{1-x} dy \int_0^{1-x-y} z\, dz$
$= \int_0^1 dx \int_0^{1-x} \dfrac{1}{2}(1-x-y)^2 dy$
$= \int_0^1 \dfrac{1}{6}(1-x)^3 dx = \dfrac{1}{24}$ ∎

● 置換積分

変数 $u,\ v,\ w$ から変数 $x,\ y,\ z$ への変数変換
$$\begin{cases} x = \phi(u,\ v,\ w) \\ y = \psi(u,\ v,\ w) \\ z = \eta(u,\ v,\ w) \end{cases}$$
が与えられているとき，行列式

$$\begin{vmatrix} \dfrac{\partial x}{\partial u} & \dfrac{\partial x}{\partial v} & \dfrac{\partial x}{\partial w} \\ \dfrac{\partial y}{\partial u} & \dfrac{\partial y}{\partial v} & \dfrac{\partial y}{\partial w} \\ \dfrac{\partial z}{\partial u} & \dfrac{\partial z}{\partial v} & \dfrac{\partial z}{\partial w} \end{vmatrix}$$

を**ヤコビアン（ヤコビ行列式）**といい，$J(u,\ v,\ w)$ または $\dfrac{\partial(x,\ y,\ z)}{\partial(u,\ v,\ w)}$ という記

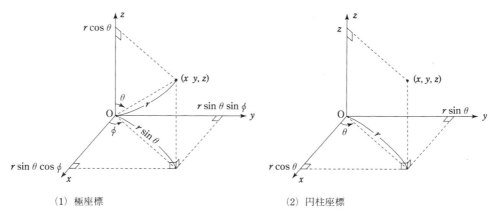

(1) 極座標　　　　　　　　　　(2) 円柱座標

**図 7.12**　3 次元の極座標と円柱座標

号で表す．

**【例 7.3】**（図 7.12 参照）

(1) 3 次元の**極座標変換** $x = r\sin\theta\cos\phi$, $y = r\sin\theta\sin\phi$, $z = r\cos\theta$ ($r \geqq 0$, $0 \leqq \theta \leqq \pi$, $0 \leqq \phi \leqq 2\pi$) のヤコビアンは，

$$J(r, \theta, \phi) = \begin{vmatrix} \sin\theta\cos\phi & r\cos\theta\cos\phi & -r\sin\theta\sin\phi \\ \sin\theta\sin\phi & r\cos\theta\sin\phi & r\sin\theta\cos\phi \\ \cos\theta & -r\sin\theta & 0 \end{vmatrix} = r^2\sin\theta$$

(2) **円柱座標変換** $x = r\cos\theta$, $y = r\sin\theta$, $z = z$ ($r \geqq 0$, $0 \leqq \theta \leqq 2\pi$) のヤコビアンは，

$$J(r, \theta, z) = \begin{vmatrix} \cos\theta & -r\sin\theta & 0 \\ \sin\theta & r\cos\theta & 0 \\ 0 & 0 & 1 \end{vmatrix} = r$$ ∎

3 重積分における置換積分について考える．$uvw$-座標空間内の領域 $E$ から $xyz$-座標空間内の領域 $D$ への変数変換

$$\begin{cases} x = \phi(u, v, w) \\ y = \phi(u, v, w) \\ z = \eta(u, v, w) \end{cases}$$

を行う．$\phi(u, v, w)$, $\psi(u, v, w)$ および $\eta(u, v, w)$ の 1 階偏導関数は $E$ で連続とする．また，$E$ 上でヤコビアン $J(u, v, w) \neq 0$，かつ，この変数変換により，$E$ 内の異なる 2 点は $D$ 内の異なる 2 点に写るとする．このとき，

---

**【定理 7.7】 置換積分**

$$\iiint_D f(x, y, z) dxdydz$$
$$= \iiint_E f(\phi(u, v, w), \psi(u, v, w), \eta(u, v, w))|J(u, v, w)|dudvdw$$

---

この式の左辺を右辺に置き換えるには，次のようにする．
- 積分領域 $D$ を $E$ に置き換える．
- 被積分関数 $f(x, y, z)$ を $u, v, w$ の式で表す．
- $dxdydz = |J(u, v, w)|dudvdw$ とする．

**【例 7.4】**
(1) 極座標変換の場合，$dxdydz = r^2 \sin\theta \, drd\theta d\phi$
(2) 円柱座標変換の場合，$dxdydz = r \, drd\theta dz$

**【例題 7.12】**
(1) 極座標変換を用いて次の 3 重積分を求めよ．
$$\iiint_D (x^2 + y^2 + z^2) dxdydz, \quad D = \{(x, y, z) | x^2 + y^2 + z^2 \leq 1\}$$
(2) 円柱座標変換を用いて次の 3 重積分を求めよ．
$$\iiint_D z\sqrt{x^2 + y^2} dxdydz, \quad D = \{(x, y, z) | x^2 + y^2 \leq 1, \, 0 \leq z \leq \sqrt{|x|}\}$$

[解]
(1) 極座標変換 $x = r\sin\theta\cos\phi$, $y = r\sin\theta\sin\phi$, $z = r\cos\theta$ を行う．
- 積分領域 $D$ は
  $E = \{(r, \theta, \phi) | 0 \leq r \leq 1, \, 0 \leq \theta \leq \pi, \, 0 \leq \phi \leq 2\pi\}$ に置き換わる．
- 被積分関数は $x^2 + y^2 + z^2 = r^2$
- $dxdydz = r^2 \sin\theta \, drd\theta d\phi$

ゆえに
$$\iiint_D (x^2+y^2+z^2)dxdydz = \iiint_E r^4 \sin\theta \, drd\theta d\phi$$
$$= \int_0^1 dr \int_0^\pi d\theta \int_0^{2\pi} r^4 \sin\theta \, d\phi = \frac{4}{5}\pi$$

(2) 円柱座標変換 $x=r\cos\theta$, $y=r\sin\theta$, $z=z$ を行う.
● 積分領域 $D$ は
　$E = \{(r, \theta, z) | 0 \leq r \leq 1, \; 0 \leq \theta \leq 2\pi, \; 0 \leq z \leq \sqrt{r|\cos\theta|}\}$ に置き換わる.
● 被積分関数は $z\sqrt{x^2+y^2} = zr$
● $dxdydz = r\,drd\theta dz$

ゆえに
$$\iiint_D z\sqrt{x^2+y^2}\,dxdydz = \iiint_E zr^2 drd\theta dz$$
$$= \int_0^1 dr \int_0^{2\pi} d\theta \int_0^{\sqrt{r|\cos\theta|}} zr^2 dz = \frac{1}{2} \quad \blacksquare$$

**問 7.9** 次の3重積分を求めよ.$a$, $b$, $c$ は正の定数とする.

(1) $\iiint_D dxdydz$
　　$D = \left\{(x, y, z) \mid x \geq 0, \; y \geq 0, \; z \geq 0, \; \dfrac{x}{a} + \dfrac{y}{b} + \dfrac{z}{c} \leq 1 \right\}$

(2) $\iiint_D y\,dxdydz$
　　$D = \{(x, y, z) | 0 \leq x \leq \pi, \; 0 \leq y \leq \pi, \; 0 \leq z \leq \sin x + \sin y\}$

(3) $\iiint_D xyz\,dxdydz$
　　$D = \{(x, y, z) | 0 \leq x \leq \pi, \; 0 \leq y \leq \sin x, \; 0 \leq z \leq 1\}$

**問 7.10** 変数変換により,次の3重積分を求めよ.

(1) $\iiint_D x\,dxdydz$
　　$D = \{(x, y, z) | 1 \leq x^2+y^2+z^2 \leq 4, \; x \geq 0, \; y \geq 0, \; z \geq 0\}$

(2) $\iiint_D (x^2+z^2)dxdydz$, 　　$D = \{(x, y, z) | 4x^2+y^2+4z^2 \leq 1\}$

(3) $\iiint_D \sin(\sqrt{x^2+y^2}+z)\,dxdydz$

$D = \{(x, y, z) \mid x^2 + y^2 \leq 1,\ 0 \leq z \leq \pi\}$

(4) $\iiint_D \sqrt{x^2 + y^2}\, dxdydz,\quad D = \{(x, y, z) \mid 1 \leq x^2 + y^2 \leq 4,\ 0 \leq z \leq |x|\}$

(5) $\iiint_D dxdydz,\quad D = \{(x, y, z) \mid \sqrt{x} + \sqrt{y} + \sqrt{z} \leq 1\}$

## 章末問題

**問1** 次の2重積分を求めよ．

(1) $\iint_D x^2 \, dxdy, \quad D = \{(x, y) \mid x^2 + y^2 \leq 4, \ x + y \geq 2\}$

(2) $\iint_D \dfrac{x - y}{x + y} dxdy, \quad D = \left\{(x, y) \,\middle|\, \dfrac{1}{2} \leq y \leq 1, \ y^2 - y \leq x \leq 1 - y\right\}$

(3) $\iint_D \dfrac{x + 1}{y^2} dxdy$

$\quad D = \left\{(x, y) \,\middle|\, 1 \leq x \leq 3, \ \dfrac{1}{x} \leq y \leq x + 1, \ y \leq -x + 5\right\}$

**問2** 次の積分の順序を変更せよ．$a, \alpha, \beta$ は正の定数とする．

(1) $\displaystyle\int_{-a}^{a} dx \int_{0}^{\sqrt{a^2 - x^2}} f(x, y) dy$  (2) $\displaystyle\int_{0}^{2a} dy \int_{y^2/4a}^{3a-y} f(x, y) dx$

(3) $\displaystyle\int_{0}^{a} dy \int_{a-\sqrt{a^2-y^2}}^{a+\sqrt{a^2-y^2}} f(x, y) dx$  (4) $\displaystyle\int_{0}^{\frac{1}{\sqrt{2}}} dy \int_{y}^{\sqrt{1-y^2}} f(x, y) dx$

**問3** 変数変換によって次の2重積分を求めよ．

(1) $\iint_D x^2(x + y)^4 dxdy, \quad D = \{(x, y) \mid x \geq 0, \ y \geq 0, \ x + y \leq 1\}$

(2) $\iint_D x \, dxdy, \quad D = \left\{(x, y) \,\middle|\, 0 \leq y - \dfrac{x}{2} \leq 1, \ 1 \leq x + y \leq 2\right\}$

(3) $\iint_D \dfrac{x^2}{x^2 + y^2} dxdy, \quad D = \{(x, y) \mid a^2 \leq x^2 + y^2 \leq 1\} \quad (0 < a < 1)$

(4) $\iint_D y \, dxdy, \quad D = \{(x, y) \mid x^2 + y^2 \leq y\}$

(5) $\iint_D xy \, dxdy, \quad D = \{(x, y) \mid \sqrt{x} + \sqrt{y} \leq 1\}$

(6) $\iint_D 1 \, dxdy, \quad D = \{(x, y) \mid x^2 \leq y \leq 2x^2, \ y^2 \leq x \leq 2y^2\}$

**問4** 以下の領域の体積を求めよ．

(1) 球：$x^2 + y^2 + z^2 \leq 1$ と，円柱：$x^2 - x + y^2 \leq 0$ が交わる部分

(2) 放物面：$z = x^2 + y^2$ と平面：$z = x$ で囲まれた部分

(3) 円錐面：$z = \sqrt{x^2 + y^2}$ と球面：$x^2 + 2x + y^2 + z^2 = 0$ で囲まれた部分

**例** 2重積分をつかって1変数関数の定積分を求める問題を考えてみよう．広義積分

$$I = \int_{-\infty}^{\infty} e^{-x^2} dx$$

を部分積分，置換積分を使って求めることは難しい（挑戦してみよう）．ところが極座標変換 ($x = r\cos\theta$, $y = r\sin\theta$) を使った2重積分により以下のように求めることができる．

$$\begin{aligned}
I^2 &= \left(\int_{-\infty}^{\infty} e^{-x^2} dx\right)\left(\int_{-\infty}^{\infty} e^{-y^2} dy\right) = \int_{-\infty}^{\infty} e^{-x^2} dx \int_{-\infty}^{\infty} e^{-y^2} dy \\
&= \lim_{R\to\infty} \iint_{\{(x,y)|x^2+y^2 \leq R^2\}} e^{-(x^2+y^2)} dx dy = \lim_{R\to\infty} \int_0^{2\pi} d\theta \int_0^R e^{-r^2} r\, dr \\
&= \lim_{R\to\infty} \int_0^{2\pi} \left[-\frac{1}{2} e^{-r^2}\right]_0^R d\theta = \pi
\end{aligned}$$

ゆえに

$$\int_{-\infty}^{\infty} e^{-x^2} dx = \sqrt{\pi} \qquad \blacksquare$$

# 問題の略解

## 第 0 章　準備

**問 0.1**　(1) $\dfrac{1}{3}$　(2) 1　(3) 4

**問 0.2**　(1) $\dfrac{1}{e}$

**問 0.3**　(1) 3　(2) $\dfrac{3}{4}$　(3) $-\log 2$　(4) $\dfrac{1}{6}\log 3$

**問 0.4**　(1) $\log a = y$ とおくと，対数の定義より $a = e^y$，つまり $a = e^{\log a}$ が成立．

(2) $\log_a b = y$ とおくと $a^y = b$ なので $a = b^{\frac{1}{y}}$ となる．これは $\log_b a = \dfrac{1}{y}$，つまり $\log_b a = \dfrac{1}{\log_a b}$ を意味する．

**問 0.5**　(1) $\dfrac{\sqrt{6}+\sqrt{2}}{4}$　(2) $\dfrac{\sqrt{6}-\sqrt{2}}{4}$　(3) $\dfrac{\sqrt{6}-\sqrt{2}}{4}$　(3) $\dfrac{\sqrt{6}+\sqrt{2}}{4}$

**問 0.6**　(1) $-\dfrac{2\sqrt{2}+\sqrt{15}}{12}$　(2) $-\dfrac{2\sqrt{30}+1}{12}$　(3) $-\dfrac{4\sqrt{30}+7}{36}$

**問 0.7**　$r=5$, $\sin\alpha=\dfrac{4}{5}$, $\cos\alpha=\dfrac{3}{5}$

**問 0.8**　(1) $\cos^2 x + \sin^2 x = 1$ の両辺を $\cos^2 x$ で割って $1+\tan^2 x = \dfrac{1}{\cos^2 x}$

(2) $\cos^2 x + \sin^2 x = 1$ の両辺を $\sin^2 x$ で割って $\cot^2 x + 1 = \dfrac{1}{\sin^2 x}$

(3) 公式 0.3 (4) より

$$\tan(x \pm y) = \frac{\sin(x \pm y)}{\cos(x \pm y)}$$
$$= \frac{\sin x \cos y \pm \cos x \sin y}{\cos x \cos y \mp \sin x \sin y}$$
$$= \frac{\tan x \pm \tan y}{1 \mp \tan x \tan y}$$

(4) (3)において $x = y$ とすればよい．

**章末問題**

**問1** (1) 1

(2) 2

**問2** (1) $\sin 2x = 2\sin x \cos x = 2\cos^2 x \tan x = \dfrac{2\tan x}{1+\tan^2 x}$

(2) $\cos 2x = 2\cos^2 x - 1 = \dfrac{2}{1+\tan^2 x} - 1 = \dfrac{1-\tan^2 x}{1+\tan^2 x}$

# 第1章 関数

**問1.1** (1) 定義域 $-\infty < x < \infty$，値域 $0 < y \leqq 1$

(2) 定義域 $1 \leqq x$，値域 $1 \leqq y$

(3) 定義域 $x \neq 1$，値域 $y \neq 0$

**問1.2** (1) $y = x^2 + 2x + 4$  (2) $y = x + \sqrt{x} + 1$

(3) $y = \cos^2 x$  (4) $y = \sin^2 x + 3\sin x + 4$

**問1.3** (1) $y = x^2 + 2$，定義域 $x \geqq 0$，値域 $y \geqq 2$

(2) $y = x + 2 - \sqrt{4x+7}$，定義域 $x \geqq -\dfrac{3}{4}$，値域 $y \geqq -\dfrac{3}{4}$

(3) $y = -\sqrt{1-x^2}$，定義域 $0 \leqq x \leqq 1$，値域 $-1 \leqq y \leqq 0$

(4) $y = \dfrac{x^2-1}{2x}$，定義域 $x \geqq 1$，値域 $y \geqq 0$

**問1.4** (1) $\dfrac{\pi}{6}$ (2) $-\dfrac{\pi}{2}$ (3) $-\dfrac{\pi}{3}$ (4) $0$ (5) $\dfrac{\pi}{6}$

(6) $\dfrac{2\pi}{3}$ (7) $\dfrac{\pi}{4}$ (8) $\dfrac{\pi}{6}$ (9) $-\dfrac{\pi}{3}$

**問1.5** (1) $y = \sin^{-1} x$ とおくと，$x = \sin y$ かつ $-\dfrac{\pi}{2} \leqq y \leqq \dfrac{\pi}{2}$ である．

また，$-x = \sin(-y)$ かつ $-\dfrac{\pi}{2} \leqq -y \leqq \dfrac{\pi}{2}$ より

$$-y = \sin^{-1}(-x)$$

したがって，$\sin^{-1}x - \sin^{-1}(-x) = y + (-y) = 0$

(2) $y = \cos^{-1}x$ とおくと，$x = \cos y$ かつ $0 \leqq y \leqq \pi$ である．

また，$\cos(\pi - y) = -\cos y = -x$ かつ $0 \leqq \pi - y \leqq \pi$ より

$$\pi - y = \cos^{-1}(-x)$$

したがって，$\cos^{-1}x + \cos^{-1}(-x) = y + (\pi - y) = \pi$

**問 1.6** (1) 2　(2) 1

**問 1.7** (1) 2　(2) 1

**問 1.8** (1) 3　(2) 1　(3) $\dfrac{1}{2}$

**問 1.9** (1) 1　(2) $e^6$

**問 1.10** $f(x) = x^3 + x^2 - 4x + 1$ とおく．$f(-3) < 0 < f(-2)$ であるから，中間値の定理より $-3 < x_1 < -2$，$f(x_1) = 0$ なる $x_1$ が存在する．

同様に，$-2 < x_2 < 1$，$f(x_2) = 0$ なる $x_2$ と，$1 < x_3 < 2$，$f(x_3) = 0$ なる $x_3$ が存在する．$x_1, x_2, x_3$ が方程式 $x^3 + x^2 - 4x + 1 = 0$ の異なる3つの実数解である．方程式は3次だから，これら以外に解は存在しない．

## 章末問題

**問 1** (1) $y = (x-1)^3$，定義域 $-\infty < x < \infty$，値域 $-\infty < y < \infty$

(2) $y = \log(x-1)$，定義域 $1 < x$，値域 $-\infty < y < \infty$

(3) $y = \log\left(\sqrt{x + \dfrac{1}{4}} - \dfrac{1}{2}\right)$，定義域 $0 < x$，値域 $-\infty < y < \infty$

**問 2** (1) $y = \sin^{-1}x$ とおくと，$x = \sin y$ かつ $-\dfrac{\pi}{2} \leqq y \leqq \dfrac{\pi}{2}$ である．

また，$\sin^2 y + \cos^2 y = 1$ より $\cos y = \pm\sqrt{1 - \sin^2 y}$．

$-\dfrac{\pi}{2} \leqq y \leqq \dfrac{\pi}{2}$ より $\cos y \geqq 0$ であるから $\cos y = \sqrt{1 - \sin^2 y}$

左辺に $y = \sin^{-1}x$，右辺に $\sin y = x$ を代入して

$$\cos(\sin^{-1}x) = \sqrt{1 - x^2}$$

(2) $y = \sin^{-1}x$ とおくと，$x = \sin y$．(1)より

$$\cos y = \cos(\sin^{-1}x) = \sqrt{1 - x^2}$$

したがって $\tan(\sin^{-1}x) = \tan y = \dfrac{\sin y}{\cos y} = \dfrac{x}{\sqrt{1 - x^2}}$

問 3  (1) 1   (2) $\log \dfrac{3}{2}$

## 第 2 章　微分

**問 2.1**  (1) $5x^4 + 3x^2 + 1$   (2) $(4x-1)(x-1)^2$   (3) $3x^2 - 2x + 1$

(4) $x^2(x\cos x + 3\sin x)$   (5) $e^x(\cos x - \sin x)$   (6) $1 + \log x$

(7) $\dfrac{9}{(x+5)^2}$   (8) $\dfrac{x^2 - 2x - 2}{(x-1)^2}$   (9) $-\dfrac{x^2 + 2x - 1}{(x^2+1)^2}$

(10) $\dfrac{x(x + \sin 2x)}{\cos^2 x}$   (11) $\dfrac{e^x(\cos x \sin x + 1)}{\cos^2 x}$

(12) $\dfrac{1}{(\sin x + \cos x)^2}$   (13) $\dfrac{1 - \log x}{x^2}$   (14) $-\dfrac{2e^x}{(1+e^x)^2}$

**問 2.2**  (1) $30(3x+1)^9$   (2) $6x(x^2+1)^2$   (3) $-\dfrac{10(x+3)}{(x-2)^3}$

(4) $\dfrac{5x^4(1-x^2)}{(x^2+1)^6}$   (5) $7e^x(e^x+2)^6$   (6) $3x^2 \cos(x^3+1)$

(7) $3\sin^3 x$   (8) $-\sin x \cos(\cos x)$   (9) $\dfrac{5(\log x)^4}{x}$

**問 2.3**  (1) $2(x+1)e^{x^2+2x}$   (2) $\cos x e^{\sin x}$   (3) $\dfrac{\sin 2x}{1+\sin^2 x}$   (4) $\cot x$

(5) $\dfrac{1}{x \log x}$

**問 2.4**  (1) $y' = 3^x \log 3$   (2) $y' = (2x \log 2) 2^{x^2}$   (3) $y' = x(2\log x + 1)x^{x^2}$

(4) $y' = \left\{ \cos x \log(x^2+1) + \dfrac{2x \sin x}{x^2+1} \right\}(x^2+1)^{\sin x}$

(5) $y' = \left\{ \log(\sin x) + \dfrac{x \cos x}{\sin x} \right\}(\sin x)^x$

**問 2.5**  (1) $y' = \dfrac{x}{y}$   (2) $y' = -\dfrac{9x}{4y}$   (3) $y' = -\sqrt{\dfrac{y}{x}}$   (4) $y' = \dfrac{x^2 - y}{x - y^2}$

**問 2.6**  (1) $\dfrac{2}{\sqrt{1-4x^2}}$   (2) $\dfrac{2x}{1+x^4}$   (3) $-\dfrac{3}{\sqrt{1-9x^2}}$

(4) $\dfrac{1}{2\sqrt{x-x^2}}$   (5) $\dfrac{a}{x^2+a^2}$   (6) $\dfrac{1}{\sqrt{2x-x^2}}$

**問 2.7** (1) $x = \dfrac{y^3}{3} + y^2 + 2y$ として, $\dfrac{dy}{dx} = \dfrac{1}{y^2 + 2y + 2}$

(2) $x = \log(e^y + 1)$ として, $\dfrac{dy}{dx} = \dfrac{e^y + 1}{e^y} = \dfrac{e^x}{e^x - 1}$

(3) $x = y^2 + 1$ として, $\dfrac{dy}{dx} = \dfrac{1}{2y} = \dfrac{-1}{2\sqrt{x-1}}$

(4) $x = e^{\sin y}$ として, $\dfrac{dy}{dx} = \dfrac{1}{\cos y \, e^{\sin y}} = \dfrac{1}{x\sqrt{1-(\log x)^2}}$

**問 2.8** (1) $\dfrac{4t}{3}$ (2) $\dfrac{\sin t}{1-\cos t}$ (3) $-\tan t$ (4) $-\dfrac{\sqrt{2+t}}{\sqrt{2-t}}$

**問 2.9** (1) $y'' = \dfrac{2}{(x+1)^3}$ (2) $y'' = 4e^{2x}$ (3) $y'' = -9\cos 3x$

(4) $y'' = \dfrac{2\sin x}{\cos^3 x}$ (5) $y'' = 2(2x^2+1)e^{x^2}$ (6) $y'' = \dfrac{2(1-x^2)}{(1+x^2)^2}$

**問 2.10** (1) $(-1)^n n!(x+5)^{-n-1}$

(2) $\dfrac{(-1)^n n!}{2}\left\{\dfrac{1}{(x-1)^{n+1}} - \dfrac{1}{(x+1)^{n+1}}\right\}$

(3) $\dfrac{(-1)^{n-1}(n-1)!}{x^n}$

(4) $3^n \cdot \dfrac{1}{2}\left(\dfrac{1}{2}-1\right)\left(\dfrac{1}{2}-2\right)\cdots\left(\dfrac{1}{2}-n+1\right)(3x+4)^{\frac{1}{2}-n}$

(5) $3^x(\log 3)^n$

**問 2.11** $m \geq 1,\ n \geq 1$ とする.

(1) $f^{(n)}(0) = 1$ (2) $f^{(2m-1)}(0) = (-1)^{m-1},\ f^{(2m)}(0) = 0$

(3) $f^{(2m-1)}(0) = 0,\ f^{(2m)}(0) = (-1)^m$

(4) $f^{(n)}(0) = \alpha(\alpha-1)\cdots(\alpha-n+1)$

(5) $f^{(n)}(0) = (-1)^{n-1}(n-1)!$

**問 2.12** (1) $(x+n)e^x$ (2) $e^x(x^3 + 3nx^2 + 3n(n-1)x + n(n-1)(n-2))$

(3) $\{x^2 - n(n-1)\}\sin\left(x + \dfrac{n}{2}\pi\right) + 2nx\sin\left(x + \dfrac{n-1}{2}\pi\right)$

### 章末問題

**問 1** (1) $y' = \dfrac{\sqrt{3+x^2}}{(x-1)^2(2-x)}\left(\dfrac{x}{3+x^2} - \dfrac{2}{x-1} + \dfrac{1}{2-x}\right)$

(2) $y' = \dfrac{2x(1-x^2-x^4)}{(1+x^2)\sqrt{1-x^4}}$

**問 2** 省略

**問 3** $n=1$ のとき明らかに成立する．

$k \geq 1$ とし，$(e^x \sin x)^{(k)} = (\sqrt{2})^k e^x \sin\left(x + \dfrac{k\pi}{4}\right)$ が成立すると仮定する．

$$\begin{aligned}
(e^x \sin x)^{(k+1)} &= \left((\sqrt{2})^k e^x \sin\left(x + \dfrac{k\pi}{4}\right)\right)' \\
&= (\sqrt{2})^k \left(e^x \sin\left(x + \dfrac{k\pi}{4}\right) + e^x \cos\left(x + \dfrac{k\pi}{4}\right)\right) \\
&= (\sqrt{2})^{k+1} e^x \left(\sin\left(x + \dfrac{k\pi}{4}\right)\cos\dfrac{\pi}{4} + \cos\left(x + \dfrac{k\pi}{4}\right)\sin\dfrac{\pi}{4}\right) \\
&= (\sqrt{2})^{k+1} e^x \sin\left(x + \dfrac{(k+1)\pi}{4}\right).
\end{aligned}$$

数学的帰納法によりすべての $n \geq 1$ で成り立つ．

## 第 3 章　微分の応用

**問 3.1** (1) $3$　　(2) $4$　　(3) $\sqrt{2}$　　(4) $e-1$

**問 3.2** (1) $f(x) = x - \sin x$ とおく．$x > 0$ のとき $f(x) > 0$ が成立することを示せばよい．

$f'(x) = 1 - \cos x \geq 0$ であり，特に $x \neq 2n\pi$ ($n = 0, 1, 2 \cdots$) のとき $f'(x) = 1 - \cos x > 0$．したがって，$x \geq 0$ のとき $f(x)$ は単調増加であり，$f(x) = x - \sin x > f(0) = 0$．

(2)〜(4) 省略

**問 3.3** (1) $x = 1$ で極大値 $9$，$x = 3$ で極小値 $5$

(2) $x = \dfrac{1}{3}$ で極大値 $\dfrac{4}{27}$，$x = 1$ で極小値 $0$

(3) $x = 2\sqrt{3}$ で極大値 $\dfrac{\sqrt{3}}{9}$，$x = -2\sqrt{3}$ で極小値 $-\dfrac{\sqrt{3}}{9}$

(4) $x = \dfrac{3}{4}$ で極大値 $\dfrac{3\sqrt{3}}{16}$

(5) $x = 1$ で極大値 $\dfrac{1}{e}$

(6) $x = \pm\dfrac{\pi}{2}$ で極大値 $\dfrac{\pi}{2}$, $x = 0$ で極小値 1

(7) $x = \dfrac{1}{e}$ で極小値 $-\dfrac{1}{e}$

(8) $x = \dfrac{2\pi}{3}$ で極大値 $\dfrac{2\pi}{3} + \sqrt{3}$, $x = \dfrac{4\pi}{3}$ で極小値 $\dfrac{4\pi}{3} - \sqrt{3}$

**問 3.4** $n$ は整数とする.

(1) 区間 $(-\infty, 0)$ で凹,区間 $(0, \infty)$ で凸.変曲点の $x$ 座標は,$x = 0$

(2) 区間 $(2n\pi, (2n+1)\pi)$ で凸,区間 $((2n+1)\pi, (2n+2)\pi)$ で凹.変曲点の $x$ 座標は,$x = n\pi$

(3) 区間 $\left(\dfrac{\pi}{3} + 2n\pi, \dfrac{5}{3}\pi + 2n\pi\right)$ で凸,区間 $\left(-\dfrac{\pi}{3} + 2n\pi, \dfrac{\pi}{3} + 2n\pi\right)$ で凹.変曲点の $x$ 座標は,$x = \pm\dfrac{\pi}{3} + 2n\pi$

(4) 区間 $(-\infty, 0)$ で凸,区間 $(0, \infty)$ で凹.変曲点の $x$ 座標は,$x = 0$

**問 3.5** 省略

**問 3.6** (1) $\dfrac{5}{2}$ (2) 1 (3) $\dfrac{1}{6}$ (4) 0 (5) 0

**問 3.7** $f(x) = \sqrt{x}$,$a = 4$,$x = 4.01$ として,1 次近似値は,2.0025,2 次近似値は,2.002496875

**問 3.8** (1) 1 (2) 1 (3) $\infty$ (4) $\dfrac{1}{3}$

**問 3.9** (1) $\sqrt[3]{1-x} = 1 - \dfrac{1}{3}x - \dfrac{1}{9}x^2 - \cdots$

$$- \dfrac{\dfrac{1}{3}\left(1 - \dfrac{1}{3}\right)\cdots\left(n - 1 - \dfrac{1}{3}\right)}{n!}x^n + \cdots$$

(2) $1 + \dfrac{x}{2} + \dfrac{\dfrac{1}{2}\left(\dfrac{1}{2} - 1\right)}{2!}x^2 + \cdots + \dfrac{\dfrac{1}{2}\left(\dfrac{1}{2} - 1\right)\cdots\left(\dfrac{1}{2} - n + 1\right)}{n!}x^n + \cdots$

**問 3.10** (1) $\sin 3x = 3x - \dfrac{3^3}{3!}x^3 + \dfrac{3^5}{5!}x^5 - \cdots + (-1)^n \dfrac{3^{2n+1}}{(2n+1)!}x^{2n+1} + \cdots$

(2) $\dfrac{1}{1-x^2} = 1 + x^2 + x^4 + \cdots + x^{2n} + \cdots \quad (-1 < x < 1)$

(3) $x\log(1+x) = x^2 - \dfrac{x^3}{2} + \dfrac{x^4}{3} - \dfrac{x^5}{4} + \cdots + \dfrac{(-1)^n}{n-1}x^n + \cdots$

$(-1 < x \leqq 1)$

**章末問題**

**問 1** (1) $\cos^{-1}\dfrac{2}{\pi}$   (2) $\sqrt{\dfrac{4\sqrt{3}-\pi}{\pi}}$

**問 2** $f'(x)=\cos x-1+\dfrac{x^2}{2}$ とおく．$x>0$ のとき，$f(x)>0$ が成立することを示せばよい．

$f'(x)=-\sin x+x$，問 3.2(1) より，$x>0$ のとき $f'(x)>0$ が成立する．したがって，$x\geqq 0$ のとき，$f(x)$ は単調増加であり，$f(x)=\cos x-1+\dfrac{x^2}{2}>f(0)=0$．

**問 3** (1) $x=\dfrac{7}{3}$ で極大値 $\dfrac{4}{27}$，$x=3$ で極小値 $0$

(2) $x=-1+\sqrt{2}$ で極大値 $\dfrac{1+\sqrt{2}}{2}$，$x=-1-\sqrt{2}$ で極小値 $\dfrac{1-\sqrt{2}}{2}$

(3) $x=0$ で極大値 $0$，$x=3$ で極小値 $\dfrac{27}{2}$

(4) $x=\dfrac{1}{2}$ で極大値 $\sqrt{2}$

(5) $x=1$ で極小値 $1-\pi$

(6) $x=\dfrac{\pi}{3}$ で極大値 $\dfrac{3\sqrt{3}}{4}$，$x=\dfrac{5\pi}{3}$ で極小値 $-\dfrac{3\sqrt{3}}{4}$

(7) $x=2$ で極小値 $\dfrac{e^2}{4}$

(8) $x=\dfrac{\pi}{2}$ で極大値 $2$，$x=\dfrac{3\pi}{2}$ で極大値 $0$

$x=\pi+\sin^{-1}\dfrac{1}{4}$，$x=2\pi-\sin^{-1}\dfrac{1}{4}$ で極小値 $-\dfrac{9}{8}$

(9) $x=-\dfrac{2}{3}$ で極大値 $\dfrac{2\sqrt{3}}{9}$，$x=0$ で極小値 $0$

**問 4** $x=\dfrac{\pi}{4}+2n\pi$ （$n$ は整数）で極大値 $\dfrac{1}{\sqrt{2}}e^{-(\frac{1}{4}+2n)\pi}$

$x=\dfrac{5\pi}{4}+2n\pi$ （$n$ は整数）で極小値 $-\dfrac{1}{\sqrt{2}}e^{-(\frac{5}{4}+2n)\pi}$

**問 5** (1) 1 辺の長さが $\dfrac{l}{4}$ である正方形

(2) 1辺の長さが $\sqrt{2}r$ である正方形

(3) 1辺の長さが $\sqrt{3}r$ である正三角形

**問 6** $n$ は整数とする．

(1) 区間 $\left(-\dfrac{1}{4}\pi+n\pi, \dfrac{1}{4}\pi+n\pi\right)$ で凸，区間 $\left(\dfrac{1}{4}\pi+n\pi, \dfrac{3}{4}\pi+n\pi\right)$ で凹．変曲点の $x$ 座標は，$x=\pm\dfrac{1}{4}\pi+n\pi$

(2) 区間 $\left(-\dfrac{1}{12}\pi+n\pi, \dfrac{7}{12}\pi+n\pi\right)$ で凸，区間 $\left(\dfrac{7}{12}\pi+n\pi, \dfrac{11}{12}\pi+n\pi\right)$ で凹．変曲点の $x$ 座標は，$x=-\dfrac{1}{12}\pi+n\pi,\ x=\dfrac{7}{12}\pi+n\pi$

(3) 区間 $\left(n\pi, \dfrac{1}{2}\pi+n\pi\right)$ で凸，区間 $\left(-\dfrac{1}{2}\pi+n\pi, n\pi\right)$ で凹．変曲点の $x$ 座標は，$x=n\pi$

(4) 区間 $\left(\dfrac{7}{6}\pi+2n\pi, \dfrac{11}{6}\pi+2n\pi\right)$ で凸，区間 $\left(-\dfrac{1}{6}\pi+2n\pi, \dfrac{7}{6}\pi+2n\pi\right)$ で凹．変曲点の $x$ 座標は，$x=\dfrac{7}{6}\pi+2n\pi,\ x=\dfrac{11}{6}\pi+2n\pi$

(5) 区間 $\left(-\dfrac{1}{2}\pi+2n\pi, \dfrac{1}{2}\pi+2n\pi\right)$ で凸，区間 $\left(\dfrac{1}{2}\pi+2n\pi, \dfrac{3}{2}\pi+2n\pi\right)$ で凹．変曲点の $x$ 座標は，$x=\pm\dfrac{1}{2}\pi+2n\pi$

**問 7** $|k|>2$

**問 8** 省略

**問 9** (1) $-\dfrac{1}{6}$　(2) $\dfrac{2}{3}$　(3) $\dfrac{1}{3}$　(4) $0$　(5) $-1$

**問 10** (1) $\sqrt{e}\fallingdotseq 1.6487$　(2) $\sqrt[3]{1.2}\fallingdotseq 1.0627$

(3) $\sin 0.2\fallingdotseq 0.1986$　(4) $\log 1.1\fallingdotseq 0.0953$

**問 11** (1) $\dfrac{2}{e}$　(2) $\infty$　(3) $e$

**問 12** (1) $\cosh x = 1+\dfrac{x^2}{2!}+\dfrac{x^4}{4!}+\cdots+\dfrac{x^{2n}}{(2n)!}+\cdots$

(2) $\sinh x = 1+\dfrac{x^3}{3!}+\dfrac{x^5}{5!}+\cdots+\dfrac{x^{2n+1}}{(2n+1)!}+\cdots$

(3)  $\sin x \cos x = \dfrac{1}{2}\sin 2x$ より

$$\sin x \cos x = x - \dfrac{2^2}{3!}x^3 + \dfrac{2^4}{5!}x^5 - \cdots + \dfrac{(-1)^n 2^{2n}}{(2n+1)!}x^{2n+1} + \cdots$$

(4)  $\sin^2 x = \dfrac{1-\cos 2x}{2}$ より

$$\sin^2 x = x^2 - \dfrac{2^3}{4!}x^4 + \dfrac{2^5}{6!}x^6 - \cdots + \dfrac{(-1)^{n+1} 2^{2n-1}}{(2n)!}x^{2n} + \cdots$$

(5)  $e^x \sin x = x + x^2 + \dfrac{x^3}{3} - \dfrac{x^5}{30} - \dfrac{x^6}{90} - \dfrac{x^7}{630} + \cdots$

$$+ \dfrac{(\sqrt{2})^n \sin \dfrac{n\pi}{4}}{n!}x^n + \cdots \text{(第 2 章の章末問題 問 3 を用いる)}$$

(6)  $-1 < u < 1$ であるとき，

$$\dfrac{1}{1+u} = 1 - u + u^2 - u^3 + \cdots + (-1)^n u^n + \cdots$$

上式で $u$ を $x^2$ に置き換える．$-1 < x < 1$ のとき

$$\dfrac{1}{1+x^2} = 1 - x^2 + x^4 - \cdots + (-1)^n x^{2n} + \cdots \qquad (-1 < x < 1)$$

## 第 4 章　積分

この章では積分定数は省略する．

**問 4.1**　(1)　$-3\cos x - 4\sin x$　　(2)　$2\sqrt{x} - \dfrac{4}{3}x\sqrt{x}$

**問 4.2**　(1)　$\dfrac{1}{2}e^{2x}$　　(2)　$\dfrac{1}{3}\log|3x+1|$　　(3)　$\dfrac{1}{3}\sqrt{6x+7}$

**問 4.3**　(1)　$\dfrac{1}{\sqrt{2}}\tan^{-1}\dfrac{x}{\sqrt{2}}$　　(2)　$\sin^{-1}\dfrac{x}{\sqrt{5}}$

**問 4.4**　(1)　$\log|x^2+1|$　　(2)　$\log|\sin x|$

**問 4.5**　(1)　$-x\cos x + \sin x$　　(2)　$\dfrac{1}{6}x(x+1)^6 - \dfrac{1}{42}(x+1)^7$

**問 4.6**　(1)　$-x^2\cos x + 2x\sin x + 2\cos x$　　(2)　$x^2\sin x + 2x\cos x - 2\sin x$

(3)　$\dfrac{1}{5}x^2(x+1)^5 - \dfrac{1}{15}x(x+1)^6 + \dfrac{1}{105}(x+1)^7$

(4)　$\dfrac{1}{2}e^x(\cos x + \sin x)$

問 4.7　(1)　$x(\log x)^3 - 3x(\log x)^2 + 6x\log x - 6x$　　(2)　$\dfrac{x^3}{3}\log x - \dfrac{x^3}{9}$

問 4.8　(1)　$\dfrac{1}{24}(x^4+2)^6$　　(2)　$-\dfrac{1}{6}\cos^6 x$　　(3)　$\dfrac{1}{2}e^{x^2}$

問 4.9　(1)　$\dfrac{2}{3}(1-x)\sqrt{1-x} - 2\sqrt{1-x}$　　(2)　$-\dfrac{1}{3}\sin^3 x + \sin x$

　　　　(3)　$-\cos x + \dfrac{2}{3}\cos^3 x - \dfrac{1}{5}\cos^5 x$

問 4.10　$\dfrac{1}{2}\tan^{-1}(x^2)$

問 4.11　(1)　$e^x - 2\log(e^x + 1)$　　(2)　$2\sqrt{x} - 2\log(\sqrt{x}+1)$

問 4.12　省略

問 4.13　(1)　$x\cos^{-1}x - \sqrt{1-x^2}$　　(2)　$x\tan^{-1}x - \dfrac{1}{2}\log(1+x^2)$

問 4.14　(1)　$\dfrac{3}{x-2} - \dfrac{1}{x+1}$　　(2)　$\dfrac{1}{4}\left(\dfrac{1}{x-2} - \dfrac{1}{x+2}\right)$

問 4.15　(1)　$\log|x+3| + 2\log|x-2|$　　(2)　$\dfrac{1}{2}(\log|x-1| - \log|x+1|)$

問 4.16　(1)　$\dfrac{1}{\sqrt{3}}\tan^{-1}\left(\dfrac{x+2}{\sqrt{3}}\right)$　　(2)　$\log|x^2-6x+11| + \dfrac{1}{\sqrt{2}}\tan^{-1}\left(\dfrac{x-3}{\sqrt{2}}\right)$

問 4.17　(1)　$\log\left|\dfrac{\sqrt{1-x}-1}{\sqrt{1-x}+1}\right|$　　(2)　$2\sqrt{x+1} + \log\left|\dfrac{\sqrt{x+1}-1}{\sqrt{x+1}+1}\right|$

問 4.18　(1)　$\log|x+\sqrt{x^2+4}|$

　　　　(2)　$\dfrac{1}{8}(\sqrt{x^2+1}+x)^2 - \dfrac{1}{8(\sqrt{x^2+1}+x)^2} + \dfrac{1}{2}\log|\sqrt{x^2+1}+x|$

問 4.19　(1)　$\log\left|\dfrac{\sin\frac{x}{2}+\cos\frac{x}{2}}{\sin\frac{x}{2}-\cos\frac{x}{2}}\right|$　　(2)　$\dfrac{1}{\sqrt{2}}\tan^{-1}(\sqrt{2}\tan x)$

問 4.20　(1)　$\dfrac{5}{2}$　　(2)　3

問 4.21　(1)　4　　(2)　2　　(3)　$\dfrac{\pi}{6}$　　(4)　1　　(5)　$1 - \dfrac{1}{e}$

問 4.22　(1)　$\dfrac{8}{3}$　　(2)　$\dfrac{3}{4}$　　(3)　2　　(4)　4

問 4.23　(1)　$2\pi$　　(2)　$\dfrac{11}{30}$　　(3)　$e-2$

問 4.24　(1) $\dfrac{39}{2}$　　(2) $\dfrac{1}{5}$

問 4.25　(1) $\dfrac{5}{12}$　　(2) $\dfrac{2}{3}$

問 4.26　$\dfrac{3\sqrt{3}+2\pi}{6}$

問 4.27　(1) $\dfrac{3}{2}$　　(2) $2\sqrt{2}$　　(3) $\dfrac{\pi}{2}$

問 4.28　(1) $\dfrac{1}{2}$　　(2) $\dfrac{\pi}{4}$

## 章末問題

問 1　(1) $2\sqrt{x}\log x - 4\sqrt{x}$　　(2) $\dfrac{1}{2}(1+x^2)\tan^{-1}x - \dfrac{x}{2}$

(3) $\dfrac{x^2}{4}\{2(\log x)^2 - 2\log x + 1\}$　　(4) $-\dfrac{1}{x}(1+\log x)$

(5) $\dfrac{e^x}{2}(\cos x + \sin x)$　　(6) $-\dfrac{2}{3}\sqrt{(1+\cos x)^3}$

(7) $-\dfrac{1}{8(1+x^2)^4}$　　(8) $\dfrac{e^{x^2}}{2}(x^2-1)$

問 2　省略

問 3　(1) $A=\dfrac{1}{2},\ B=-1,\ C=\dfrac{1}{2}$　　(2) $A=1,\ B=2,\ C=-1$

(3) $A=-1,\ B=1,\ C=1$　　(4) $A=\dfrac{1}{3},\ B=-\dfrac{1}{3},\ C=\dfrac{2}{3}$

問 4　(1) $\dfrac{1}{2}\log|x-1| - \log|x-2| + \dfrac{1}{2}|x-3|$

(2) $\dfrac{1}{2}\log(x^2+1) - \log|x+2| + 2\tan^{-1}x$

(3) $\log|x+2| - \log|x+1| - \dfrac{1}{x+1}$

(4) $\dfrac{1}{3}\log|x+1| - \dfrac{1}{6}\log|x^2-x+1| + \dfrac{1}{\sqrt{3}}\tan^{-1}\dfrac{2}{\sqrt{3}}\left(x-\dfrac{1}{2}\right)$

問 5　$I_n = \displaystyle\int \dfrac{x^2+1-x^2}{(x^2+1)^n}dx = I_{n-1} - \int \dfrac{x^2}{(x^2+1)^n}dx$

　　　$= I_{n-1} + \displaystyle\int x\left\{\dfrac{1}{2(n-1)}(x^2+1)^{-n+1}\right\}' dx$

$$=I_{n-1}+\frac{x}{2(n-1)(x^2+1)^{n-1}}-\int\frac{1}{2(n-1)(x^2+1)^{n-1}}dx$$

$$=I_{n-1}+\frac{x}{2(n-1)(x^2+1)^{n-1}}-\frac{1}{2(n-1)}I_{n-1}$$

$$=\frac{1}{2(n-1)}\left\{(2n-3)I_{n-1}+\frac{x}{(x^2+1)^{n-1}}\right\}$$

問 6 (1) $\dfrac{2}{\sqrt{5}}\tan^{-1}\left(\dfrac{\tan\frac{x}{2}}{\sqrt{5}}\right)$

(2) $\dfrac{1}{2\cos^2 x}+\log|\cos x|$

問 7 (1)(2) $m\neq n$ のとき $0$, $m=n$ のとき $\pi$

(3) $0$

問 8 省略

問 9 (1) $\dfrac{\pi}{8}$ (2) $\dfrac{\pi}{6}$ (3) $\dfrac{17}{3}$ (4) $1$ (5) $\dfrac{4\sqrt{2}}{3}$ (6) $\dfrac{\pi}{4}-\log\sqrt{2}$

(7) $\dfrac{\pi}{4}$ (8) $\dfrac{8(1+\sqrt{2})}{15}$ (9) $3\log 3$

(10) $\dfrac{e^2-1}{2}\log(1+e)-\dfrac{(e-1)^2}{4}$

問 10 (1) $-\dfrac{1}{4}$ (2) $\dfrac{\pi}{2}$ (3) $1$ (4) $\dfrac{\pi}{4}$ (5) $\log\sqrt{2}$ (6) $\dfrac{1}{2}$

# 第 5 章 積分の応用

問 5.1 (1) $\dfrac{32}{3}$ (2) $2$

問 5.2 (1) $\dfrac{4}{3}$ (2) $\dfrac{8}{3}$

問 5.3 省略

問 5.4 $\pi ab$

問 5.5 省略

問 5.6 (1) $\dfrac{4}{3}\pi$ (2) $\dfrac{\pi(1-e^{-2a})}{2}$

問 5.7 省略

問 5.8　$\dfrac{2}{3}(2\sqrt{2}-1)$

問 5.9　省略

問 5.10　$\sqrt{2}\,\pi$

問 5.11　$\dfrac{\pi}{6}(5\sqrt{5}-1)$

問 5.12　(1)　0　　(2)　$4\sqrt{2}$

**章末問題**

問 1　$\dfrac{27}{4}$

問 2　$3\pi a^2$

問 3　(1)　$\dfrac{1}{3}$　　(2)　$2\sqrt{2}$

問 4　$\dfrac{4}{3}\pi ab^2$

問 5　(1)　$8a$　　(2)　$6a$　　(3)　$\dfrac{1}{2}(e-e^{-1})$

　　　(4)　$\sqrt{1+e^2}-\sqrt{2}-1+\log\dfrac{\sqrt{1+e^2}-1}{\sqrt{2}-1}$

問 6　(1)　$2\pi\{\sqrt{2}+\log(\sqrt{2}+1)\}$　　(2)　$\dfrac{\pi}{4}(e^2-e^{-2}+4)$

問 7　(1)　$6\pi a^2$　　(2)　$\dfrac{3\pi a^2}{8}$

# 第 6 章　偏微分

問 6.1　(1)　0　　(2)　0

問 6.2　(1)　$z_x=3(x^2-y)$,　　$z_y=3(y^2-x)$

　　　(2)　$z_x=8x(x^2+y^3)^3$,　　$z_y=12y^2(x^2+y^3)^3$

　　　(3)　$z_x=2\cos(2x+3y)$,　　$z_y=3\cos(2x+3y)$

　　　(4)　$z_x=\dfrac{5y}{(x+2y)^2}$,　　$z_y=\dfrac{-5x}{(x+2y)^2}$

　　　(5)　$z_x=\dfrac{2x}{x^2+y^2}$,　　$z_y=\dfrac{2y}{x^2+y^2}$

　　　(6)　$z_x=\dfrac{y}{1+x^2y^2}$,　　$z_y=\dfrac{x}{1+x^2y^2}$

**問 6.3** $z_x = 2x - y$, $z_y = 2y - x$ より, $xz_x + yz_y = 2z$

**問 6.4** (1) $z_{xx} = 6x - 10y^4$, $\quad z_{xy} = -6y$, $\quad z_{yy} = -6x + 6y$

(2) $z_{xx} = -\dfrac{4y}{(x+y)^3}$, $\quad z_{xy} = \dfrac{2(x-y)}{(x+y)^3}$, $\quad z_{yy} = \dfrac{4x}{(x+y)^3}$

(3) $z_{xx} = 4e^{2x-3y}$, $\quad z_{xy} = -6e^{2x-3y}$, $\quad z_{yy} = 9e^{2x-3y}$

(4) $z_{xx} = -\sin(x+y^2)$, $\quad z_{xy} = -2y\sin(x+y^2)$
$z_{yy} = 2\cos(x+y^2) - 4y^2\sin(x+y^2)$

(5) $z_{xx} = -y^2\sin(xy)$, $\quad z_{xy} = \cos(xy) - xy\sin(xy)$
$z_{yy} = -x^2\sin(xy)$

(6) $z_{xx} = y^2 e^{xy}$, $\quad z_{xy} = xye^{xy}$, $\quad z_{yy} = x^2 e^{xy}$

**問 6.5** (1) $dz = 6(x^2 - y)dx + 2(y - 3x)dy$

(2) $dz = -2x\sin(x^2+y^2)dx - 2y\sin(x^2+y^2)dy$

**問 6.6** (1) $z = 4x + 3y - 6$ (2) $z = 2x + y + 1$

**問 6.7** (1) $\dfrac{dz}{dt} = (2x - 2y)(-\sin t) + (-2x + 8y)\cos t$
$\qquad = 3\sin 2t - 2\cos 2t$

(2) $\dfrac{dz}{dt} = \dfrac{2y}{(x+y)^2}e^t - \dfrac{2x}{(x+y)^2}(-e^{-t}) = \dfrac{1}{\cosh^2 t}$

(2 章章末問題問 2 参照)

**問 6.8** (1) $\dfrac{\partial z}{\partial u} = (2x + 2y)\cdot 1 + (2x + 4y)\cdot 1 = 10u - 2v$

$\dfrac{\partial z}{\partial v} = (2x + 2y)\cdot 1 + (2x + 4y)\cdot(-1) = 2v - 2u$

(2) $\dfrac{\partial z}{\partial u} = ye^{xy}\cdot 1 + xe^{xy}\cdot v = v(2u + v)e^{uv(u+v)}$

$\dfrac{\partial z}{\partial v} = ye^{xy}\cdot 1 + xe^{xy}\cdot u = u(u + 2v)e^{uv(u+v)}$

(3) $\dfrac{\partial z}{\partial u} = \dfrac{2y}{(x+y)^2}\cdot(e^u\cos v) + \dfrac{-2x}{(x+y)^2}\cdot(e^u\sin v) = 0$

$\dfrac{\partial z}{\partial v} = \dfrac{2y}{(x+y)^2}\cdot(-e^u\sin v) + \dfrac{-2x}{(x+y)^2}\cdot(e^u\cos v)$

$\qquad = -\dfrac{2}{(\cos v + \sin v)^2}$

問 6.9　$\dfrac{\partial z}{\partial r} = 3r^2(\cos^3\theta + \sin^3\theta)$

　　　　$\dfrac{\partial z}{\partial \theta} = 3r^3\sin\theta\cos\theta(-\cos\theta + \sin\theta)$

問 6.10　(1)　$(x, y) = (-1, -1)$ で極大値 $1$
　　　　(2)　$(x, y) = (1, 1)$ で極小値 $-5$
　　　　(3)　$(x, y) = (1, 3)$ で極小値 $-56$, $(x, y) = (-1, -3)$ で極大値 $56$
　　　　(4)　$(x, y) = \left(\dfrac{1}{2}, 0\right)$ で極小値 $-\dfrac{1}{4}$

問 6.11　(1)　$y' = \dfrac{x^2 - y}{x - y^2}$　　(2)　$y' = \dfrac{x - 2y}{2x - y}$

問 6.12　(1)　$y' = -\dfrac{3x}{y}, \quad y'' = -\dfrac{3}{y^3}$

　　　　(2)　$y' = \dfrac{x}{y}, \quad y'' = -\dfrac{1}{y^3}$

問 6.13　(1)　$x + 2y = 2$　　(2)　$x + y = 3$

問 6.14　$x = 1$ のとき極大値 $1$, $x = -1$ のとき極小値 $-1$.

問 6.15　(1)　$(x, y) = \left(\dfrac{2}{\sqrt{5}}, \dfrac{1}{\sqrt{5}}\right)$ で最大値 $\sqrt{5}$

　　　　　　$(x, y) = \left(-\dfrac{2}{\sqrt{5}}, -\dfrac{1}{\sqrt{5}}\right)$ で最小値 $-\sqrt{5}$

　　　　(2)　$(x, y) = (-\sqrt{2}, \sqrt{2})$ で最大値 $\sqrt{2}$

　　　　　　$(x, y) = (\sqrt{2}, -\sqrt{2})$ で最小値 $-\sqrt{2}$

**章末問題**

問 1　(1)　$\dfrac{1}{2}$　　(2)　存在しない

問 2　(1)　不連続　　(2)　連続

問 3　(1)　$z_x = -\dfrac{2y(x^2 + y^2)}{(x^2 - y^2)^2}, \qquad z_y = \dfrac{2x(x^2 + y^2)}{(x^2 - y^2)^2}$

　　　(2)　$z_x = \dfrac{1}{2\sqrt{x}}, \qquad z_y = \dfrac{1}{2\sqrt{y}}$

　　　(3)　$z_x = (2x^2 + 1)ye^{x^2 + y^2}, \qquad z_y = (2y^2 + 1)xe^{x^2 + y^2}$

　　　(4)　$z_x = \{\cos(x - y) - \sin(x - y)\}e^{x+y}$
　　　　　$z_y = \{\cos(x - y) + \sin(x - y)\}e^{x+y}$

(5)　$z_x = \dfrac{1}{y\sqrt{1-\left(\dfrac{x}{y}\right)^2}}$,　　$z_y = -\dfrac{x}{y^2\sqrt{1-\left(\dfrac{x}{y}\right)^2}}$

**問 4**　(1)　$z_{xx} = -\dfrac{10y}{(x+3y)^3}$,　　$z_{xy} = \dfrac{5(x-3y)}{(x+3y)^3}$,　　$z_{yy} = \dfrac{30x}{(x+3y)^3}$

(2)　$z_{xx} = \dfrac{y^2}{(x^2+y^2)^{3/2}}$,　　$z_{xy} = -\dfrac{xy}{(x^2+y^2)^{3/2}}$,　　$z_{yy} = \dfrac{x^2}{(x^2+y^2)^{3/2}}$

(3)　$z_{xx} = -\dfrac{2(x^2+y^2)}{(x^2-y^2)^2}$,　　$z_{xy} = \dfrac{4xy}{(x^2-y^2)^2}$,　　$z_{yy} = -\dfrac{2(x^2+y^2)}{(x^2-y^2)^2}$

(4)　$z_{xx} = -2e^x \sin(x+y)$,　　$z_{xy} = -e^x\{\sin(x+y)+\cos(x+y)\}$
　　$z_{yy} = -e^x \cos(x+y)$

**問 5**　(1)　$dz = \dfrac{2y}{(x+y)^2} dx - \dfrac{2x}{(x+y)^2} dy$

(2)　$dz = -\dfrac{y}{x^2+y^2} dx + \dfrac{x}{x^2+y^2} dy$

**問 6**　(1)　$z = 4x + 4y - 6$　　(2)　$z = -\dfrac{x+y}{4} + 1$　　(3)　$z = -\dfrac{2x+y}{5} + 6$

**問 7**　(1)(2)　$z_r = z_x \cos\theta + z_y \sin\theta$,　$z_\theta = -z_x r \sin\theta + z_y r \cos\theta$ より与式が成立する．

**問 8**　$z_u = z_x \cos\alpha + z_y \sin\alpha$,　$z_v = -z_x \sin\alpha + z_y \cos\alpha$ より与式が成立する．

**問 9**　$\dfrac{\partial z}{\partial u} = \cos(x+y)\cdot 2u + \cos(x+y)\cdot 2v = 2(u+v)\cos\{(u+v)^2\}$

$\dfrac{\partial z}{\partial v} = \cos(x+y)\cdot 2v + \cos(x+y)\cdot 2u = 2(u+v)\cos\{(u+v)^2\}$

**問 10**　(1)　$(x, y) = \left(\dfrac{\pi}{3}, \dfrac{\pi}{3}\right)$ で極大値 $\dfrac{3\sqrt{3}}{2}$

　　　　$(x, y) = \left(-\dfrac{\pi}{3}, -\dfrac{\pi}{3}\right)$ で極小値 $-\dfrac{3\sqrt{3}}{2}$

(2)　$(x, y) = \left(\dfrac{\sqrt{2}}{2}, -\dfrac{\sqrt{2}}{2}\right)$ で極大値 $\dfrac{\sqrt{2}}{2}$

　　$(x, y) = \left(-\dfrac{\sqrt{2}}{2}, \dfrac{\sqrt{2}}{2}\right)$ で極小値 $-\dfrac{\sqrt{2}}{2}$

(3)　$(x, y) = \left(\dfrac{1}{\sqrt{10}}, \dfrac{2}{\sqrt{10}}\right)$ で極大値 $\dfrac{5}{\sqrt{10e}}$

　　$(x, y) = \left(-\dfrac{1}{\sqrt{10}}, -\dfrac{2}{\sqrt{10}}\right)$ で極小値 $\dfrac{-5}{\sqrt{10e}}$

問 11 (1) $y' = -\dfrac{y(x^2+y^2+1)}{x(x^2+y^2-1)}$　　(2) $y' = -\dfrac{1-y\cos(xy)}{1-x\cos(xy)}$

問 12 $y' = \dfrac{x+y}{x-y}$,　$y'' = \dfrac{2(x^2+y^2)}{(x-y)^3}$

問 13 $(x, y) = (-1, -2)$ で極大, 極小値は存在しない.

問 14 (1) $(x, y) = \left(\pm\dfrac{1}{\sqrt{3}}, \pm\dfrac{1}{\sqrt{3}}\right)$ で最大値 $\dfrac{1}{3}$

　　　　　$(x, y) = (\pm 1, \mp 1)$ で最小値 $-1$

　　(2) $(x, y) = \left(\pm\dfrac{1}{\sqrt[4]{2}}, \mp\dfrac{1}{\sqrt[4]{2}}\right)$ で最大値 $\dfrac{3}{\sqrt{2}}$

　　　　　$(x, y) = \left(\pm\dfrac{1}{\sqrt[4]{2}}, \pm\dfrac{1}{\sqrt[4]{2}}\right)$ で最小値 $\dfrac{1}{\sqrt{2}}$

問 15 (1) $z_x = -\dfrac{2xy+z^2}{2zx+y^2}$,　$z_y = -\dfrac{2yz+x^2}{2zx+y^2}$

　　(2) $z_x = \dfrac{2x+y}{2z}$,　$z_y = \dfrac{x+2y}{2z}$

問 16 (1) $4x + 4y + z = 5$

　　(2) $(2+\sqrt{3})x + 2y + (2+\sqrt{3})z = 4(1+\sqrt{3})$

　　(3) $x + y + z = 0$

# 第 7 章　重積分

問 7.1　省略

問 7.2 (1) $\dfrac{21}{4}$　　(2) $7$　　(3) $\dfrac{1}{12}$　　(4) $\dfrac{7}{12}$

問 7.3 (1) $\dfrac{1}{8}$　　(2) $\dfrac{1}{2}$　　(3) $\dfrac{1}{10}$　　(4) $\dfrac{1}{3}$

問 7.4 (1) $1$　　(2) $\dfrac{1}{6}$　　(3) $\dfrac{1}{30}$　　(4) $\dfrac{1}{3}$　　(5) $\dfrac{1}{15}$

問 7.5 (1) $\displaystyle\int_0^1 dy \int_y^1 f(x, y)dx$　　(2) $\displaystyle\int_0^1 dx \int_x^1 f(x, y)dy$

　　(3) $\displaystyle\int_0^1 dy \int_{\frac{y}{2}}^y f(x, y)dx + \int_1^2 dy \int_{\frac{y}{2}}^1 f(x, y)dx$

　　(4) $\displaystyle\int_0^1 dy \int_{\sqrt{y}}^1 f(x, y)dx$

問 7.6 (1) $-2$　(2) $2r$　(3) $u-v$

問 7.7 (1) $\dfrac{2}{3}\pi$　(2) $\dfrac{2}{3}$　(3) $\dfrac{\pi}{4}\left(1-\dfrac{1}{e}\right)$　(4) $2\pi\log 2$

問 7.8 (1) $2\pi$　(2) $\dfrac{2}{3}$　(3) $2$

問 7.9 (1) $\dfrac{abc}{6}$　(2) $2\pi^2$　(3) $\dfrac{\pi^2}{16}$

問 7.10 (1) 極座標変換を行う.
$$\text{与式}=\int_1^2 dr\int_0^{\pi/2}d\theta\int_0^{\pi/2}r^3\sin^2\theta\cos\phi\,d\phi=\dfrac{15}{16}\pi$$
(2) $2x=r\sin\theta\cos\phi,\ y=r\sin\theta\sin\phi,\ 2z=r\cos\theta$ と置く.
$$\text{与式}=\int_0^1 dr\int_0^{\pi}d\theta\int_0^{2\pi}\dfrac{1}{16}r^4(\sin^3\theta\cos^2\phi+\sin\theta\cos^2\theta)d\phi=\dfrac{\pi}{30}$$
(3) 円柱座標変換を行う.
$$\text{与式}=\int_0^1 dr\int_0^{2\pi}d\theta\int_0^{\pi}r\sin(r+z)dz=4\pi(-1+\sin 1+\cos 1)$$
(4) 円柱座標変換を行う.
$$\text{与式}=\int_1^2 dr\int_0^{2\pi}d\theta\int_0^{r|\cos\theta|}r^2 dz=15$$
(5) $\sqrt{x}=u,\ \sqrt{y}=v,\ \sqrt{z}=w$ と置く.
$$\text{与式}=\int_0^1 du\int_0^{1-u}dv\int_0^{1-u-v}8uvw\,dw=\dfrac{1}{90}$$

**章末問題**

問 1 (1) $\pi-\dfrac{4}{3}$　(2) $-\dfrac{13}{24}+\dfrac{1}{2}\log 2$　(3) $\dfrac{38}{3}+6\log\dfrac{2}{3}$

問 2 (1) $\displaystyle\int_0^a dy\int_{-\sqrt{a^2-y^2}}^{\sqrt{a^2-y^2}}f(x,y)dx$

(2) $\displaystyle\int_0^a dx\int_0^{2\sqrt{ax}}f(x,y)dy+\int_a^{3a}dx\int_0^{3a-x}f(x,y)dy$

(3) $\displaystyle\int_0^{2a}dx\int_0^{\sqrt{2ax-x^2}}f(x,y)dy$

(4) $\displaystyle\int_0^{\frac{1}{\sqrt{2}}}dx\int_0^x f(x,y)dy+\int_{\frac{1}{\sqrt{2}}}^1 dx\int_0^{\sqrt{1-x^2}}f(x,y)dy$

問 3 (1) $2\pi$　(2) $\dfrac{4}{9}$　(3) $\dfrac{\pi}{2}(1-a^2)$　(4) $\dfrac{\pi}{8}$　(5) $\dfrac{1}{280}$　(6) $\dfrac{1}{12}$

問 4  (1) $\dfrac{2(3\pi-4)}{9}$   (2) $\dfrac{\pi}{32}$   (3) $\dfrac{\pi}{3}-\dfrac{8}{9}$

# 事項索引

## ア
アステロイド 56

## イ
1次変換 203
一般角 14
一般項 2, 90
一般の2項展開 94
陰関数 51, 175
陰関数定理 176

## ウ
上に有界 6

## エ
$x$ の増分 41
$n$ 階導関数 59
$n$ 階微分係数 59
$n$ 階偏導関数 161
$n$ 回連続微分可能 59, 162
$n$ 次近似 89
$n$ 乗根 11
$n$ の階乗 6
円柱座標変換 215

## オ
凹 75

## カ
開区間 2
カージオイド 57
加速度 60

## 加法定理 16
関数 19
ガンマ関数 135

## キ
奇関数 128
逆関数 23
逆関数の微分公式 52
逆三角関数 26
逆三角関数の微分公式 53
級数 90
狭義の極小値 73
狭義の極大値 73
極限値 2, 29, 156
極座標変換 169, 203, 215
極小 73, 171
極小値 73, 171
曲線のパラメータ表示 55
極大 73, 171
極大値 73, 171
極値 73, 171
極値の十分条件 74
極値の判定条件 173
極値の必要条件 72, 172

## ク
偶関数 128
区間 1
区間 $I$ で微分可能 44
区間 $I$ で連続 37
区間の端点 2
グラフ 156

## ケ
原始関数 99

## コ
高階導関数 59
高階偏導関数 161
広義積分 129
コーシーの平均値の定理 79
合成関数 21, 167
合成関数の微分公式 49, 167
項別積分 92
項別微分 92
弧度法 14

## サ
サイクロイド 55
最小値 38
最大値 38
最大値・最小値の存在定理 38
最大値・最小値の必要条件 67, 185
三角関数 15
三角関数の合成 17
3重積分 212

## シ
指数関数 12
自然対数 12
下に有界 6
実数の連続性 6

## 事項索引

**シ**

収束　2, 28, 90, 129, 156
収束半径　91
従属変数　20, 155
条件つき最大・最小問題　185
剰余項　85
振動　2

**ス**

数列　2

**セ**

整級数　90
積分区間　119
積分順序の変更公式　201
積分定数　100
積分領域　192, 212
積和の公式　16
接線　43, 178
接平面　165
漸化式　136
全微分　164
全微分可能　163

**ソ**

双曲線関数　65
増減表　72
速度　60

**タ**

第 $n$ 項　2, 90
第 $n$ 部分和　90
対数関数　12
対数微分法　50
体積確定　211
多項式関数　9
単調　22
単調減少　22
単調減少数列　6
単調数列　6
単調増加　22
単調増加数列　6

**チ**

値域　20, 155
置換積分　109, 205, 214
逐次積分　195, 213
中間値の定理　39

**テ**

底　12
定義域　20, 155
定積分　119
テイラー展開　94
テイラー展開可能　94
テイラーの定理　85

**ト**

導関数　44
独立変数　20, 155
凸　75
トーラス　144

**ニ**

2 階導関数　59
2 階偏導関数　161
2 項係数　7
2 項定理　7
2 次のテイラーの定理　170
2 重積分　192
2 変数関数　155

**ネ**

ネイピアの数　8

**ハ**

倍角の公式　16
はさみうちの原理　4, 30
発散　2, 31, 90, 129
パラメータ　55
半角の公式　16

**ヒ**

比較判定法　133

**フ**

被積分関数　100, 119, 192, 212
微積分の基本定理　121
左側極限値　29
微分可能　42
微分係数　42
微分する　44

**フ**

不定形　80
不定積分　100
負の無限大に発散　2, 31
部分積分　105
部分分数展開　114
分割の最大幅　119, 191, 212

**ヘ**

平均値の定理　69
平均変化率　41
閉区間　2
ベータ関数　134
変曲点　76
偏導関数　159
偏微分可能　159, 160
偏微分係数　158
偏微分する　160
偏微分の順序交換　162

**ホ**

法線　166

**マ**

マクローリン展開　94
マクローリンの定理　85

**ミ**

右側極限値　29

**ム**

無限大に発散　2, 31
無理関数　11

## メ

面積確定　190

## ヤ

ヤコビアン　203, 214

## ユ

有界数列　6
有界閉領域　157, 190, 211
有界領域　189, 211
有理関数　11

## ラ

ライプニッツの公式　63
ラグランジュ乗数　180
ラグランジュの乗数法　181
ラジアン　14

## リ

リーマン和　119, 191, 211
領域 $D$ で連続　157

## レ

レムニスケート　57
連続　38, 157
連続微分可能　44, 160

## ロ

ロピタルの定理　80
ロールの定理　68

## ワ

$y$ の増分　41
和, 差, 積, 商の微分　46
和積の公式　16

**執筆者紹介**（五十音順）

| | | |
|---|---|---|
| 赤松　豊博（あかまつ とよひろ） | 東海大学理学部数学科 | 名誉教授 |
| 和泉澤正隆（いずみさわ まさたか） | 東海大学理学部情報数理学科 | 名誉教授 |
| 氏家　勝巳（うじいえ かつみ） | 東海大学理学部数学科 | 名誉教授 |
| 志村真帆呂（しむら まほろ） | 東海大学理学部情報数理学科 | 准教授 |
| 都地　崇恵（つじ たかえ） | 東海大学理学部数学科 | 講師 |
| 土井　誠（どい まこと） | 元東海大学理学部数学科 | 教授 |
| 楢崎　隆（ならざき たかし） | 東海大学理学部情報数理学科 | 名誉教授 |
| 古谷　康雄（ふるや やすお） | 東海大学理学部数学科 | 教授 |
| 堀江　邦明（ほりえ くにあき） | 元東海大学理学部数学科 | 教授 |

---

**基礎微分積分学　改訂版**（きそびぶんせきぶんがく かいていばん）

2015年3月20日　第1版第1刷発行
2022年2月20日　第1版第6刷発行

編　者　基礎数学研究会

発行所　東海大学出版部
　　　　〒259-1292　神奈川県平塚市北金目4-1-1
　　　　電話・0463-58-7811　振替・00100-5-46614
　　　　URL　https://www.u-tokai.ac.jp/network/publishing-department/

発行者　村田信一

印刷　港北出版印刷株式会社
製本　誠製本株式会社

乱丁・落丁本はお取り替えいたします．　　ISBN978-4-486-02059-2

© Toyohiro Akamatsu, Masataka Izumisawa, Katsumi Ujiie, Mahoro Shimura, Takae Tsuji, Makoto Doi, Takashi Narazaki, Yasuo Furuya and Kuniaki Horie, 2015

JCOPY 〈出版者著作権管理機構　委託出版物〉
本書の無断複製は著作権法上での例外を除き禁じられています．複製される場合は，そのつど事前に，出版者著作権管理機構（電話03-5244-5088，FAX 03-5244-5089，e-mail: info@jcopy.or.jp）の許諾を得てください．